玩转单反——

网店商品摄影实用手册

曹春海　王晓鑫　编著

辽宁科学技术出版社
·沈　阳·

图书在版编目（CIP）数据

玩转单反：网店商品摄影实用手册/曹春海，王晓鑫编著. —沈阳：辽宁科学技术出版社，2012.10
ISBN 978-7-5381-7566-0

Ⅰ. ①网… Ⅱ. ①曹… ②王… Ⅲ. ①数字照相机—单镜头反光照相机—商业摄影—摄影技术—手册 Ⅳ. ①TB86-62 ②J412.9-62

中国版本图书馆CIP数据核字（2012）第146185号

出版发行：辽宁科学技术出版社
（地址：沈阳市和平区十一纬路29号 邮编：110003）
印 刷 者：沈阳天择彩色广告印刷有限公司
经 销 者：各地新华书店
幅面尺寸：170mm × 240mm
印 张：16.75
插 页：4
字 数：400 千字
印 数：1~4000
出版时间：2012年 10 月第 1 版
印刷时间：2012年 10 月第 1 次印刷
责任编辑：于天文
封面设计：ANTONIONI
版式设计：于 浪
责任校对：栗 勇

书 号：ISBN 978-7-5381-7566-0
定 价：78.00元（1DVD）

联系电话：024-23284740
邮购热线：024-23284502
E-mail：mozi4888@126.com
http://www.lnkj.com.cn
本书网址：www.lnkj.cn/uri.sh/7566

随着数字化电子商务时代的到来，人们早已熟悉并渐渐习惯了网络购物。网店与传统店铺最大的区别在于当时无法看到实物，完全是在虚拟的世界里完成交易。买家对商品的第一印象就来自于网店商品照片展示。精美的商品照片不仅使得网店点击率倍增，更能影响消费者对物品本身的印象，进而产生购买欲望。

无论是自己动手拍摄还是聘请专业摄影师对自己的商品进行拍摄，了解并掌握一些商品拍摄技巧无疑是网店生意兴隆的必杀技之一。

本书深入讲解了拍摄商品照片的专业技法，从场景布置、光线选择到构图设计、拍摄手法，再到照片的后期修饰处理，指导读者轻松拍出专业感十足的商品照片。

全书共分为三个部分:

第一部分为本书的第1章到第5章，内容主要是商品摄影的入门教程。在这一部分中，笔者详细地介绍了相机、影棚、光源以及周边附件等商品摄影所需的各类设备。通过这部分的学习，可以让读者迅速从对商品摄影的一窍不通，逐渐了解这个摄影行业的基本情况，并对配置上述各类设备做到心中有数。

第二部分为本书的第6章，主要是商品摄影的实例教程。在这一部分中，笔者使用28个具有典型特点的实例，详细地讲解了如何对这些商品进行灯光的布控。这些商品都是我们身边一些常见的物品，内容涵盖服装鞋帽、化妆品、饰品、食品等类型。通过这部分的学习，可以让读者更加深刻地体会如何根据各类不同商品的属性以及质地进行灯光的布控，并能借此举一反三，对类似商品也能游刃有余地进行拍摄。

第三部分为本书的第7章和第8章，内容主要是如何使用Photoshop进行商品照片的后期处理和修饰。在这一部分中，读者将详细地了解到从最简单的管理照片，到RAW格式照片的处理方法，通过20余个典型操作实例，将商品照片中可能存在和出现的问题一一解决。

在本书的配套光盘中，笔者为读者提供了第7章和第8章使用的所有实例的源文件、最终效果图以及录制的软件讲解视频，希望通过光盘的学习，可以让读者更清楚地了解操作的过程以及掌握一些具体参数的使用。

本书适合想在淘宝网上开店、进行网上创业的读者阅读，也适合正在经营淘宝网店，想通过网店的整体包装提升店铺档次，将生意做大做强的读者阅读。

本书第1章至第3章、第5章至第6章由曹春海编写，第4章、第7章至第8章以及光盘由王晓鑫（黑龙江护理高等专科学校）编写和制作。其他参与本书编写的还有宗丽娜、刘春阳、曹皓、丁虹、刘鹏、曲妮娜、鲍伟、岳淑梅、历彩云、毛冬娇、黄鲁军、孔宇、孙啸晗、郑景文、何海滨、王春艳、梅阳、李放歌、盛阳、王越、董超、郝祁、吕来顺、杨艳、郑重、张亮、张雷、盛阳、徐文彬、刘丽娜、孔宇、任延来。

由于水平有限，失误在所难免，如果读者在阅读本书的过程中，发现有疑问，欢迎访问http://blog.sina.com.cn/cch2005。

编　者

2012年5月

目录 Contents

第 1 章 商品摄影使用什么样的相机

第 2 章 摄影棚（台）和柔光箱

第 3 章 摄影光源

第4章 商品摄影周边附件

第5章 商品摄影的布光规律

第6章 商品摄影精选案例演绎

第7章 对商品照片的基本处理

第 8 章 对商品照片的高级处理

第 1 章 商品摄影使用什么样的相机

商品摄影既是从属于摄影的一个分类，又具有与其他类型摄影不同的地方。对于初学者来说，首先需要解决的问题是一款什么样的相机可以胜任商品拍摄的任务。使用普通的数码相机能否获得满意的效果？数码单反相机又具有哪些得天独厚的优势？当用户在价格与功能之间寻找一个平衡点的时候，或许这一章内容能为您带来满意的答案。

1.1 数码相机与数码单反相机

随着电子技术的发展，数码相机的商品化进度突飞猛进。现在已经没有人可以否认作为消费类电子产品的普通数码相机取代胶片相机这个事实。数码单反相机越来越亲民的价格以及专业的功能操作，也在不断冲击着普通数码相机的市场。单反数码相机是单镜头反光数码相机的简称，英文为Digital Single Lens Reflex，简写成DSLR。单反数码相机与我们接触较多的普通消费数码相机（DC）是完全不同的两个系统，这里说的不同主要体现在两者的内部结构上。

那么，对于商品摄影来说，选择小型数码相机还是数码单反就成了一个首先面对的问题。在解决这个问题以前，首先让我们从结构和功能上了解一下两者的差别。

1.1.1 影像传感器

数码相机的成像质量与传统胶片相机相比至少相差一个档次。因为普通数码相机内部使用的影像传感器（主要为CCD）的尺寸远远小于胶卷，如图1-1所示。

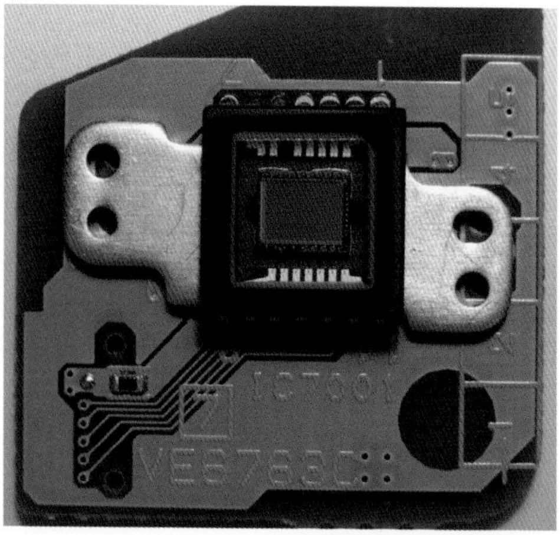

而单反相机就不同了，它们内部采用的影像传感器的尺寸（大多为CMOS）已经接近银盐胶卷的一半，甚至采用与胶片面积相当的全画幅影像传感器的单反数码相机在市面上流行多年了，如图1-2所示。

如图1-3所示，普通数码相机的影像传感器的尺寸只有单反数码相机的1/3到1/2，至此我们就很容易理解单反数码相机的景深效果优于普通数码相机的原因了。

图1-1 普通数码相机使用的影像传感器

图1-2 单反相机使用的影像传感器

图1-3 普通数码相机与单反相机传感器的比较

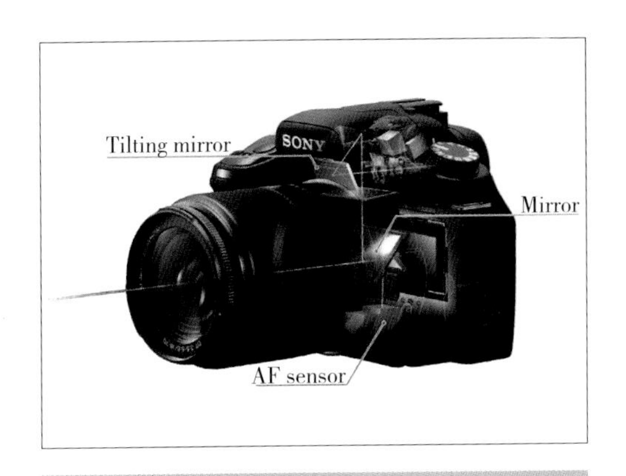

图1-4　单反相机的取景方式

1.1.2　工作原理

一般来说，使用单反数码相机的用户都很少使用LCD取景，都是直接观察光学取景器，我们从取景器看见的画面就是透过镜头表现出的真实世界的还原，不同光圈值表现的景深效果，镜头焦距变化的远近效果等，与镜头素质息息相关的各种属性及相机设置的效果都能实时地在取景器中一览无余，如图1-4所示。

当我们完成构图后，按下快门释放键，影像传感器前的反光镜会迅速上翻使其曝光，待影像记录完毕后反光镜回落。普通数码相机这一动作通常被两片快门叶片的张合所代替，而且普通数码相机无论使用LCD还是取景器构图都无法获得镜头实时采集的画面，我们看不见实时变化的景深效果以及不同镜头的特殊效果，这才是两者最大的区别所在。

1.1.3　高ISO表现能力

由于传感器的尺寸以及工作原理的不同，导致普通数码相机与数码单反相机在高ISO表现方面存在着巨大的差异，而这一点是商品摄影中非常关键的问题。所谓相机在高ISO方面的表现主要体现在影像画质和快门速度两个方面。

首先，普通数码相机在ISO400时画面往往惨不忍睹，出现的噪点非常明显，如图1-5所示；而单反数码相机在ISO高达1600的情况下画质都可以赶超前者，如图1-6所示。

图1-5　普通数码相机的高ISO效果较差

图1-6　单反相机的高ISO效果较好

其次，在保证画质的情况下，使用数码单反相机的高ISO，可以获得更快的快门速度，这样有助于手持拍摄的成功率以及照片的清晰度。

1.1.4　镜头差异

提到单反数码相机很多人都会津津乐道于它拥有多种可支持的镜头，市场上绝大多数单反数码相机背后都有配套的镜头群的支持。在拍摄活动中我们可以更换不同的特效镜头，通过取景器便可以查看不同的特殊效果，最终选择合适的镜头尝试拍摄。如图1-7所示，是全系列的佳能EF单反镜头。

单反数码相机不但支持的配套镜头多，更重要的是在镜头指标上也有普通数码相机达不到的高度。数码相机对抖动是很敏感的，在曝光过程中即便轻微晃动都会产生模糊的照片，如果普通数码相机不是高倍变焦镜头机型的话，很多都不带防抖动功能，而单反数码相机则可以外加镜头来防止拍摄中持机不稳抖动情况的发生。

另外，镜头与成像质量也密切相关，比较大多数普通数码相机与单反数码相机的镜

图1-7　全系列佳能EF单反镜头

头我们可以看出，普通数码相机镜头的镜片很小，与镜筒口径不成比例，有些机型的镜片只有镜筒口径的1/3左右，而单反数码相机镜头的镜片基本与镜筒口径相当，这也造成了两个系统光学性能表现力的巨大差异。

1.1.5　极限快门速度

普通数码相机对于普通用户拍摄一般要求的照片已经足够，但是它的快门速度对有较高要求的要适应特殊拍摄环境的摄影者来说却是极为重要的，在普通数码相机中最快快门速度维持在1/1000 秒左右，而单反数码相机的最快快门速度轻松就能达到1/10000秒左右，这么快的快门速度让普通数码相机望尘莫及，在拍摄高速运动对象的时候帮助很大，如图1-8所示。

综上所述，单反数码相机与普通数码相机有诸多不同，但绝不仅仅是上文罗列的这些，其他还有使用方面的差异，可以说，单反相机更全面的功能以及更佳的性价比，在商品摄影方面要比普通数码相机更胜任拍摄任务。

图1-8　单反相机可以拍摄高速运动对象

1.2 为何需要手动功能

一幅合格的商品照片需要具备以下三点要求：准确的对焦、合适的曝光量（即光圈和快门的配合）、色温的控制（白平衡）。以上各参数都可以用手动调节，也就是所谓的相机手动功能。

所有的数码单反相机都具备全手动功能，也有部分普通数码相机具有以上的部分或者全部功能。是否具有手动功能，对于商品的拍摄至关重要。使用相机的手动功能进行商品摄影，具体表现在以下几个方面：

1.2.1 按光源调整白平衡

一般的数码相机都带有自动模式功能，不过在实际应用中，对自动模式功能不要过于信赖。首先，和传统相机相比的一个最大差别是数码相机有一个白平衡设置，可防止在拍摄时出现偏色，如在白炽灯的房间里拍摄的照片偏黄，如图1-9所示；在日光阴影处拍摄的照片却偏蓝，如图1-10所示。但数码相机不能自动补偿，因此拍摄时如果留意到白色光区里的色彩与实际色彩不同，就需要手动调节白平衡来进行补偿了。

图1-9 在白炽灯环境下拍摄的照片偏黄

图1-10　日光阴影环境拍摄的照片偏蓝

1.2.2　按物体速度调整快门

快门速度会影响到图像的清晰度，不同的快门速度，拍摄出的效果会有所不同，特别是对照片曝光量的影响。一般应用快门的速度与所拍摄的物体移动速度成正比，景物距离的远近又与快门成反比。如拍摄运动类照片，最好使用快速快门（通常须在1/1000以上），根据运动物体的运动速度合理设置快门速度，如图1-11所示。

图1-11　使用高速快门拍摄运动物体

1.2.3　按物体远近调整光圈

在摄影中，光圈的改变可改变图片的景深。需要拍摄的照片，由远到近的物体都是清晰的，就需要大的景深，这样需要使用较小的光圈，如图1-12所示；如果

图1-12　大景深需要使用小光圈

想突出照片中某个单独的物体，就需要刻意模糊背景而达到突出主题的效果，这样就要使用大一点的光圈来减少景深，被摄物体才会非常清晰，如图1-13所示。

1.2.4　按环境调整曝光量

数码相机通常都带有自动曝光控制。它可以很方便地自动测量光线的亮度，然后设置正确的快门速度和光圈。但是，在有些情况下自动曝光系统通常会表现出能力不足的状况，如拍摄白色背景的环境时，自动曝光系统往往会以为当时的光线已经足够强，这样本身很明亮的景色在自动曝光系统的设定下就会显得曝光不足，拍摄出来的效果会比实际的要暗，如图1-14所示；在黑色背景的环境里，自动曝光系统会认为需要增加光线的数量，但这样拍出来的图像往往过亮，如图1-15所示。所以，通常在摄影中，拍摄者都需要增加或减少曝光量来还原景物的真实光亮。

图1-13　浅景深需要使用大光圈

图1-14　白色背景下容易造成照片曝光不足

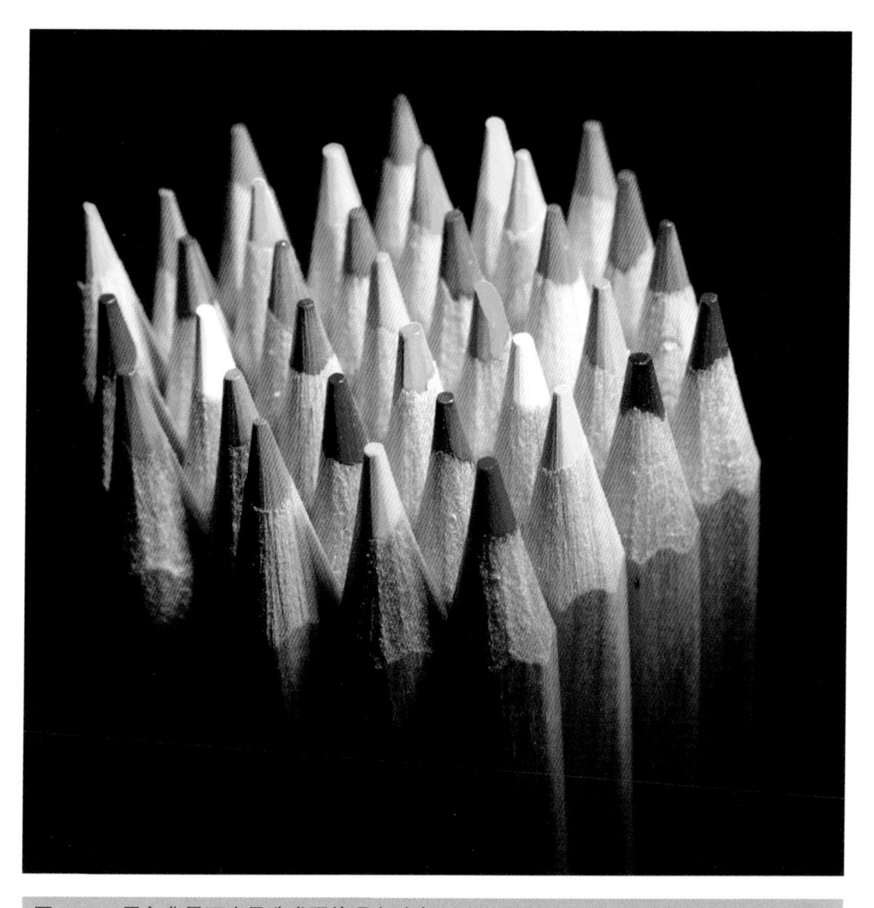

图1-15　黑色背景下容易造成照片曝光过度

纵观上述介绍，几乎所有数码单反相机都支持全手动功能，而大多数的普通数码相机则不具有这些功能，但是也不排除少量优秀的DC。相对于数码单反相机而言，超强的便携性和易用性，造就了数码相机不会轻易被市场淘汰，而如果还具备大多数手动功能，则不但是对数码相机的有益补充，而且也是资金紧张的数码爱好者的一种选择。

通常，每个相机厂家都有竭尽全力主推一种旗舰级的数码相机，例如佳能G系列、松下LX系列，莱卡Lux系列等，都是性能卓越的便携式相机，它们对于一般的商品拍摄任务都能胜任。

1.3 分辨率与产品照片的关系

分辨率是和图像相关的一个重要概念，它是衡量图像细节表现力的技术参数。数码相机的分辨率作为数码相机一个很重要的性能指标，它也是用来衡量数码相机拍摄景物细节能力高低的。它既决定了所拍摄影像的清晰度高低，又决定了所拍摄影像文件最终所能打印出高质量画面的大小，以及在计算机显示器上所能显示画面的大小。那么对于数码相机的分辨率我们到底能了解多少呢，例如数码相机分辨率是由什么决定的？它的大小是不是任意可调呢？分辨率的高低对其输出又会产生什么样的效果呢？我们该怎样才能选择合适分辨率的数码相机呢？

1.3.1 什么是分辨率

在购买相机的过程中，无论是否对数码相机有一个充分的认识，我们往往最喜欢问的一句话就是“这款相机是多少万像素的？”，可以肯定的是，相机像素数量越多，自然档次就会越高。

下面，在电脑里打开一幅照片，然后将它放大，可以使用ACDSee或者Photoshop都可以，在持续放大的过程中，一旦到一定程度以后，马上就会发现原来是一张色彩艳丽，颜色过渡自然的照片，上面就会产生一个个的方格点，而且这些方格点都是纯色构成的，如图1-16所示。实际上，大家所看到的这些个方格点，就是一个个像素，它是构成图像的最基本单位，我们也将它们称为像素点。

对于一幅照片来讲，上面所包含的像素数量越多，自然它驾驭色彩的能力就越强，同时图片容量就会越大。

观察如图1-17所示的两幅照片，左侧的图片像素的数量是“800×700”，也就是56万像素，而右侧的图片当中像素的数量是“100×85”，也就是8500个像素。从图中可以明显感觉出它们的质量区别。这是一个最简单的例子，当然也比较极端，但是从中可以看出，在描述同一对象的时候，当放大同一尺寸进行观察的时候，图像像素越多，对物体的色调表现能力越强，细节越细腻。

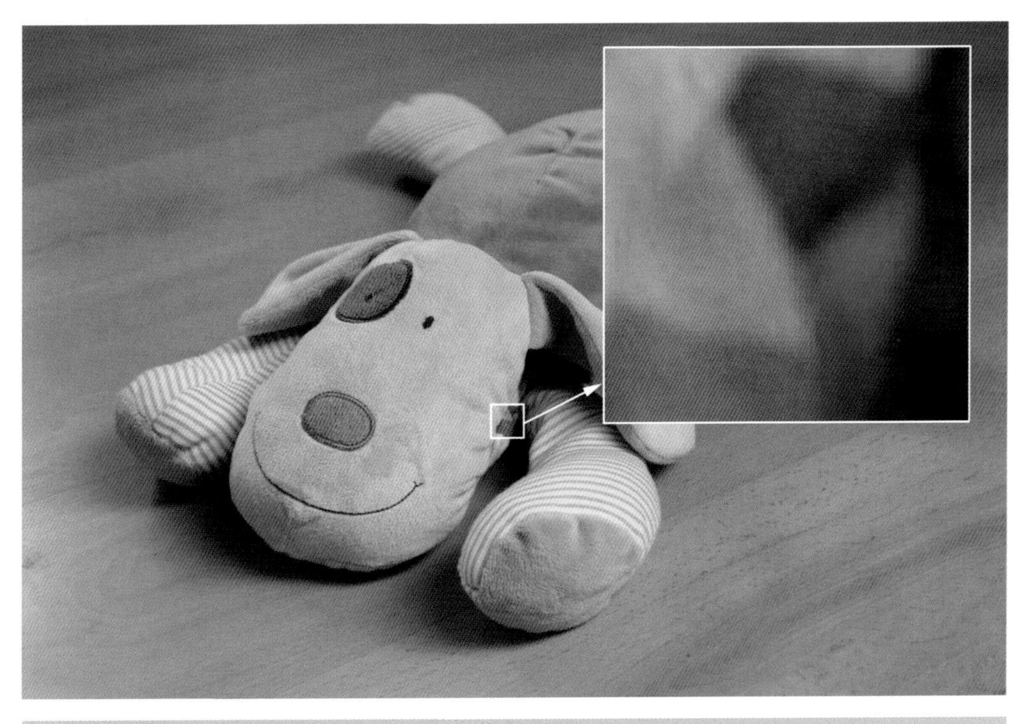

图1-16　像素是构成图像颜色的基本单位

图1-17　像素的数量体现了画质的细腻程度

1.3.2　相机的分辨率

数码相机分辨率的高低，取决于相机中感光元件芯片上像素的多少，像素越多，分辨率越高。分辨率的高低也就是像素量的多少。由此可见，数码相机的分辨率也是由其生产工艺决定的，在出厂时就固定了的，用户只能选择不同分辨率的数码相机，却不能增加一台数码相机的分辨率。就同类数码相机而言，分辨率越高，相机档次越高，但高分辨率的相机生成的数据文件很大，对加工、处理的计算机的速度、内存和硬盘的容量以及相应软件都有较高的要求。

1.3.3　插值分辨率

数码相机的分辨率当然是越高越好，但是注意这个值是图像传感器的物理分辨率还是经过软件处理后得到的分辨率。因为如果图像传感器像素大幅提高，产品的成本必然大幅提高，因此某些厂家采用软件插值运算的方法来提高像素和分辨率。

如图1–18所示，插值运算的原理是用两个相邻的像素进行运算得到一个新的像素，从而提升分辨率，实际上在计算机中通过一些图像处理软件可以很容易地实现这一功能。

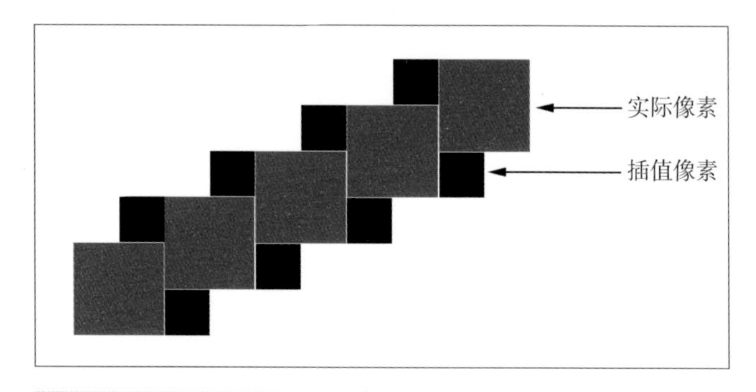

图1–18 插值运算的基本原理

这一方法虽然提高了分辨率，但通过软件生成的像素并不能真正反映真实的色彩，所以在图像中不同色彩的边界往往会产生色差和明显的锯齿。在选购数码相机时，一定要注意标称的像素是图像传感器的分辨率还是通过软件提升得到的像素。

1.3.4 按需购买高像素相机

通过上面的介绍，我们清楚了分辨率是相机购买的第一指标，同时也认识到像素越高，对最终拍摄的照片影响越大。但是，目前市面上的相机，最高的分辨率已经达到了2000万像素以上，这么高的像素未必都能够使用到。按需选购一款适合自己的相机，才是摄影初学者理智的选择。

商品的拍摄按照后期照片的用途大体上分为以下几个类型:

一类是网店商品展示的需要。此类照片对像素的要求不高，由于电脑浏览器的限制，以及网页商品编辑的要求，通常此类照片的分辨率不会超过1024×768，所以目前市面上各类相机的像素完全都能够满足所需。

另外一类是拍摄广告商品照片。由于此类后期需要合成以及印刷，所以与印刷介质有关。此类照片拍摄所需要使用的相机，对像素要求很高，通常需要使用市面上的高端相机，一般分辨率都在1200万像素以上。

1.4 选择商品拍摄的镜头

数码单反相机不同于一般数码相机的地方就是需要镜头的支持。面对不同的拍摄任务，需要使用不同的镜头。对于要从事商品拍摄的初学者来说，面对各类品牌强大的镜头群，往往会无所适从，不知道选择一款什么样的镜头能应对商品的拍摄任务。

1.4.1 镜头选择的标准

商品拍摄所用的镜头到底怎么选择，根据什么选择呢？通常来讲购买镜头时主要依据焦距、最大光圈、近摄能力三方面来选择。下面就这几个问题进行具体介绍。

首先，需要清楚所拍摄的内容，决定使用什么焦段的镜头。按照常规的拍摄经验来看，首先需要剔除的是长焦镜头，由于商品拍摄都是在室内完成，没有那么大的空间施展长焦镜头的作用。接下来，需要剔除掉广角镜头，当然，并不是说广角镜头不能拍摄商品，而是使用广角镜头往往拍出的商品比较小，另外广角端的畸变，对真实自然地表现商品形成干扰。如图1-19所示，可以清晰地看到瓶口发生了变形，这就是由于使用镜头的广角端拍摄所致。通过上面的介绍，能够在商品摄影中使用的镜头最好是标准焦距镜头、微距镜头，并且它们最好带有手动模式。

图1-19 广角镜头拍摄的照片会造成严重的畸变

其次，镜头的最大光圈也比较重要。最大光圈的真正价值表现在提高弱光情况下的进光量，从而达到最佳曝光组合。大光圈有利于在较暗条件下准确聚焦，并能带来较快的快门速度。要求镜头光圈大的另一个理由是能自由自在地虚化背景，体现商品细节特质，如图1-20所示。

图1-20 最大光圈能较好地虚化背景

最大光圈f1.4的镜头当光圈缩小到f2时，无论是成像品质还是对背景的虚化品质都要强于最大光圈是f2的镜头。所以说，大口径镜头缩小一档光圈具有相当大的价值，任何摄影者都要善于利用镜头这一特性。

最后，镜头的近摄能力是仅次于焦距、最大光圈的另一个选择重点。现有的50mm标准镜头近摄能力都在45cm左右，基本可以满足使用。但是，大口径标准镜头在使用最短摄影距离时，由于镜头伸出，往往存在较大像差，从而使画质降低，购买和使用时要有思想准备。

1.4.2　镜头的市场状况

通过上面的介绍，如果对数码单反相机有所了解的摄影爱好者，应该能够划分出一个镜头选择的范围了。下面，我们按照各个不同的品牌，为读者介绍一下应该选择哪种镜头，用于拍摄商品。

佳能和尼康两个品牌，几乎占据了大部分的数码单反市场，依托于强大的镜头群以及雄厚的光学技术，聚集了数量众多的拥护者。也正因为此，两个品牌在镜头的研发和生产上可以找到众多的共同点，一个品牌某款的镜头，总可以在另外一个品牌中找到同样焦段，同样价位的产品。

对于低端的数码单反相机，通常在销售的时候，不单独销售机身，而是捆绑有一款被摄影爱好者戏称为“狗头”的标准变焦镜头，焦段在18~55mm，如果读者预算有限，可以使用这个镜头进行一般商品的拍摄，如图1-21所示。

如果想获得稍微好点的拍摄效果，而又不想投入过多的预算，可以考虑这两个品牌中一款50mm f/1.8的定焦镜头，该款镜头市场售价只有600多元，但是成像质量要远远好于上面介绍的套机镜头，如图1-22所示。

如果拍摄的商品比较大，例如人像身上的衣服，此时使用上述焦段未必能很好反映出效果，此时可以考虑100mm焦段的微距定焦镜头，这个焦段的定焦镜头价位就相对要贵很多，不过拍摄效果也与上述介绍的镜头有天壤之别。如图1-23所示，就是被称

图1-21　低端的单反套机

图1-22　尼康50mm f/1.8定焦镜头

为“百微”的佳能EF 100mm f/2.8 USM微距镜头。

佳能和尼康将光圈恒定为2.8的三款全焦段覆盖的镜头设置为高端商品，被摄影爱好者戏称为“大三元”，其中只有24–70这款镜头适合拍摄商品，当然价格也不菲，但是由于此款镜头成像质量高，所以被广大摄影爱好者所追捧，如图1–24所示为尼康AF–S 24–70mm f/2.8 G ED镜头。

图1–23　佳能百微镜头

图1–24　尼康24–70mm f/2.8G ED镜头

上述简要介绍了几款佳能和尼康的镜头，相信读者通过这些介绍，对商品摄影所用镜头应该有一个整体的认识了。对于其他厂商和品牌的镜头，也按照上述介绍选择就可以了。无论是定焦镜头还是变焦镜头，只要焦段在30～70mm的，都可以用来进行商品的拍摄，并且最好带有手动功能。

第 2 章 摄影棚（台）和柔光箱

商品摄影不同于其他题材的拍摄，出于对商品照片的高要求以及灯光布景等的需要，商品摄影需要有一个稳定的拍摄平台。根据所拍摄商品的大小，通常我们习惯将这个平台分为摄影棚、拍摄台以及柔光箱。当然，它们在使用上没有特别明确的差别，作用几乎相同，都是为了保证获得满意的照片效果。

2.1 各类拍摄平台

下面，我们首先详细介绍一下各类不同的拍摄平台以及它们的组成，从中总结出它们的特点和作用。

2.1.1 摄影棚

摄影棚通常拍摄较大的商品，例如箱包、玩具车或者穿在模特身上的服装等，如图2-1所示。

图2-1 摄影棚用来拍摄较大的商品

顾名思义，摄影棚应该占据几乎一个屋子的大小，实际上，除去灯光和相机等附件以外，其本身的设备相对较少，主要是背景架和背景布（纸）两部分，如图2-2所示。

背景架一般由铝合金制作而成，由于需要拍摄模特身上的服装，所以要求高度超过2m以上，幅宽根据所拍摄对象的大小而定，一般也在2m以上。背景架的横杆用于固定背景布（纸），可以采取卷放或者金属夹的方式。

摄影棚通常使用的背景有背景布和背景纸两种类型。背景布可以使用无纺布来代替，相对比较便宜，而背景纸则要贵一些。无论是背景布还是背景纸，都可以按照所拍摄题材的要求更换颜色或者图案。如图2-3所示，为各类颜色的无纺布。在使用过程中，应该尽量保证它们的清洁，以避免后期输出影像的质量下降。

2.1.2 拍摄台

拍摄台通常用于拍摄中等尺寸的商品，例如皮鞋、小背包、酒瓶等，如图2-4所示。实际上，拍摄台就是一个缩小的摄影棚，主要由拍摄架以及背景两部分组成。

拍摄台架也是由铝合金或者铁管制成，购买的成品一般都可以自己组装。台架四周应该具有可固定背景纸和灯具的空间和支撑，一般使用金属夹将背景纸固定在台架上。

背景部分一般使用背景纸就可以了，如果拍摄带有背景光或者脚光的商品，则需要使用透光性更好的亚克力板充当背景，有关背景的材料以及作用将在本书后面的第4章中为读者详细介绍。

图2-2 摄影棚主要由背景架和背景布（纸）组成

图2-3 各种颜色的背景布

2.1.3 柔光箱

柔光箱主要用于拍摄小尺寸的商品，例如手表、首饰、玩具等，如图2-5所示。

柔光箱主要由三部分组成：背景、柔光箱的支架以及柔光箱四壁的柔光介质构成，如图2-6所示。

图2-4 拍摄台用于拍摄中等尺寸的商品

图2-5 柔光箱用于拍摄小尺寸的商品

我们注意到，柔光箱与上面介绍的摄影棚和拍摄台有一定的不同，主要增加了柔光箱四周的柔光纸。这主要是由于柔光箱所拍摄对象的尺寸决定的。由于柔光箱拍摄的对象比较小，所以无法使用大型的柔光灯箱，只能使用口径较小的聚光灯光源，而聚光灯光源直接照射到物体的表面时，无法产生柔和的阴影，所以在光源和物体之间人为制造一层柔化的介质。光影柔化介质可以使用复写纸或者硫酸纸，也可以使用涤纶布来代替。

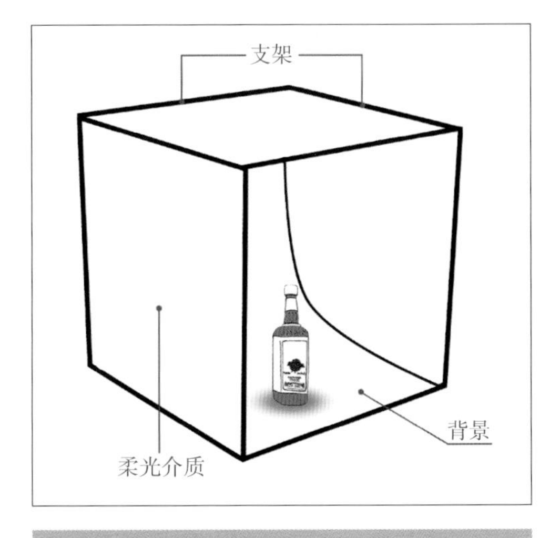

图2-6　柔光箱的组成

2.2　拍摄平台的作用

上面介绍的这几种拍摄平台，主要依据所拍摄对象的大小而区分的，在使用中，它们没有太多的差别，而且也没必要进行严格的划分。无论哪一种拍摄平台，都具有其共性的特点和作用，下面为大家一一进行说明。

2.2.1　获得无缝的背景

我们注意到，无论哪一种摄影平台，都是一个为了能够展现产品三维结构的拍摄空间。这样的平台需要一张足够大的背景，使其从垂直面到水平面平滑地自然弯曲过渡下来。这样水平拍摄出来的画面效果就不会产生接缝的情况，而且还会产生具有立体感的阴影。

如图2-7所示，为非自然过渡背景拍摄的照片，从中可以看到明显的接缝。

如图2-8所示，自然过渡的背景可以让拍摄出来的照片，除了被摄主体以外，都接近一种颜色，方便后期的处理和使用。

图2-7　非自然过渡背景拍摄的照片

2.2.2　方便灯光的布控

商品摄影根据所拍摄对象的不同，

图2-8　自然过渡背景拍摄的照片

以及对效果的要求，在对象周围合理布控多盏灯光。这些灯光的位置可能在物体的前后、左右或者上下，所以一个专业的摄影平台应该允许满足对这些灯光以及相关附件的放置和固定，如图2-9所示。不能由于摄影平台的原因，影响光线的投射。

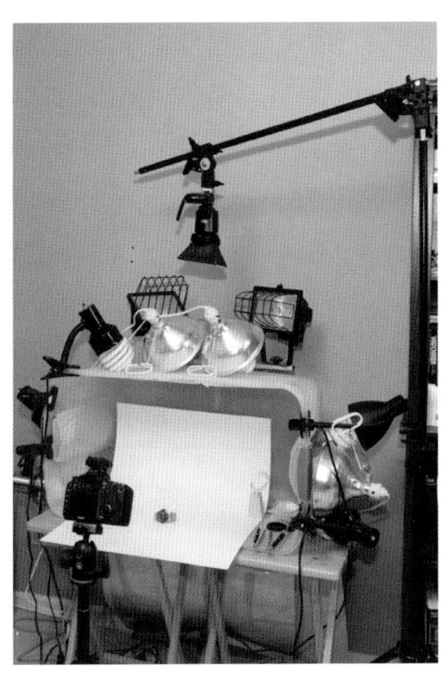

图2-9　专业的拍摄平台应能满足灯光的布控

2.2.3 为布景提供空间

在商品拍摄的过程中，有时需要根据所拍摄商品的属性，为其合理布景。布景的作用一方面用于衬托商品的属性，另外一方面也能够提高场景的美感和照片的可视性。如图2–10和图2–11所示。

图2–10 商品摄影的布景（1）

图2-11　商品摄影的布景（2）

无论何种布景的类型和手法，无论如何操作，都要为布景所使用的道具预留出足够的空间，而一个合格的拍摄平台，无疑也需要将这部分综合考虑进去，根据所拍摄商品的题材，提供空间进行布景。

2.3　自制拍摄平台

通过上面的介绍，相信读者已经清楚一个合格的拍摄平台所需要具有的特点。那么，在满足这几个特点的情况下，我们完全可以自己来制作符合要求的拍摄平台。

2.3.1　自制静物平台

静物平台的制作需要使用一个桌面，一张足够大的背景纸以及固定背景纸的工具。

背景纸的固定工具可以使用金属夹、图钉、胶带。位置的选择有很多，只要能将背景纸弯曲成一个弧线就可以了，可以将背景纸固定到墙面上，或者木杆支架上等，如

图2-12所示。

图2-12　自制静物平台

如果没有桌面，也可以将背景纸平铺到地面上，但是这样在拍摄的时候，拍摄者为了尽可能靠近被摄商品，就需要蹲在地上，这样会比较累，所以背景纸平铺的高度到被摄者腰部为最佳。

2.3.2　自制柔光箱

柔光箱与静物台的不同之处在于箱体的支架材料以及柔光介质的使用。读者可以就地取材，选择各类材料进行制作，下面介绍几种摄影爱好者制作柔光箱的常用方法。

首先的一种方法是使用PVC管来制作框架，然后用涤纶布充当柔光介质。PVC管是一种常见的建筑材料，可以在建材商店轻易买到，将PVC管使用热熔连接成箱体的框架，如图2-13所示。

接下来，将背景纸用铆钉固定到箱体的框架上。当然，如果后期需要经常更换背景纸的话，也可以使用金属夹对其进行固定，如图2-14所示。

柔光箱的柔光介质可以使用白色涤纶布（俗称“的确良”布）代替，它在各类布料

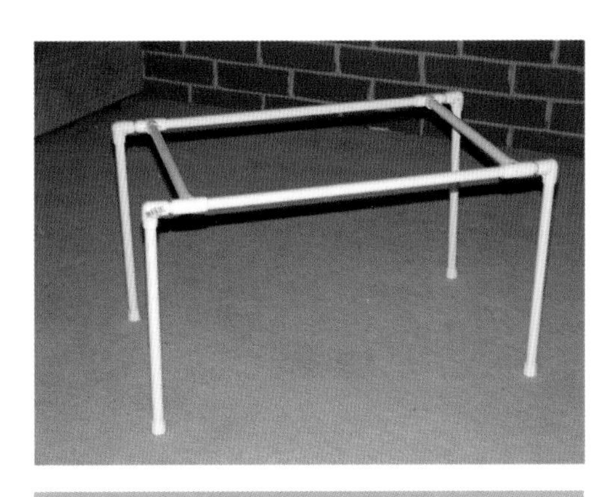

图2-13　使用PVC管制作框架

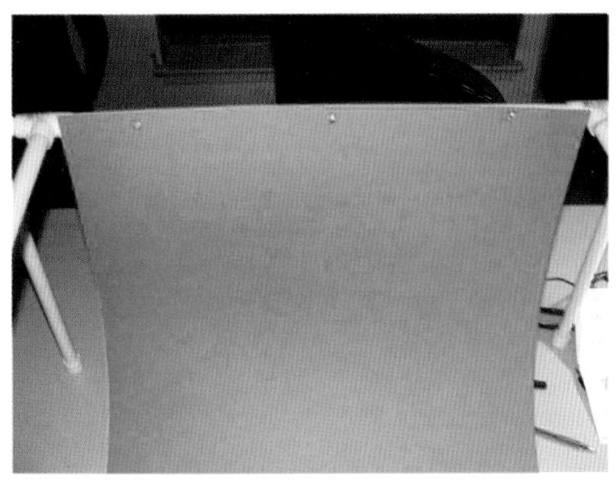

图2-14　固定背景纸

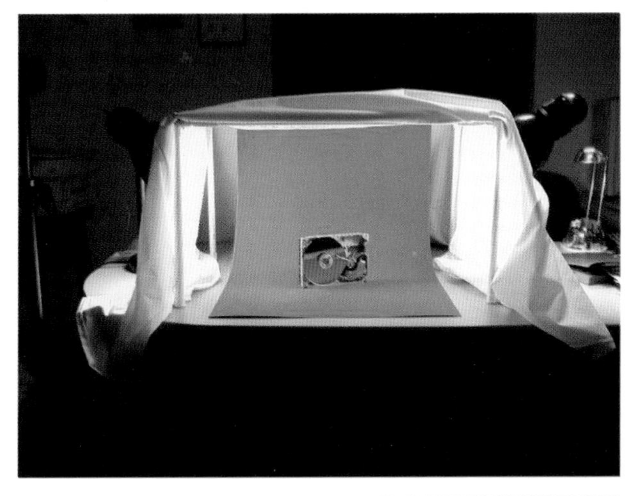

图2-15　使用涤纶布充当柔光介质

商店和批发市场都有卖，如图2-15所示。

这种布料的透光效果非常好，而且可以呈现出柔光的效果。使用这种柔光箱，配合灯光，可以拍摄出光影非常好的商品照片，如图2-16所示。

上述介绍的这种柔光箱好处就是坚固耐用，而且能够很好地支持灯光的固定，在需要特写灯光的时候，可以将灯具使用金属夹固定到箱体的支架

图2-16　柔光箱拍摄示例

上；缺点就是造价稍微高一些，主要是PVC管以及热熔的价格。

另外，目前摄影爱好者普遍采用的另外一种制作柔光箱的方法，相对更加简单，造价更加低廉。这种柔光箱主要使用常见的纸壳箱和透光纸来完成。

需要准备的工具以及材料有纸箱一个、透光纸（复写纸或者硫酸纸）、剪刀、胶布等等，如图2-17所示。

接下来，将纸壳箱的一面剪掉，另外三面剪成“口”字形的开口，如图2-18所示。

图2-17 柔光箱的制作材料

图2-18 对纸壳箱进行裁切

然后使用透光纸贴在三面开口的纸箱内侧，使其内部形成一个白色的柔光空间，如图2-19和图2-20所示。这样，一个简单的柔光箱就制作完成了。

图2-19　粘贴透光纸（1）

图2-20　粘贴透光纸（2）

在使用的时候，使用广口光源分别从箱体三面开口的部分进行照射，通过左侧、右侧、上方的光源照明，让箱体呈现出均匀照明的特性，如图2-21和图2-22所示。

其实，在介绍完上面两种柔光箱的制作以后，我们只要按照拍摄平台的作用和要求，可以随时随地的用各种材料制作此类柔光箱。在实际拍摄的时候，有时也需要按照一些商品的特殊要求，制作只针对某种商品的柔光箱，如图2-23所示，只使用一个废旧的塑料瓶，也可以成为一个柔光箱。

图2-21　用广口灯充当光源

图2-22　拍摄示例

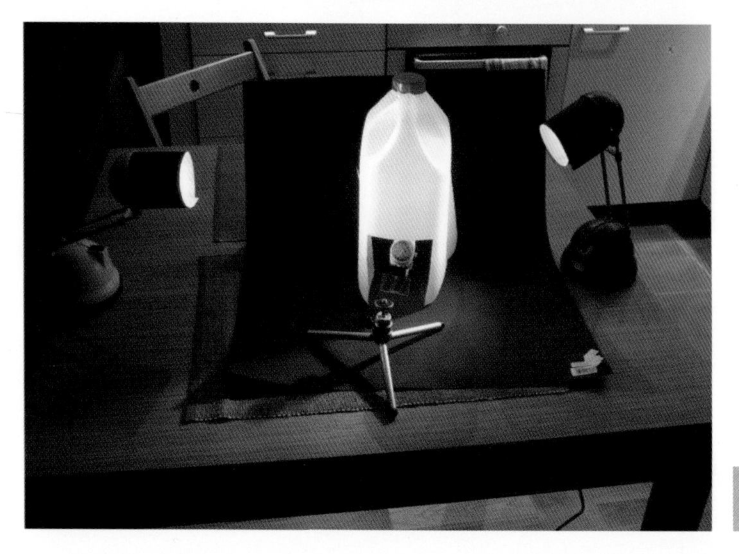

图2-23　使用塑料瓶充当柔光箱

第 3 章　摄影光源

摄影中的光源分为自然光源和人工光源两部分，自然光线的多变性，不易改变性，决定了商品图片99%以上都是在摄影室内拍摄。既然在摄影室内拍摄，那么灯光是必不可少的。摄影灯在商品拍摄的过程中，其作用不亚于相机的作用，甚至要在相机之上。这一章，我们来详细介绍一下摄影灯的一些常识和选购技巧。

3.1 摄影灯的分类

商品图片的拍摄所需要的摄影灯分为两大类：一类是持续光源，一类是瞬间光源。所谓持续光源，顾名思义，就是一直亮着的灯，也叫常亮灯，如图3-1所示。

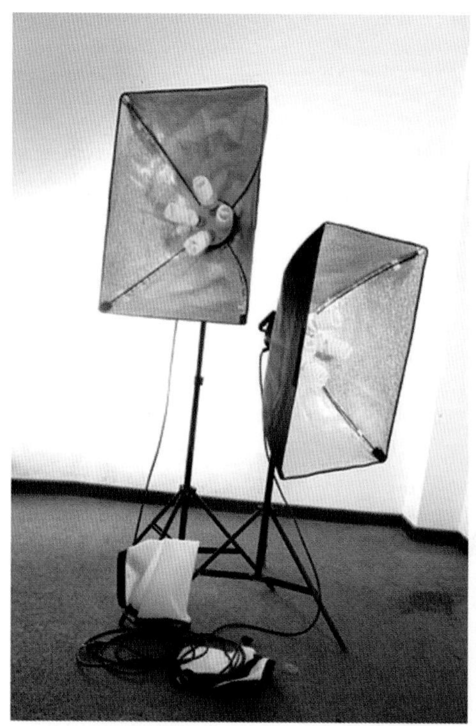

图3-1 持续光源

此类灯的优点是所见即所得，便于测光和拍摄，缺点是光亮度比较低，光效差，为了让光源亮度更高，可能需要多配置几盏灯头，这样整体造价也比较高。

瞬间光源，即闪光灯，其工作原理是先向电容中充电，然后瞬间触发，这样可以得到强度更大的光源，如图3-2所示。通常闪光灯具有专业的色温，足够用的光线强度，光衰现象很少出现等一系列的优点，现在几乎所有的专业广告摄影师都是用闪光灯进行拍摄。

持续光源与瞬间光源在使用上具有很大的差别。持续光源不需要借助于相机的连接就可以发出持续的光线，类似于家里用的各种灯，所以操作简便。闪光灯则不同，外接闪光灯需要引闪器与相机连接，这样就需要相机具备闪光灯热靴或者引闪器插口。

如何决定使用持续光源还是闪光光源呢？这个问题很简单，如果您的相机是不带热靴的相机，那么请使用持续光源；如果您的相机是单反相机，则尽量选择使用闪光灯，那将是您的图片上一个档次的基本保证。

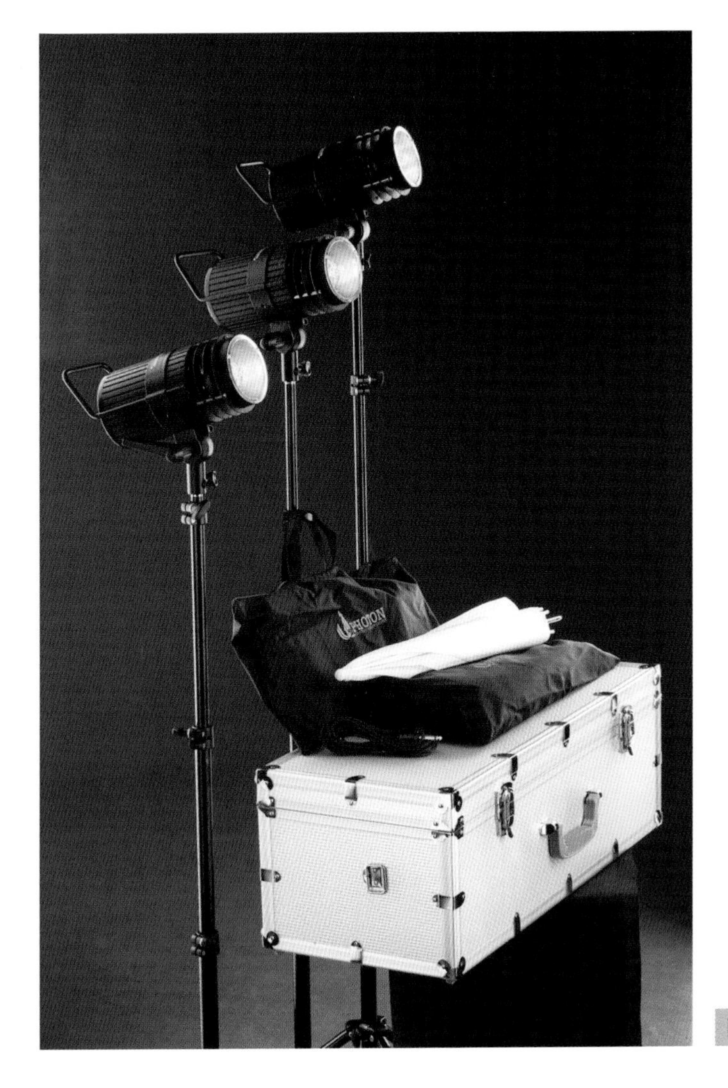

图3-2 瞬间光源

3.2 色温、显色性和光通量

上面简要介绍了摄影用灯的基本分类，大多数初学者由于使用的是普通数码相机，所以首先考虑选择使用持续光源。在选择持续光源前，首先要明白三个概念：色温、显色性、光通量。

3.2.1 色温

色温的单位是开尔文，在不同温度下呈现出的色彩就是色温。当一个黑色物体受热后便开始发光，它会先变成暗红色，随着温度的继续升高会变成黄色，然后变成白色，最后就会变成蓝色（大家可以观察一下灯泡中的灯丝，不过由于受到温度的限制，大家一般不会看到它变成蓝色）。

在我们身边存在着各式各样的光源，它们的色温具有较大的差别，如表3-1所示。

表3-1 各类光源的色温值

类型	光源	色温K
自然光	日出、日落时的阳光	2000
	上午九点以后至下午四点之前	5000～5800
	正午阳光	5500～5800
	日光	5500
	均匀的云遮日	6400～6900
	阴天	6500以上
人工光	火柴的火焰	1700
	蜡烛光	1850
	40～60W白炽灯	2600
	卤钨灯	3150～3200
	摄影日光灯	5500
	电子闪光灯	6000
	日光色荧光灯	5500～6000
注：阳光和日光（昼光）两者不可混淆，阳光是指太阳直射照明；日光是指直射光和天光散射光的混合光，又称昼光。		

我们知道，要让一个物体能够显示出正常的颜色，最好是让该物体在日光下，而日光的色温值为5500K左右，所以5200～5600K色温的灯，更利于拍摄出色彩准确的照片，在实际拍摄中为什么许多图片的色彩明显偏蓝？主要原因就是使用了高色温的灯，比如家用的节能灯，通常其色温在6500K以上。因此。我们选择合适色温的持续光源是十分重要的。

如果要使用其他色温值的光源，还应该在相机的白平衡中进行调整，让白平衡的数值接近光源的色温值，有关这方面的内容，在本书后面有详细的介绍。

3.2.2 显色性

光源对物体本身颜色呈现的程度称为显色性，也就是颜色逼真的程度。光源的显色性是由显色指数来表明，它表示物体在灯光下的颜色比基准光（太阳光）照明时颜色的偏离，能较全面反映光源的颜色特性。显色性高的光源对颜色表现较好，我们所见到的颜色也就接近自然色，显色性低的光源对颜色表现较差，我们所见到的颜色偏差也较大。国际照明委员会CIE把太阳的显色指数定为100，各类光源的显色指数各不相同，如高压钠灯显色指数Ra=23，荧光灯管显色指数Ra=60～90。

3.2.3 光通量

光通量指人眼所能感觉到的辐射功率，它等于单位时间内某一波段的辐射能量和该波段的相对视见率的乘积。由于人眼对不同波长光的相对视见率不同，所以不同波长光的辐射功率相等时，其光通量并不相等。光通量通常用Φ来表示，其单位为“流明（lm）”。通俗地说，光通量是决定一只灯的亮度的精确标准，流明值越高，光越强。许多初学者在选购灯具的时候，纠结于光源的功率而忽视了光通量，这一点需要注意。

综上所述，持续光源应该选择色温在5200～5600K之间的，显色性指数接近100的，流明值越高越好的灯用来拍摄商品图片。当然，绝大部分网络销售商不会公开流明值和显色指数的，需要您去询问，

3.3 持续光源

持续光源是一组使用类似家用灯头的光源组件，配合标准色温灯泡，可以发出持续而明亮的灯光，用于缺少闪光灯的室内拍摄。

一盏持续光源由灯头、灯泡、灯架以及灯罩构成，如图3-3所示。下面分别对各个组成部分进行简要介绍。

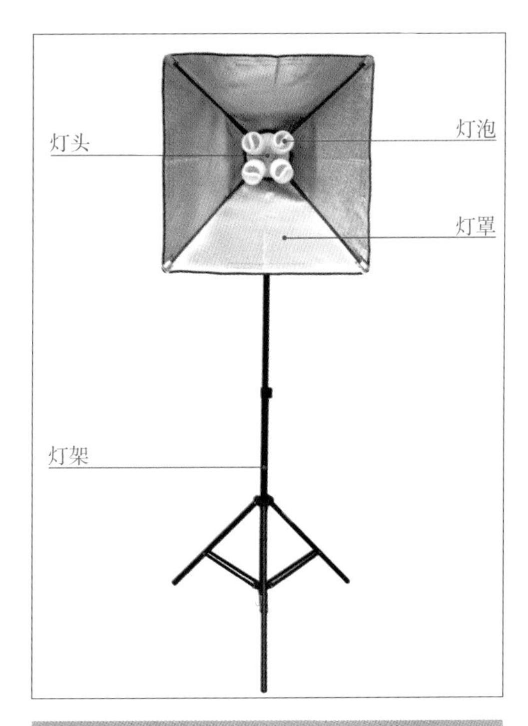

图3-3 持续光源的组成

3.3.1 灯头

灯头为固定灯泡以及调整光源亮度的部件。摄影用灯头与家用灯头既有相同之处，也存在着明显的差别。

使用持续光源的灯头，可以通过改变安装灯泡的数量实现整体光源的亮度变化，一般分为单灯头、一转二灯头以及一转四灯头3种，如图3-4所示。

这样，在单个灯泡光通量相等的情况

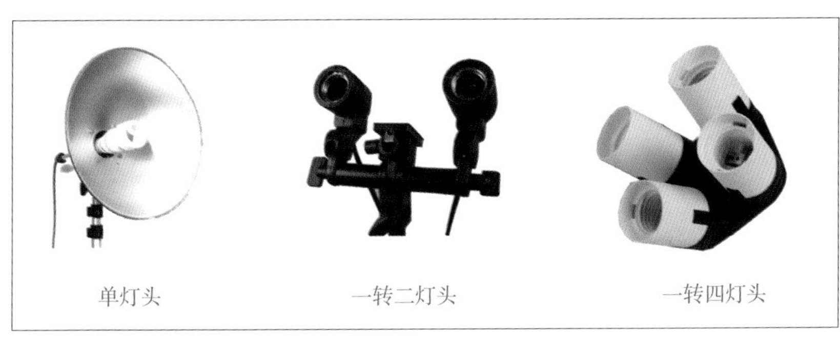

图3-4 持续光源灯头的分类

下，使用灯泡越多，则发光强度越高。

灯头的正面用于安装灯泡，背面用于控制光源亮度。以一个四灯头为例，如图3–5所示为灯头背面各个部分结构以及作用。四联灯头背面共有两个光源开关，用于控制两组灯泡（每组两个），通过它们实现光源亮度的变化。

3.3.2 灯泡

对于整组光源来说，灯泡的作用至关重要。拍摄场景亮度是否符合要求、拍摄的照片色温是否准确，都跟灯泡具有直接的关系。虽然持续光源的灯头可以安装普通白炽灯或者节能灯，但是仍然建议读者选购摄影用灯泡，主要是摄影用灯泡的色温相对准确，避免了后期颜色的偏差。

如图3–6所示，标准摄影用灯泡，其色温应该在5500K左右。目前市面上各类摄影用灯泡功率从35W到155W左右都可以买到，可根据影棚的大小以及布光的要求决定使用灯泡的类型和数量。

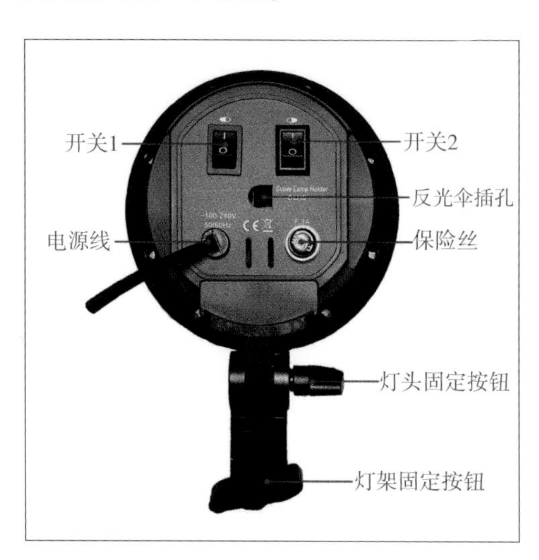

图3–5 灯头背面的组成与作用

图3–6 标准摄影用灯泡

3.3.3 灯架

灯架的作用是支撑灯头、柔光箱或者反光伞及灯的架子，一般有铝合金或者钢管的，规格根据负重能力及用途不同有许多种，通常有一般直立灯架、顶灯架以及底灯架等。在灯架顶端，有用于固定灯头的螺口，如图3–7所示。

灯架应该是可调高度的，高度可调整范围在40～250cm。另外灯架的负重要求也比较重要，一副好的灯架应该可以在承载光源重量的状态下不会发生测斜、倾倒等问题。

3.3.4 灯罩

为了使持续光源发光目标集中并且避免光线过于强烈，往往需要在灯头加装各类灯罩，一般有广口灯罩、柔光箱或者反光伞等部件，如图3-8所示。

广口灯罩往往用于一个灯头的光源，如果要避免其光线过于强烈，还需要在灯罩的前方加一个柔光罩，这样才能产生柔和的光线；柔光箱和反光伞的作用大体相同，都是为了让光源产生柔和的光线。形成散射的效果，关于这两者的使用和区别，我们将在下一章为读者介绍。

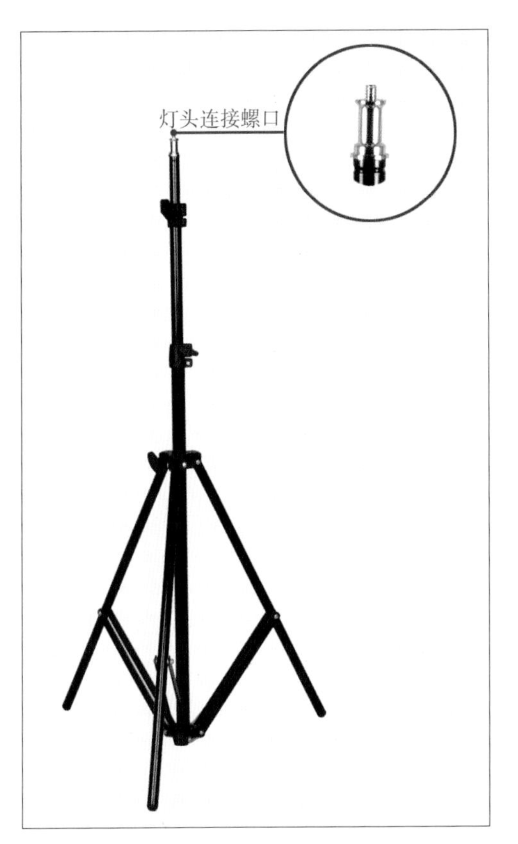

图3-7 摄影灯架

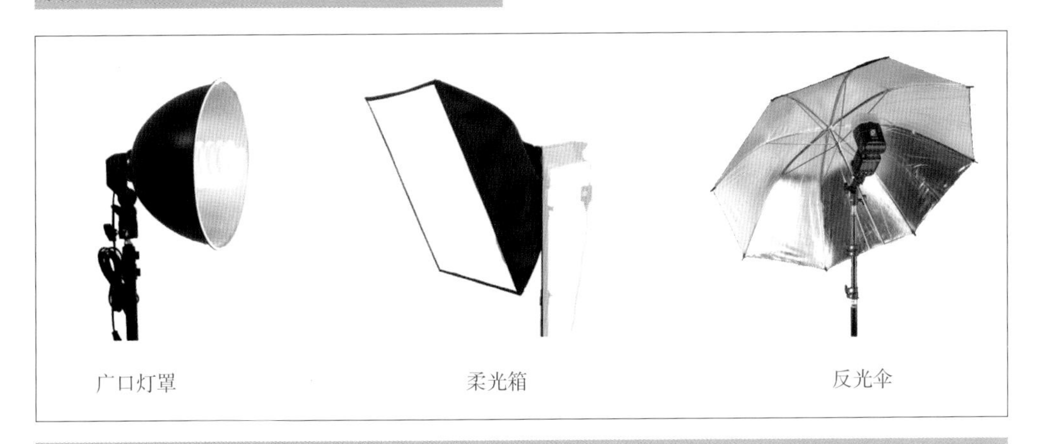

图3-8 摄影光源灯罩的分类

3.4 闪光灯

闪光灯具有标准的色温，瞬间产生足够的亮度，所以使用闪光灯拍摄商品，比持续性光源具有更好的优势，如果读者对相机的曝光测光掌握较好的话，建议再配置闪光灯。

3.4.1　闪光灯的分类

并不是所有类型的闪光灯都适合于商品摄影，所以首先我们需要弄清闪光灯的分类。闪光灯大体上分为三种：内闪、外闪和影室闪光灯。

内闪就是相机上的内置闪光灯，如图3-9所示。

图3-9　相机上的内置闪光灯

因为内部闪光灯角度固定，指数低，不利于变化，因此这个对于商品图片摄影来说，没有太大的实际意义。而且在商品摄影中内闪的光线还会影响整体的布光，所以在相机使用中应该避免使用内闪。

外闪，就是外置闪光灯，如图3-10所示。

图3-10　外置闪光灯

这类闪光灯，一般可以和相机协调使用，也可以用连闪线连接，实现离机闪光，但是其价格不菲，可配套的附件少。在进行商品的拍摄时，其光线较难控制，而且只靠一盏闪光灯，很难实现场景的合理布光。

除了上述两种不适用于拍摄商品的闪光灯以外，影室闪光灯由于价格适中，可配套配件十分丰富，市场成熟，是商品摄影的有力支持，如图3-11所示。在本书后面所提到的闪光灯，如无特殊说明，则都指的是影室闪光灯。

图3-11　影室用闪光灯

3.4.2 闪光灯的结构

成套的闪光灯与持续光源类似，由灯头、灯架以及灯罩组成，不同之处体现在灯头上面，所以我们只针对闪光灯的灯头为读者介绍一下闪光灯的基本组成，如图3–12所示。

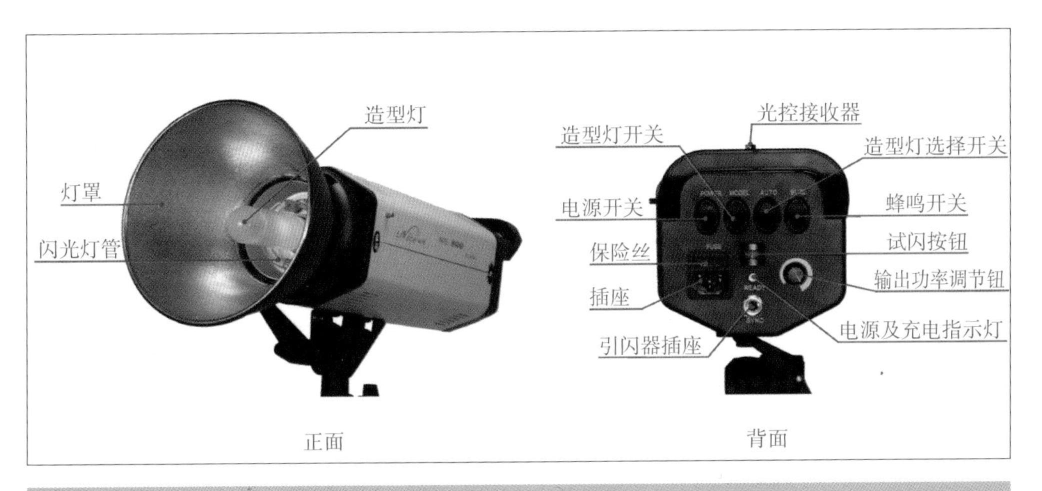

图3–12 闪光灯灯头的组成部分

闪光灯的正面主要是光源系统。影室闪光灯实际上由大功率闪光灯与造型灯组成，闪光灯管一般是环型的，环的中央有造型灯的接口，造型灯一般是石英灯、白炽灯等。不用闪光灯时，造型灯也可做照明光源用来拍摄，当用闪光灯时，造型灯只是起到布光看造型效果用的。有的造型灯在闪光灯闪光时关闭，闪光灯闪光后再亮起来，为了防止造型灯色温对闪光灯产生干扰。

闪光灯的背面分布着各种控制光源的按钮。闪光灯的光源亮度调整通过功率旋钮完成，旋钮分为档次调整和无级调整两类，无论哪一类，都可以将灯光亮度根据布光要求降低。例如一盏400W的闪光灯，通过旋钮的调整，可以降低到其1/2（200W）或者1/4（100W）亮度来使用。

3.4.3 闪光灯与相机的连接

在本章前面部分已经有过介绍，闪光灯要想通过相机的控制产生闪光，必须要与相机产生连接，这个连接的部件被称为引闪器。引闪器，一般配合各种灯具使用。它装在相机上，频段接收器连接其他闪光灯灯具，这样形成一个完整的系统，如图3–13所示。

目前用于影室闪光灯的引闪器有两种，分别为PC引闪和无线引闪。

PC引闪要求相机具备PC端子，使用时通过一根专用的线将相机和闪光灯连接起来，缺点是有线，不灵活，而且普通数码相机和一些单反相机上PC端子都被取消，所以现在使用的人很少。

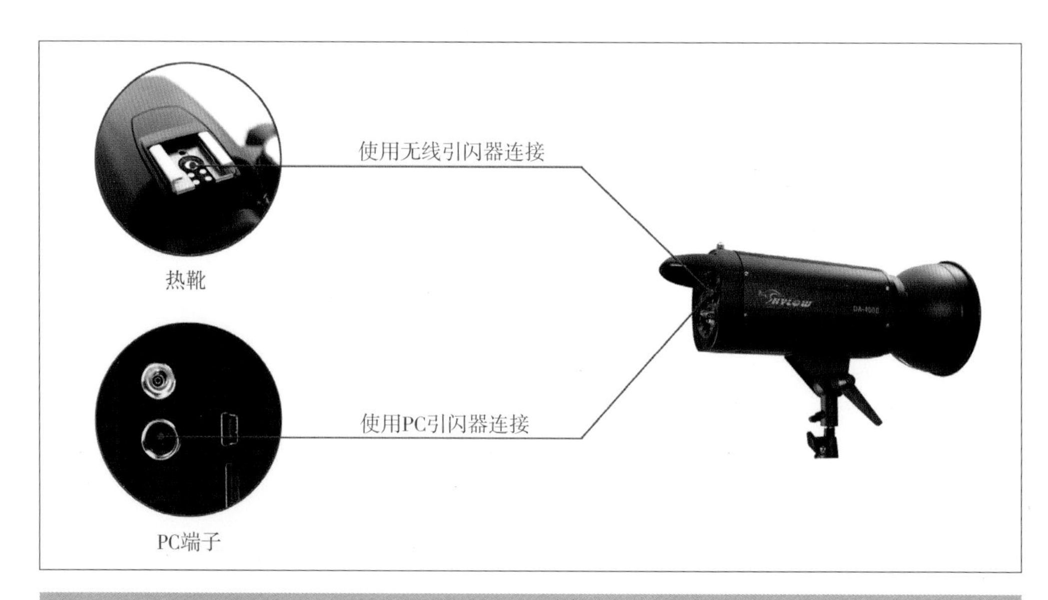

图3-13　引闪器的连接方法

如图3-14所示，无线引闪通常是成对使用，发射器安装在相机热靴上（也有可以连接PC端子的），接收器连接室内闪灯的PC端，有效引闪距离比较远，没有连接线，

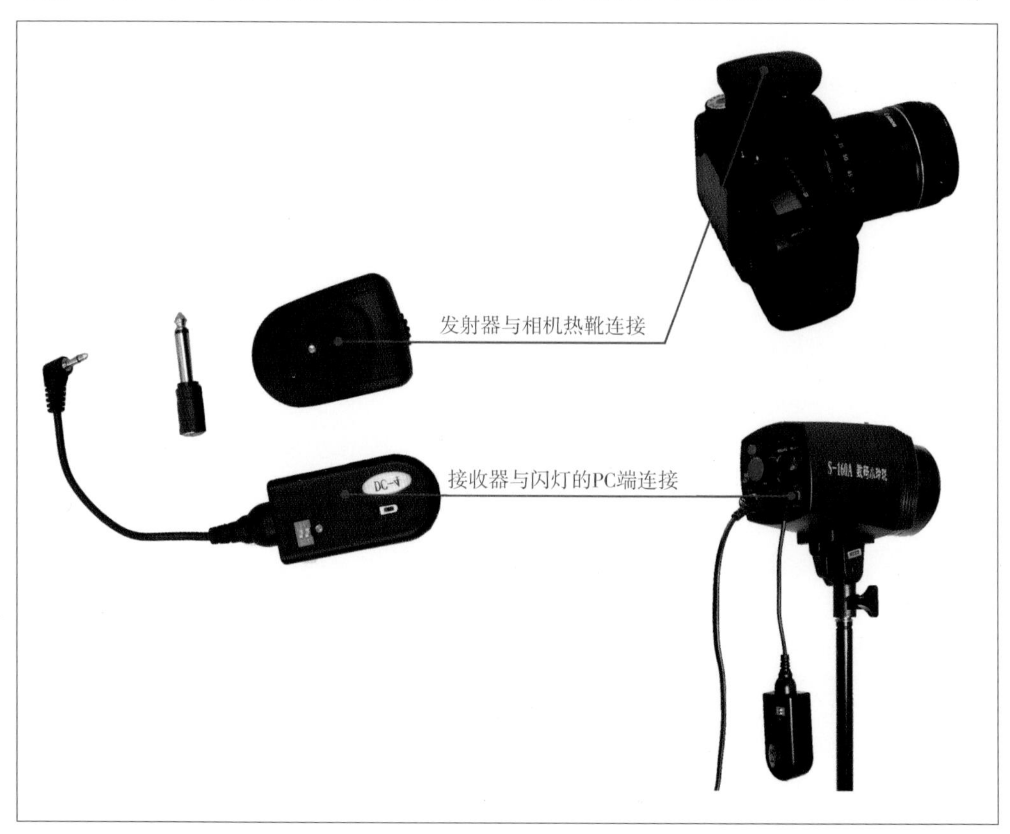

图3-14　无线引闪器的连接方法

比较灵活，但相机必须带有热靴（或者PC端子）。

3.4.4 闪光指数

作为一种耗费能量的装置，采用了一个与摄影有关的指标：闪光指数GN。GN值越大，则闪光灯的功率越大，发出的闪光就越强烈，也就意味着可以照亮的范围越大，当然耗电也越厉害。因此在购买时不能只看灯的功率，功率是决定闪光灯的亮度的指标之一，而闪光指数是决定闪光灯亮度的唯一的精确标准。

选择多大的闪光灯合适？如果经济条件许可，可以选择尽可能闪光指数高点的闪光灯，闪光灯一般都具有光量调节功能，从实用、够用的角度也可以选择不具备光量调节功能，不带有造型灯的闪光灯，相对价格比较便宜。使用熟练后，同样可以拍摄出专业水准的照片。

3.5 如何购买摄影灯

上面为读者介绍了持续光源和瞬间光源，那么在具体到商品拍摄的时候，应该如何配置摄影灯呢？在配置影室灯的时候，应该从拍摄对象以及空间大小两个方面综合考虑。

3.5.1 拍摄对象

无论是常亮灯还是闪光灯，在拍摄商品照片的过程中，均需几组灯才可以达到更好的效果，通常根据拍摄商品的大小、材质，要表达的效果的不同而选择不同的灯组合。对于小件商品来说，二灯是最基本的配置，而三灯是完美的配置。

对于服装拍摄来说，平铺拍摄二灯可以拍，三灯（在二灯的基础上加一顶灯）效果更佳。模特拍摄，一般至少要三灯，即背景灯+主灯+辅灯，如果数量上超过三组灯会拍得更好。总之，拍摄服装应该至少二组灯以上。

3.5.2 空间

空间，是指用于摄影的相对封闭的空间面积大小，一般45m^2以上应该用400W以上的灯，25m^2以上应该用300W以上的灯，那么如果只有几个平方，是不是用150W的就可以了呢？这里除了刚才说的用途与指数的对应关系外，还有一个要素，就是要看闪光灯对附件的兼容性。市场一般250W以下的闪光灯是一种卡口，比如只能装最大60cm×80cm的柔光箱，而250W以上的闪光灯却可以装不限大小的柔光箱，我们知道柔光箱相对越大，光线越均匀。综上所述，一般服装拍摄最好是选择250W以上的闪光灯。

第 4 章 商品摄影周边附件

在进行商品摄影时，只有光源无法完成整个场景的灯光布控，还需要很多附件的帮助，才能获得一个满意的布光场景。这些附件包括柔光箱、反光伞、反光板、倒影板、背景等等。

4.1 反光伞

反光伞输出的光是经过反光伞面反射后的散射光，性质为软光，发光面积大，方向性不明显，柔和，反差弱，阴影淡，是理想的光源。拍人像特写时，不受强光的刺激，最适合于拍摄人像和静物，如图4-1所示。

图4-1　各类反光伞

通常反光伞有银色、白色、金黄色等不同涂层。在这些颜色中，银色和白色的伞面，不改变闪光灯光线的色温；金色的伞面，可以使闪光灯光线的色温适当降低；蓝色的伞面，能够使闪光灯光线的色温适当提高。当然了，在我们的使用中最常见的是银色的，外观颜色一般有白色和黑色的两种，黑色的效果好于白色的，如图4-2所示。

图4-2　黑色伞面的反光伞

4.2 柔光箱

柔光箱跟反光伞的作用类似，也是影室的常用附件，用于产生柔和的光线，如图4-3所示。

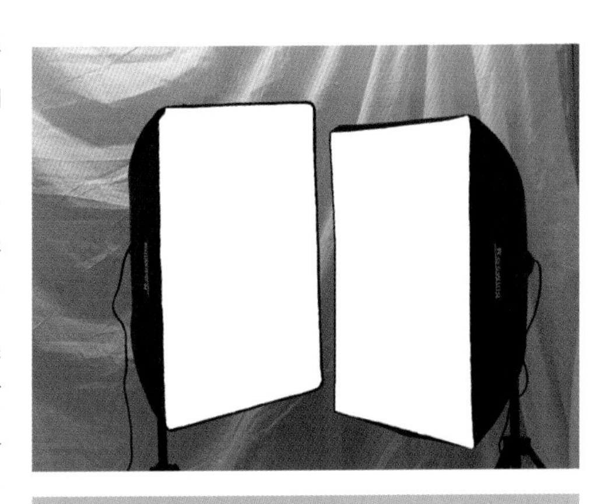

图4-3 柔光箱

光源发出的光和经过柔光箱所产生的反射光混合，再经过柔光箱透射扩散，形成软光，能为场景提供均匀而充足的照明，输出的光为扩散的透射光，光性柔和，方向性强于反光伞产生的光，富有层次表现。色彩与锐度良好。如图4-4所示，左图为直接光源拍摄的效果，而右图为添加柔光箱以后拍摄的效果，从阴影的效果可以看出其作用。

图4-4 柔光箱用于柔滑投影

图4-5 各类柔光箱

柔光箱结构多样，常规的柔光箱为矩形，似封口漏底的斗形。由于功能上有某种差异，所以另有八角形、伞形、立柱形、条形、蜂巢形、快装型等多种结构，如图4-5所示。

使用中的矩形柔光箱有大小不同的各种规格，小到40cm，大到2m有余。还有专配外置闪光灯用的超小柔光箱，只有几厘米大小。

4.3 反光板

反光板可以提供柔和的散射反射光，也可以对大面积的被摄物品的暗部进行补光。在拍摄实践中，反光板是不可缺少的一种辅助器材。

4.3.1 反光板的分类

常用五种类型的反光板：白色、银色、金色、黑色和柔光，如图4-6所示。

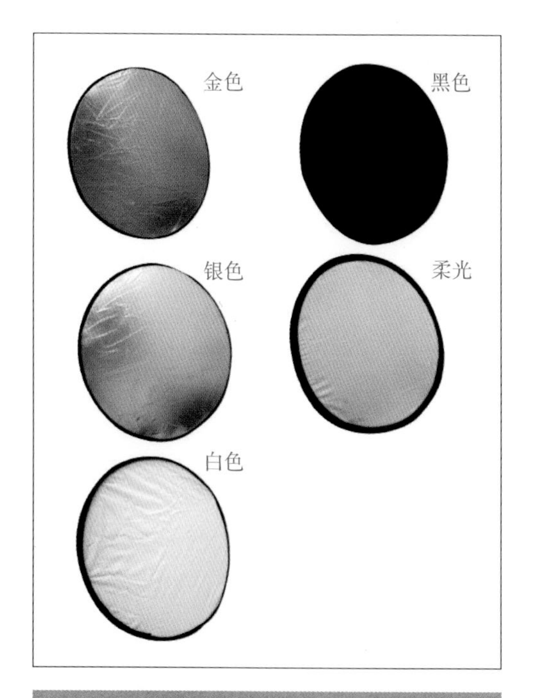

图4-6 各类颜色的反光板

白色反光板反射的光线非常柔和。由于它的反光性能不是很强，所以其效果显得柔和而自然。一般在室内光线好的情况下使用这种反光板对阴影部分的细节进行补光。

银色反光板能产生更为明亮的光。这种反光板比较适合户外摄影，大多数的摄影师会使用到这种反光板拍摄人像，在光比反差比较大的情况下使用，也可以用其营造眼神光。

在日光条件下使用金色反光板补光，与银色反光板一样，它的反光效果也比较强，但是与冷调的银色反光板相反，它产生的光线色调较暖。

黑色反光板即挡光板，这种反光板是与众不同的，因为从使用上讲它并不是反光板，而是减光板。使用其他反光板是根据加光法，目的是为景物添加光量。使用黑色反光板则是运用减光法来减少光量。

柔光板在太阳光或灯光与被摄物或人之间起到阻隔减弱光线的作用，可以使光线柔和，降低反差。在光线强烈，而又不想调换摄影角度损失背景的情况下，或柔和光线以减少被摄物投影时可以使用。

市面上销售的往往都是将上述功能整合在一起的五合一反光板，它通过变换不同的夹层来实现不同颜色的反光变化，如图4-7所示，相对比较方便。

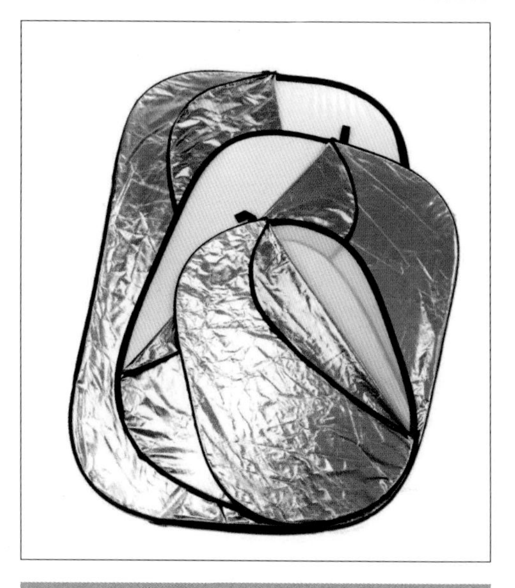

图4-7 五合一反光板

4.3.2 反光板的使用

反光板的主要作用是通过反射部分主灯光源（包括阳光），投射到被摄主体侧面，用以弥补被摄主体的亮面与暗面之间的亮度差，从而在被摄体表面形成平缓而均匀的亮度变化。这样拍摄出来的作品，细节清晰、补光柔和，能够体现出良好的质感和立体感。

如图4-8所示，布置一个简单的静物场景，使用一个光源从场景左侧进行照射，用于照亮场景。由于光源的入射角度和数量关系，糕点的右侧明显比左侧要暗一些。

如图4-9所示，在场景右侧放置一个反光板。反光板将有方向性的入射光源转化成散射光，均匀地照亮糕点的右侧。

图4-8 布置简单的静物场景

图4-9 反光板有方向性地将光线转换为散热光

通过反光板的作用，糕点右侧部分可以获得理想的亮度，从而使整个场景获得自然而协调的光影变化，如图4–10所示。

图4–10　加入反光板以后的拍摄效果

如图4–11所示，上方为未添加反光板的原始效果，下图为添加反光板以后的效果，通过对比能更明显地看到亮度差别。

图4–11　前后变化的对比

4.3.3 自制反光板

虽然市面上有各类反光板提供，但是由于商品摄影所使用的反光板，无论从形状还是尺寸都各式各样，所以市面上销售的反光板无法完全满足拍摄的需要，这样就需要读者根据场景布光的要求来自己制作反光板。网上提供了各类制作反光板的方法和材料，大体上都是日常生活中常见的一些物件。这一节，我们制作一种在本书后面经常使用的反光板，使用的材料主要是锡纸和废旧纸盒就可以了。

首先，准备的材料主要有锡纸、纸盒、双面贴、剪刀、美工刀等工具，如图4-12所示。

锡纸就是日常生活中用于包裹食物的就可以，可以在各类超市轻松买到，价格低廉，是用于制作反光板的绝佳材料；纸盒也能在日常生活中找到。

接下来，根据拍摄的需要，对纸盒进行裁切，然后一面贴上双面贴，如图4-13所示。

图4-12 准备制作反光板的材料

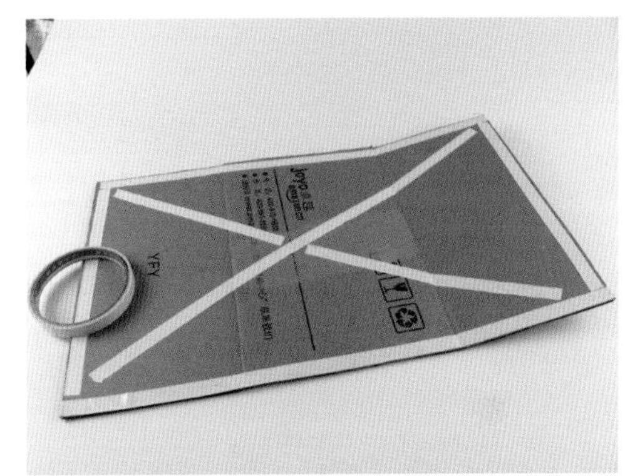

图4-13 在纸壳上贴上双面贴

将锡纸卷开，平整地贴在纸板上，如图4-14所示。

或许你会认为，纸板的另外一面是不是就没有用了呢？我们可以在另外一面贴上平时家里经常使用的复印纸，如图4-15所示，这样就构成了银色和白色两用的一个反光板。银色反射的光要略微比白色那一面反射的光强，可以更方便地在后期光源布控过

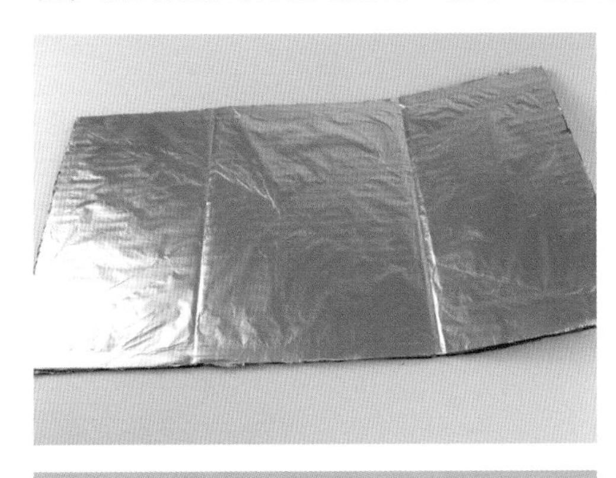

图4-14 将锡纸贴到纸板上

图4-15 另外一面贴上复印纸

程中调整反光强度。

要想让自制的反光板立在拍摄台上，可以将纸板稍微折叠一下，如图4–16所示；或者使用一组金属夹对底部进行固定，也可以将其立住，如图4–17所示。

图4–16 用折叠的方式将反光板立在拍摄台上

图4–17 用金属夹将反光板立在拍摄台上

4.4 倒影板

倒影板并不属于传统意义上的摄影附件，它只是在商品摄影中为突出及美化产品而选择的有反光效果的材料。一般用倒影板拍摄金属质感、玻璃质感等有明确反光效果的物体，从而呈现出特有的倒影效果，如图4–18和图4–19所示。

图4–18 倒影板可以呈现倒影效果（1）

倒影板要视产品本身特性及艺术再造的角度去选择合适的材料，如光洁金属材质、拉丝金属材质、大理石、玻璃、亚克力板及液体等，都可以用于拍摄商品的倒影。在制作倒影上，应本着就地取材，灵活使用的原则。

从颜色上来说，最常用的是黑色和白色。当然，如果经常拍摄商品，也可以准备一些其他的颜色用于使用，如图4–20所示。

很多初学者觉得倒影板不太容易找到，其实获取倒影板的途径有很多。从笔者的经验来看，读者大体上可以通过以下几个方面获得理想的倒影板。

首先，大家可以到当地建材市场，那有各类的烤漆玻璃销售，颜色很多，有色卡可以挑选，倒影效果不错。但是由于没有边角料，所以造价相对昂贵一些。

网上有很多倒影板销售，通常裁切成40～60cm的方形，一般几十元钱一块。实际上，这些倒影板所使用的材料无外乎都是亚克力板（有机玻璃的一种），这种亚克力板可以在当地以制作灯箱、标牌的美术社轻易买到，颜色丰富，如果运气好，有时还可以淘到物美价廉的边角料。

图4–19 倒影板可以呈现倒影效果（2）

图4–20 各种颜色的反光板

最后一种方法也可以使用透明玻璃和纸来制作。找块3mm厚的玻璃，想要什么颜色就用什么颜色的纸，纸在打字复印、文化用品商店制作的地方可以轻易买到，将纸平铺到玻璃的下面，将商品放置在玻璃上，也是一块理想的倒影板。

4.5 背景

背景在商品摄影中同样是不可缺少的主要附件，背景的作用主要是衬托出主体。以为商品摄影为例，背景不适宜太花哨，要简洁，衬托，不能喧宾夺主。背景可以是不同材质、纹理、功能的物体，生活中常见的物品都可以用来充当拍摄的背景。

4.5.1 常用的纯色背景

在本书前面部分，我们对背景进行了简要的介绍，相信读者已经对其有所了解。常用的纯色背景主要包括：背景纸、全棉背景布、植绒背景、无纺布背景等。无论哪一类材质，都是为了获得无缝的影像效果，而且还可以避免场景反光。

在上述各类材料中，通过摄影实践得知，背景纸的效果比较好，并且是市场上最容易得到的材料，只要是不反光的纸张都可以用来充当摄影背景。小商品的拍摄并不需要很大的纸张，但一定要平整、干净。在色彩上，可选择的余地也更多，如图4-21所示。

可以充当背景的布料类型有很多，一般可以使用无纺布来代替，通常用于模特或者服装类商品拍摄的小型摄影棚中，如图4-22所示。

图4-21　各类背景纸

图4-22　各类背景布

吸光的黑色无纺布在拍摄反光物体时，是经常用到的背景。无论使用哪一种布料，一定要确保其不反光。

如果要拍摄带有背光或者脚光的商品，这个时候要确保背景具有良好的透光性，此时应该使用亚克力板来充当背景。亚克力板是有机玻璃的一种，具有优秀的透光性能，在商品拍摄中使用较多，如图4-23所示。

用作背景的亚克力板与上文介绍的倒影板属于一类材料，但是由于背景往往需要具有弧度，所以要求能够很好地弯曲，这样其厚度要严格控制在1～4mm之间。

4.5.2　其他背景材料

图4-23　各种颜色的透光板

除了使用纯色的布料充当背景以外，在商品摄影中，有时也需要使用其他面料和其他材质的布料作为背景使用，用以衬托商品的质感、光泽。例如在拍摄首饰、化妆品或者高档物品时，也可以使用丝绸等具有光泽的布料作为背景，如图4-24所示。

图4-24　使用丝绸做背景

我们还可以利用家里装修时剩下来的装饰材料作为背景，也是一种实用的做法。因为通常这种材料的表面都具有人工仿制的天然纹理，拍摄出来的照片自然贴近生活。我们也可以直接在家里的大理石台面、餐桌上以及地板上拍摄商品作品，如图4-25所示。

背景的使用还要依据于所拍摄对象的性质决定。例如在拍摄食品的时候，通常我们使用餐布为背景。有时，也可以考虑一张竹席为背景，如图4-26所示；在拍摄乐器的时候，使用一张乐谱为背景，如图4-27所示。这样可以提高商品的档次和照片的

图4-25　使用地板做背景

图4-26　使用竹席做背景

图4-27　使用乐谱做背景

可视性。

当然，背景的选用以灵活多变为主，紧紧把握商品的属性，因地制宜，就地取材。

4.6 配景用的道具

在拍摄有些商品时，需要配合使用各种道具，或者搭建一定空间的小场景，来体现其某种特殊的价值。和背景一样，道具也没有色彩、材质和大小的限制，可以是包装、树叶、花朵、报纸等等。从作用上来看，道具的主要作用体现在以下三个方面：装饰作用、衬托作用以及对比作用。

4.6.1 装饰作用

好的道具，可以使照片的效果更加精彩。商品摄影所用的道具虽然都比较简单，并且不一定每次拍摄的时候都会用到，但是在特殊的情况下，使用恰当的道具，不仅可以给画面起到画龙点睛的作用，而且还可以很直观地在画面中说明问题。如图4-28所示，使用一朵小花，用来衬托首饰，既丰富了画面，又增添了色彩。

图4-28 使用花朵做配景

4.6.2 衬托作用

很多时候，商品摄影中的道具还可以提升商品本身的品位和价值。通过两者之间某些内在的联系，由观众的感官和日常经验分析出商品的内在美。如图4-29所示，拍摄的商品是全麦的面包，这时使用麦穗以及粮食作为配景的道具，既平衡了构图上带来的空白，并且通过观众对主体和陪体的联想，确立了产品的特色以及质量。

4.6.3 对比作用

由于商品的拍摄对商品本身进行了放大，如果没有其他道具，则观众很难准确把握出物体的大小，所以道具也可以起到对比的作用。如图4-30所示，利用了模特的手部作为衬托，我们就可以很清楚地看到其产品的大小。

图4-29　使用麦穗做背景

图4-30　使用手做配景

4.7 常用消耗类纸张

在学习和练习商品静物拍摄过程中，还有一些纸张是常备的，而且也是经常被消耗的。

4.7.1 黑卡纸

黑卡纸是一种坚挺厚实、定量较大的厚纸，如图4-31所示。这种纸具有耐折度好、表面平整光滑、挺度好、拉力好、耐破度高等特点，经常被用于制作一些包装礼盒。

图4-31 黑卡纸

在商品摄影中，我们经常需要根据场景的需要，对黑卡纸进行裁切，用于遮光、吸光以及对商品边缘进行描边等操作。

这种纸可以在文教用品店买到，价格也比较便宜，为1～4元，由于属于耗材，所以建议读者多准备几张。

4.7.2 硫酸纸

硫酸纸是一种用于印刷业的半透明纸张，如图4-32所示。具有纸质纯净、强度高、透明好、不变形、耐晒、耐高温、抗老化等特点。

图4-32 硫酸纸

在商品摄影中，我们主要借助于这类纸张的透光属性。在一些需要表现柔光的拍摄环境下，将硫酸纸遮挡在光源以及场景之间，让场景产生均匀而柔化的亮度变化。

和黑卡纸一样，硫酸纸也在文教用品商店有售，价格低廉，但是消耗程度上要低于黑卡纸。

第 5 章　商品摄影的布光规律

商品摄影所拍摄的对象姿态万千，而围绕着被摄商品的布光也千差万别。对于初学者来说，总是觉得一个场景可以选择很多的光源，而光源围绕着商品的放置也有很大余地，但是却缺乏整体的考虑。

无论商品的样式多么奇怪，根据其表面的质感和对光线的吸收情况，我们总是可以将它们进行归类，这样针对每一类商品的不同而采取不同的布光方式。所以本章我们就来了解一下商品布光的基本规律。

5.1 基本布光规律

商品摄影常用的基本布光形式主要包括逆光、侧逆光、侧光、顺光以及多种布光形式的组合照明。为了说明问题方便，这里我们选用一个对周围光源影响最小的物体——竹篮来介绍这些布光的形式以及效果。

5.1.1 逆光

如图5-1所示，我们将竹篮适当添加一些修饰物（大枣）之后放置在黑卡纸上，首先用一个光源从后上方对场景进行照射。

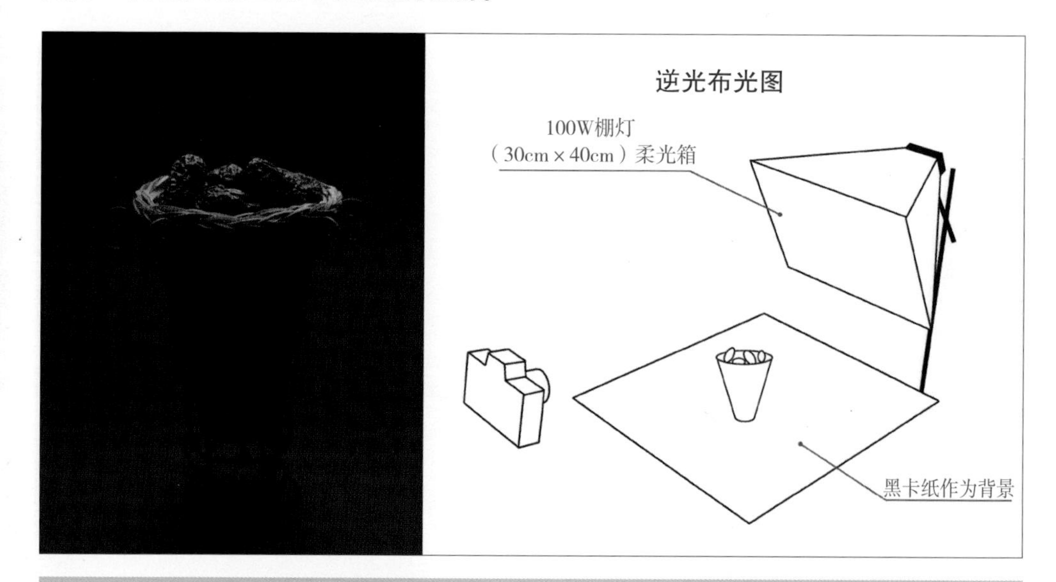

图5-1 逆光照明示意图

光源使用闪光灯（100W）或者一转四灯头都可以，但是要保证柔光。由于光源布置在竹篮正上方，形成顶光照明。

使用顶部的逆光照明，既不会让场景很亮，还可以表现出一种宁静和神秘的气氛，如图5-2和图5-3所示。

图5-2 逆光照明场景（1）

图5-3　逆光照明场景（2）

5.1.2　侧逆光

如图5-4所示，将光源适当移动一下位置，让场景形成侧逆光的布光效果。此时，光源一般位于被摄主体的左后方或者右后方。

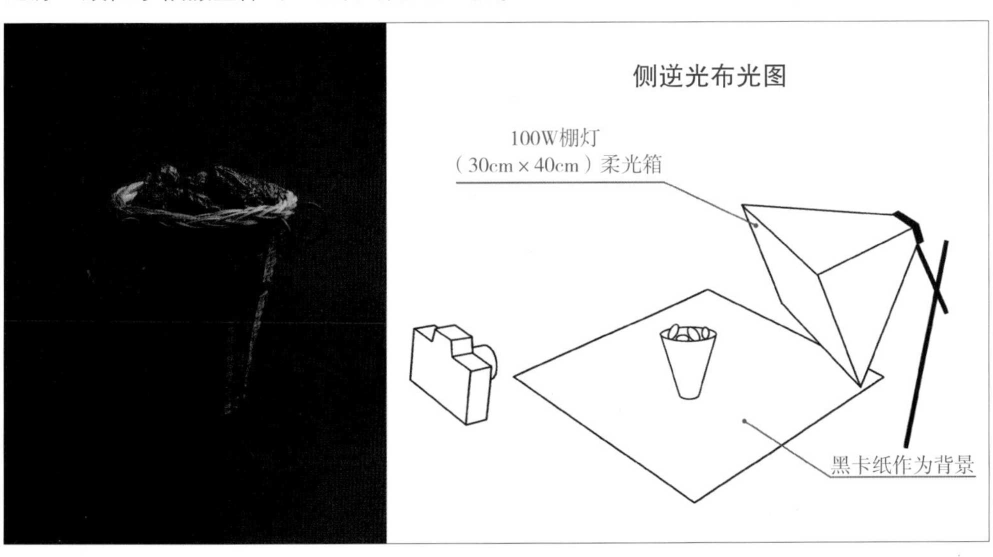

图5-4　侧逆光照明示意图

侧逆光比逆光更能表现立体感。在拍摄餐饮菜肴的商品照片时通常采用这种侧逆光结合使用反光板的布光方式，如图5-5和图5-6所示。

图5-5　侧逆光照明场景（1）

图5-6　侧逆光照明场景（2）

5.1.3 侧光

如图5-7所示，如果将光源移动到与相机夹角为90° 左右时，形成场景的侧光布光方式。

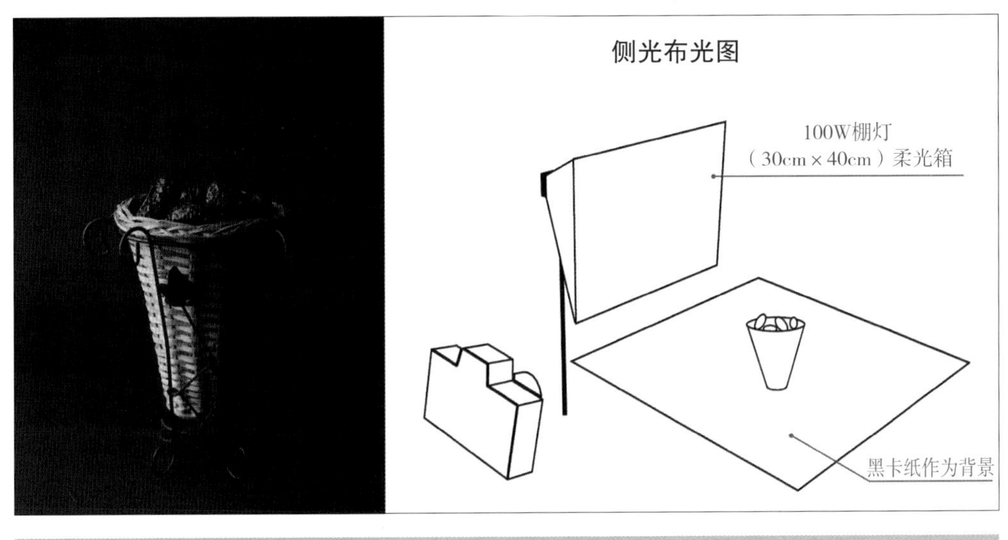

图5-7 侧光照明示意图

侧光从被摄体左右侧照明，结合使用反光板可以形成视觉冲击力较强的光效。光源的高低位置取决于被摄物体。如图5-8和图5-9所示为使用侧光布光方式拍摄的商品照片。

图5-8 侧光照明场景（1）

图5-9 侧光照明场景（2）

5.1.4 顺光

如图5-10所示，当光源与相机在水平方向夹角小于90°，两者朝向近乎相同的情况下，就属于顺光的布光方式。

顺光布光形式常用于商品的展示，是商品摄影中使用频率较多的一种布光方式，人像摄影中的伞灯照明通常也是这种形式。顺光照明可以最大限度地将整个场景完全照亮，缺点是在照射的方向上整体光影效果相对太“平”，缺乏强烈的对比，如图5-11和图5-12所示。

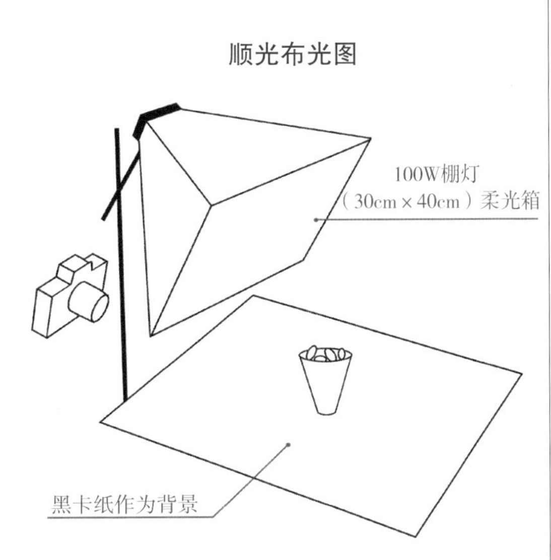

图5-10 顺光照明示意图

图5-11 顺光照明场景（1）

图5-12　顺光照明场景（2）

5.1.5　组合式布光

在实际拍摄环境中，我们很难通过一个光源将场景中的被摄商品面貌和质感完全体现出来，所以通常都是使用上述介绍的基本布光方式组合起来照明。我们以当前这个竹篮为例进行说明。对于当前竹篮来说，可以考虑使用逆光和侧光两个灯光对其照明，逆光的作用为勾勒轮廓，而侧光的作用为体现质感，同时在侧光的对面放置一个反光板，用于适当弥补暗部，从而获得如图5-13的效果图。

这个场景的拍摄现场如图5-14所示。

右侧的反光板也至关重要，它起到平衡光影，适当照亮暗部的作用。如图5-15所示，左侧为未添加反光板的效果，而右侧为添加反光板以后的效果。

上面介绍的是5种基本布光形式。由于光源的位置、相机拍摄的角度不同，可以形成无以计数的布光效果，在实际拍摄过程中，需要根据不同的被摄物体，随机应变、灵活多样地运用这些基本形式。万变不离其宗，只要熟练掌握这些基本布光形式，对付任何复杂的拍摄对象时也可以做到胸有成竹。

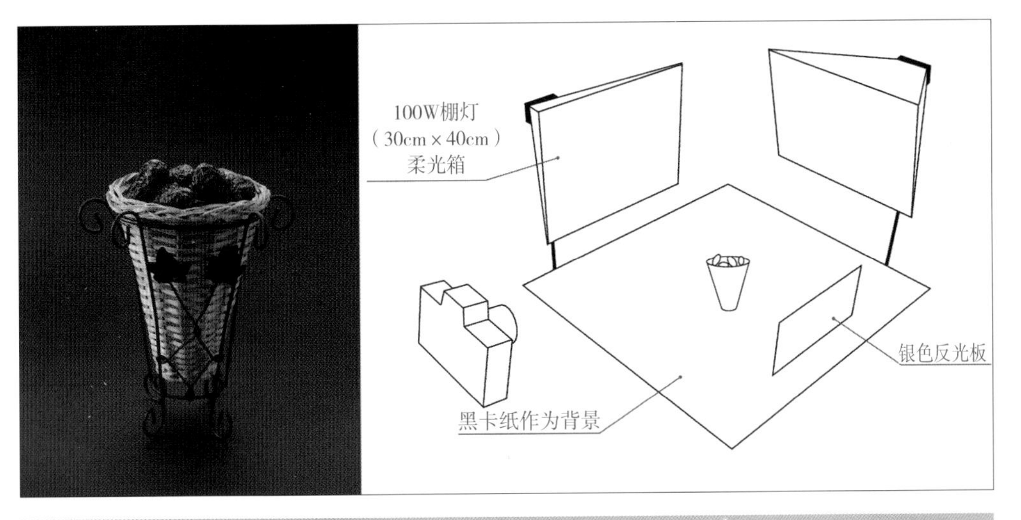

图5-13　逆光和侧光组合照明效果图

图5-14　布光场景

图5-15　添加反光板前后的效果对比

5.2　根据商品材质布光

虽然我们拍摄的商品种类繁多，但是根据其材质以及表面对光线的反射情况，大体上可以分为“透明类物体”、“反射类物体”以及“吸收类物体”三种类型。不同类型的商品，在布光上也有一定的差别，下面，我们分别进行介绍。

5.2.1　透明类物体的布光规律

透明类物体，又可分为完全透明物体（如玻璃器皿、酒杯）和半透明物体（如塑料制品、尼龙制品、磨砂玻璃等）。

透明物体最常见的就是玻璃制品。为了表现透明的质感，需要使用通过乳白色亚克力板的透射光，从而良好地表现这类物体的质感和形状，也就是说透射光的使用方法是拍摄好此类物体的关键。这类物体几乎都是光面体，局部高光可以有效表现其质感。

如图5-16所示，场景中有两盏灯光，一盏光源从乳白色亚克力板的后方照射场景，让酒杯呈现出透光的效果；在场景的上方，使用一个柔光光源，用于照亮整个物体。酒杯的周边使用黑卡纸包围，通过酒杯对黑卡纸的反射，酒杯边缘将形成黑色的边界，从而勾勒出酒杯的轮廓。

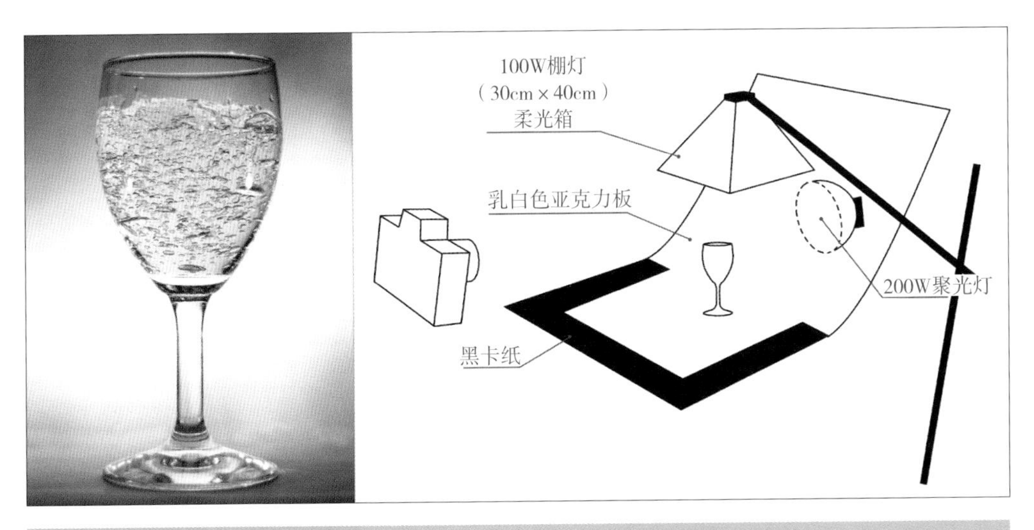

图5-16　透明类物体的布光示意图

5.2.2　反射类物体的布光规律

反射类物体，又可分为完全反射物体（如不锈钢、电镀金属、漆器、陶瓷等）和半反射物体（皮革、抛光木纹、皮鞋、塑料电器、贵金属等）。

反射类物体大多是金属制品，具有强烈反射光线且其表面还会映射周围物体的特性。拍摄这类物体，通常要尽量避免周围环境的映射，因此常用硫酸纸或绘图卡纸来将被摄对象与其周围的环境隔离开，白色卡纸在被摄对象上一般会有良好的映射效果。另外这类物体的表面几乎都是光滑的，适宜利用散射光来表现，散射光通常可以利用透光硫酸纸的照明来获得。

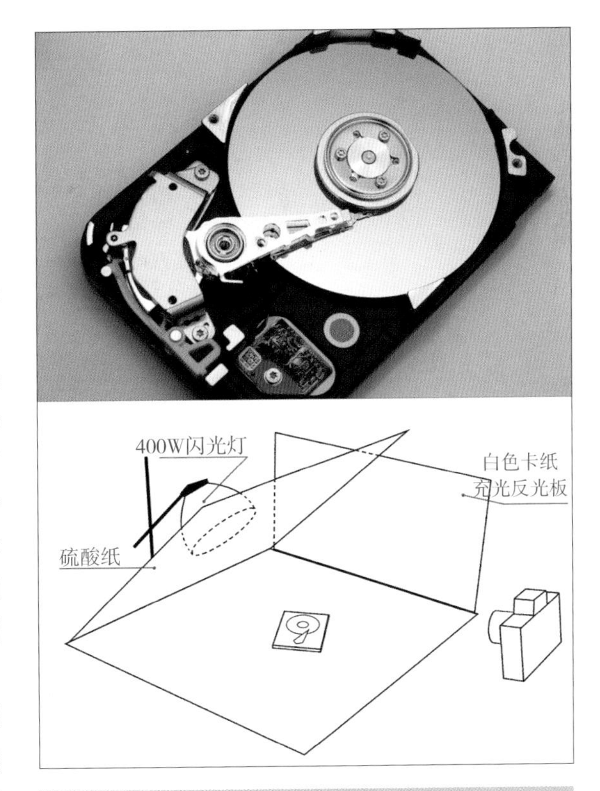

图5-17　反射类物体的布光示意图

如图5-17所示，场景中使用一盏闪光灯布控，从物体的上方照明，在闪光灯与物体之间使用一张硫酸纸遮罩，一方面将闪光灯的光线变成柔光，另外一方面避免周围杂乱的环境在硬盘上形成倒影。在场景的右侧使用一张白卡纸，充当反光板。

5.2.3 吸收类物体的布光规律

除了透明物体和反射物体以外，在我们日常生活中接触最多的还是吸收类物体，例如木制品、纺织品、食品等等。

吸收类物体几乎不反射光线，也不产生映射现象。与透明类物体和反射类物体不同的是，吸收类物体可分为表面光滑和表面粗糙（包括浮雕类物体）两种情况区别对待。表面光滑物体有光泽，适宜利用柔光拍摄；而表面粗糙的物体，为了表现其表面的质感，通常利用直接光或是方向性较强的散射光来拍摄，多以逆光和侧面光源为主。

如图5-18所示，我们拍摄的一双帆布鞋，由于其表面粗糙，首先确定使用闪光灯进行照明。光源有两个，分别在商品的正后方和侧面，两盏灯都使用硫酸纸进行遮挡，这样可以产生很强烈的散射光，同时在商品的右侧布置一张白色卡纸，起反光板的作用。

以上介绍的都是商品摄影最基本的内容，在实际拍摄环境中，有些商品结构往往比较复杂，既有透明部分，又有吸光部分；或者我们拍摄的场景由多个物体构成，它们的质感不尽相同，在这种情况下，我们需要通过个人的实践，以基本布光方式为参考，不断摸索创新更好、更具有针对性的布光方式。

图5-18 吸收类物体的布光示意图

第 6 章　商品摄影精选案例演绎

6.1 单灯拍摄立体感十足的小挎包

背包的拍摄非常简单，但要把黑色的层次拍出来，LOGO以及拉锁的质感表现出来，则需要在细节上有所把握。在拍摄的过程中，要根据不同的任务逐级增加灯光以及反光板。这个实例只使用一盏闪光灯，配合两个反光板，就可以很好地将场景的光感体现出来，如图6-1、图6-2所示。

图6-1 产品效果图

器材和设备：

相机：佳能50D（可用有M模式DC代替）

光源：200W闪光灯一盏（可用四联灯头代替）

镜头：60mm Micro（使用DC者省略）

反光板：自制银色或白色反光板两个

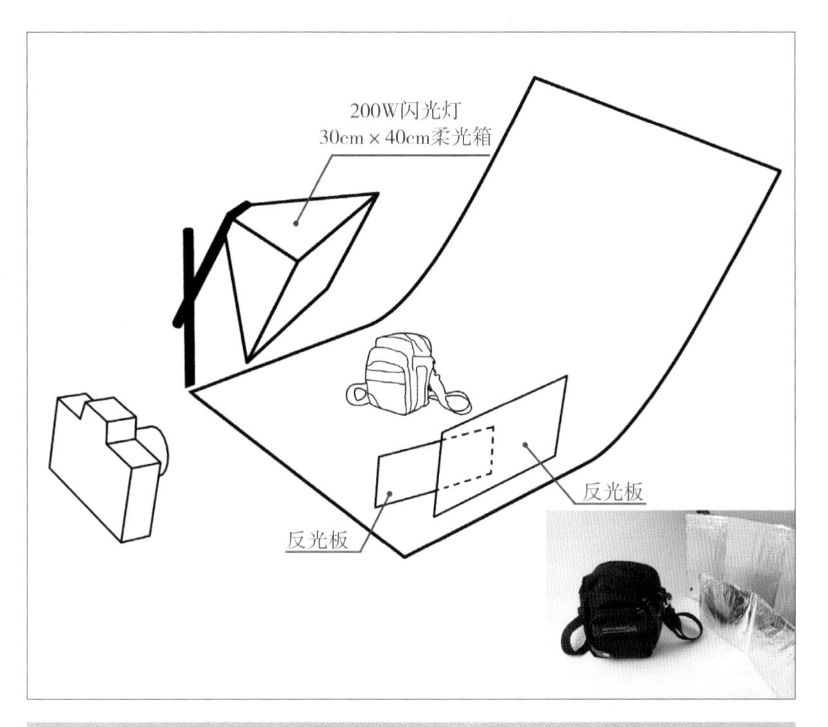

图6-2　布光示意图

拍摄过程如下：

（1）布景。

小挎包比较软，为了让它能够立在拍摄台上，我们需要对其进行适当的填充。可以找一些家里不用的废报纸，填充到小挎包中，如图6-3所示。将挎包立在拍摄台上，适当调整凹陷下去的挎包表面，下面开始布光。

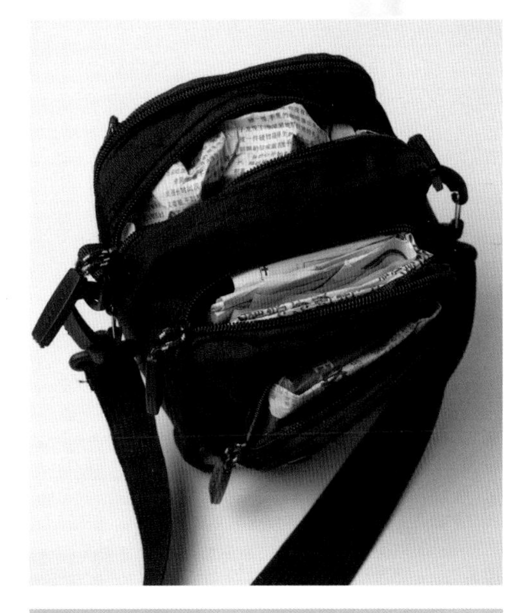

图6-3　小挎包

（2）布置主光。

挎包的表面主要为黑色面料，我们可以只使用一盏闪光灯对其进行照明，细节方面靠反光板体现。将挎包适当旋转一下方向，然后从其侧面打一盏灯，如图6-4所示。

这样可以将挎包的正面部分照亮，如图6-5所示。

（3）提升侧面亮度。

通过上面的拍摄效果照片可以看到，挎包的正面部分亮度基本符合要求了，但是其侧面以及底部还显得过暗，所以我们使用反光板分别对它们进行体现。

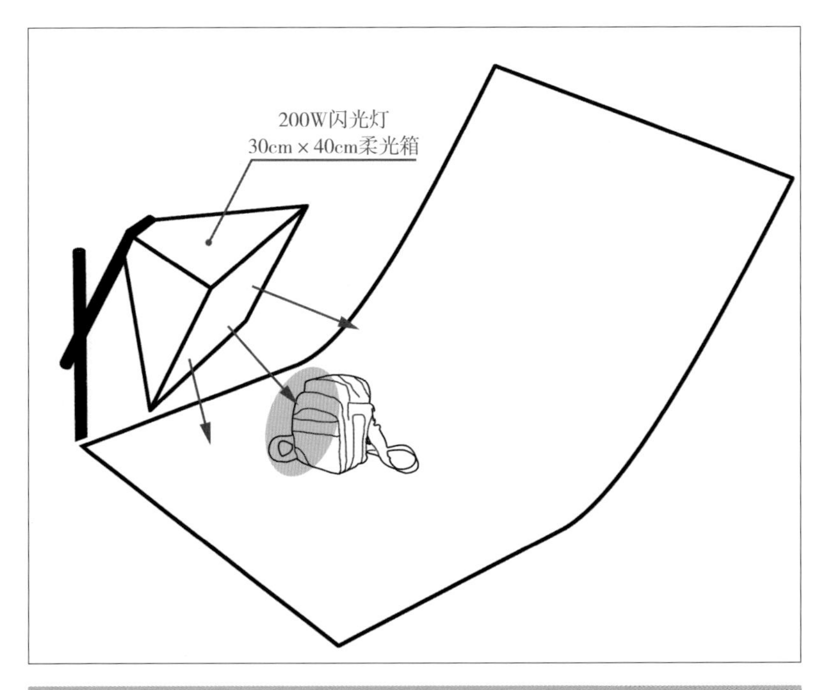

图6-4　主光布置

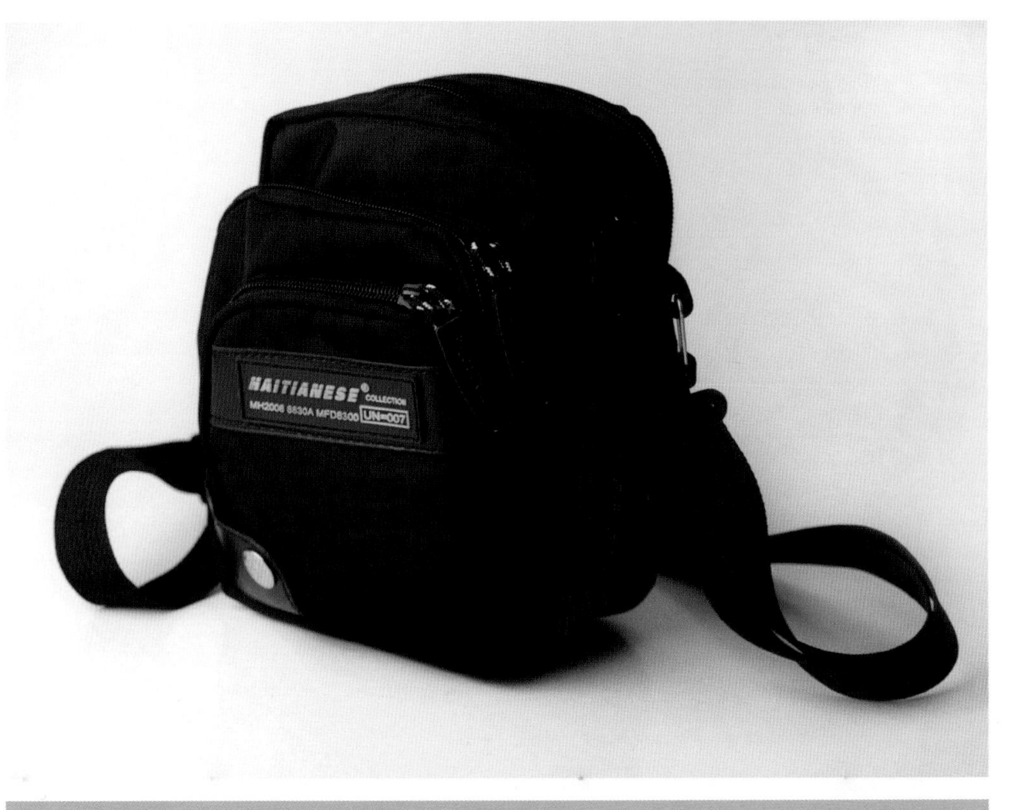

图6-5　主光效果

使用一个较大的反光板，放置在挎包侧面的正对面，用以提高侧面的亮度，如图6-6所示。

通过反光板的反光，挎包侧面标牌的亮度已经提升上来了，如图6-7所示。

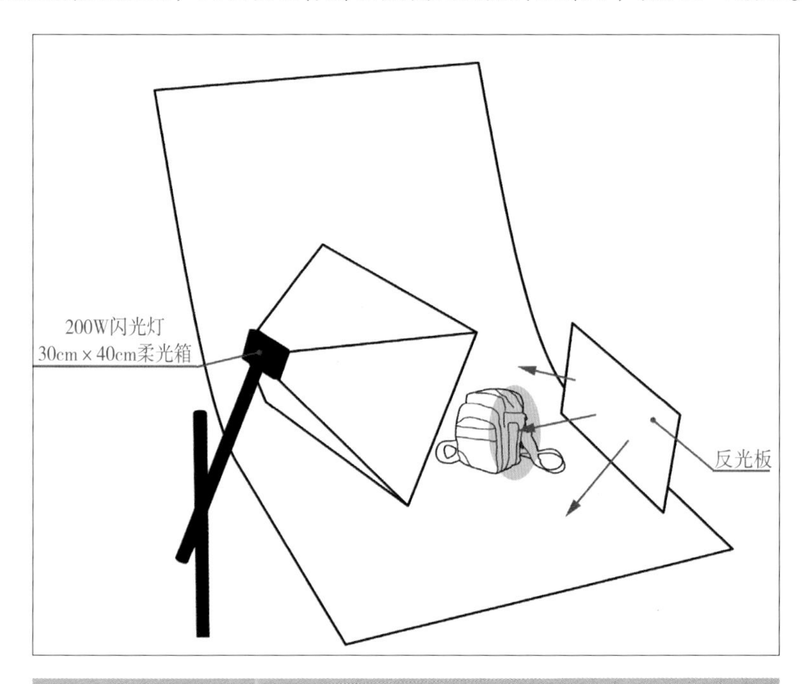

图6-6　设置反光板

图6-7　提高商品侧面亮度

（4）提升底部亮度。

按照上面同样的方法，在与挎包右侧底部相对的位置，添加一个反光板，用于照亮底部边缘，如图6–8所示。

这样，我们就通过一个柔光光源，两张反光板，将这个挎包在相机正面方向上的亮度完全体现出来了，并且具有良好的光影变化，如图6–9所示。

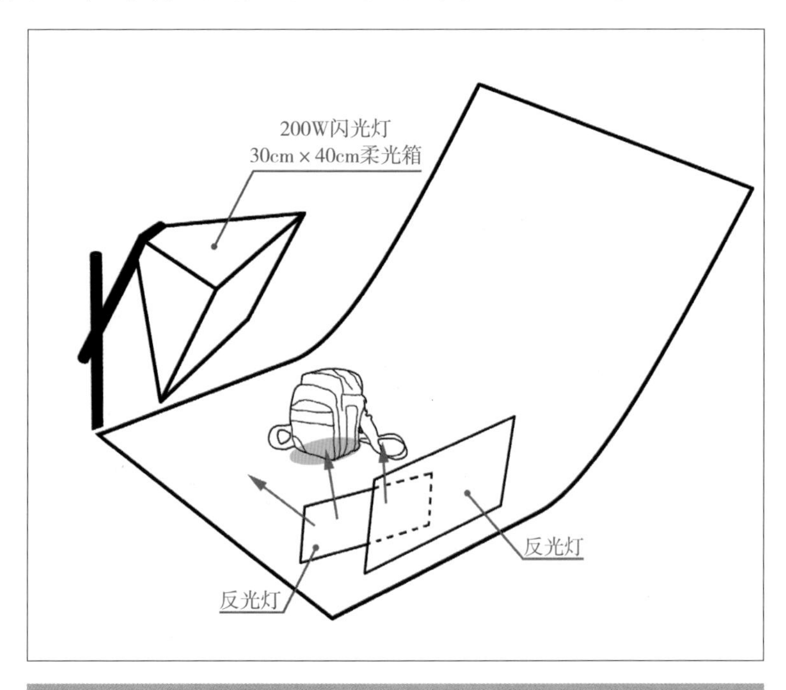

图6–8 添加反光板

图6–9 最后效果

6.2 单灯也能拍出寿司的光泽

食品的拍摄，要紧紧抓住光泽的表现，通常后背的逆光是必不可少的。对于表面反光较差的食材，可以直接使用反光灯表现；对于表面反光较强，有明显亮面的物体，则最好在光源和物体之间加一张硫酸纸，或者使用柔光箱拍摄如图6-10、图6-11所示。

6-10 寿司效果图

器材和设备：

相机：佳能50D（可用有M模式DC代替）

光源：200W闪光灯一盏（可用四联灯头代替）

镜头：60mm Micro（使用DC者省略）

反光板：自制银色或白色反光板一个

其他：硫酸纸一张

拍摄过程如下：

（1）布置主光。

准备寿司盒，将几种寿司放到适当位置，然后放在竹帘上，为了弥补后期拍摄中构

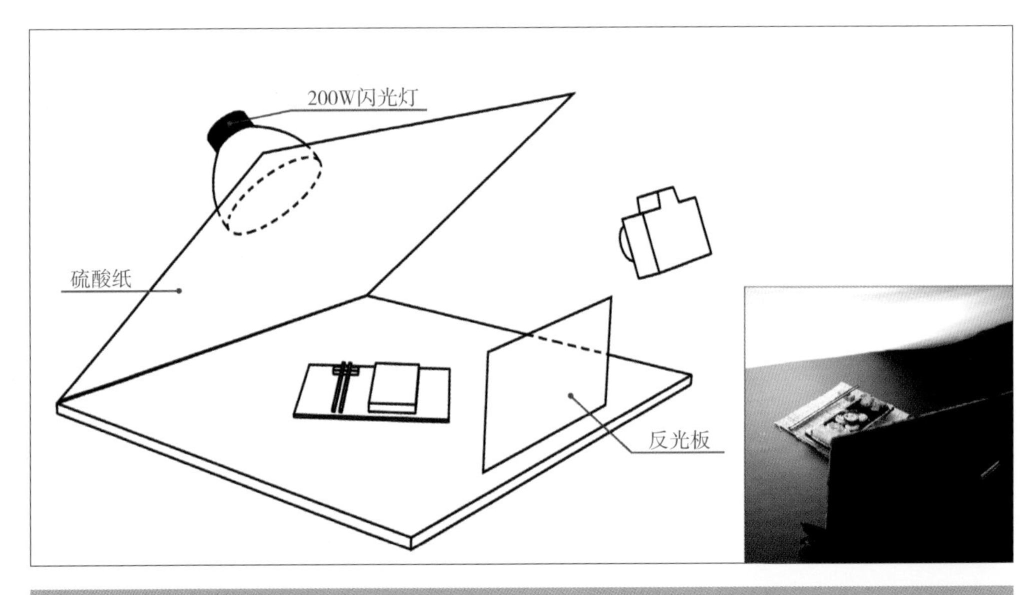

图6-11 布光示意图

图的缺陷，可以在其左侧放置一副筷子，衬托商品的效果。

食品类的拍摄最好使用逆光，这样可以有效地表现出商品的光泽。将一盏200W闪光灯放置在拍摄台的后方，斜向下照射商品，中间使用一张硫酸纸软化光线，如图6-12所示。如果使用四联常亮灯的话，则可以不用柔光箱和硫酸纸，让灯头直接照射商品。

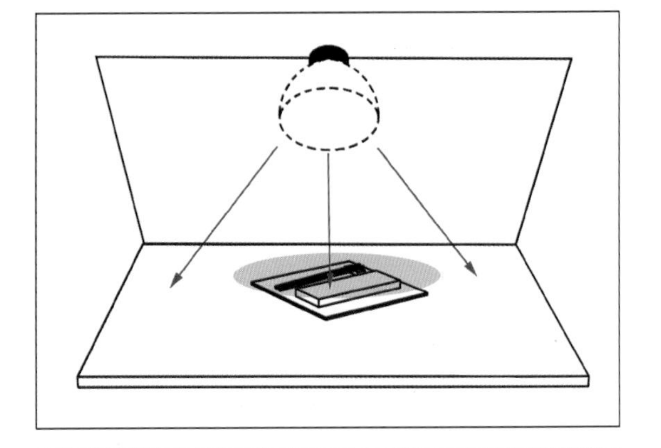

图6-12 主光布置图

拍摄效果如图6-13所示，我们将焦点放在寿司盒左侧的鱼籽饭团上，此时饭团上的鱼籽亮度已经显现出来了。在拍摄的时候，为了得到最佳的反射光线，需要仔细调整相机的高度，高度不同则商品上面的光线反射强度不同。

（2）提升侧面亮度。

通过上面的拍摄效果照片可以看到，饭团背光部分显得过暗，所以我们使用反光板加强一下正面部分的亮度。将反光板放置在主光源

图6-13 实拍效果

正对面，用以照亮饭团，如图6-14所示。

通过反光板的反光，寿司盒子的正面亮度被体现出来了，如图6-15所示。

通过这个实例，我们就会发现，在商品摄影中，布控的光源未必越多越好，有时只有一盏灯配合反光板，在恰当的角度和高度下，一样可以很好地表现出商品的质感。

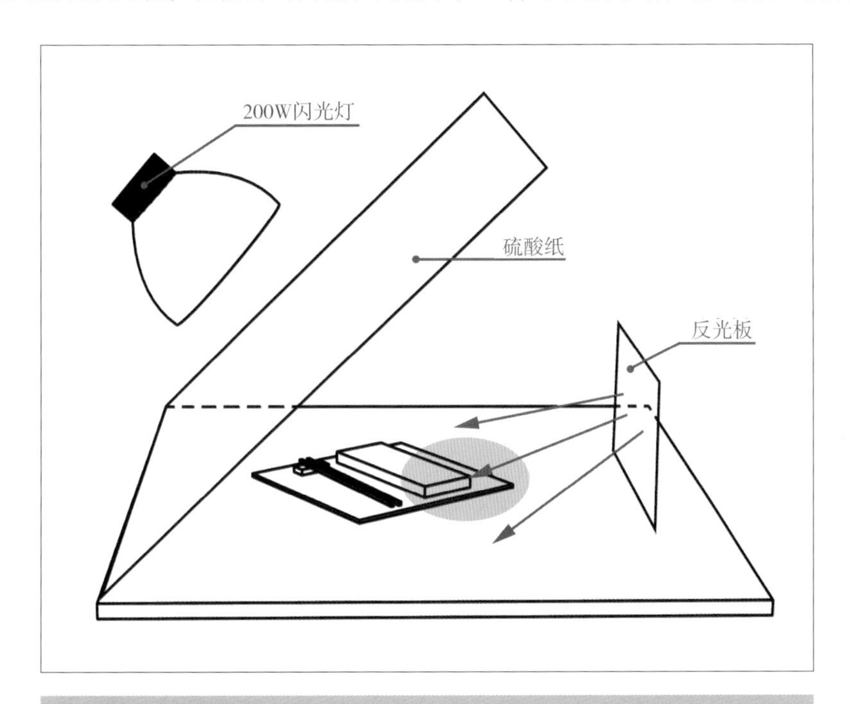

图6-14　放置反光板

图6-15　拍摄效果

6.3 单灯拍摄手表的金属质感

本节实例要拍摄的手表，主要材质由玻璃和金属构成，都属于极强的反射物体，所以在拍摄上要遵循反射类物体的拍摄手法，使用侧逆光并配合硫酸纸的散光特性，将手表的反射面表现出来。这个实例主要是为了表现表盘和部分表链的材质，而其他部分则忽略，所以只需要使用一盏灯就可以了。

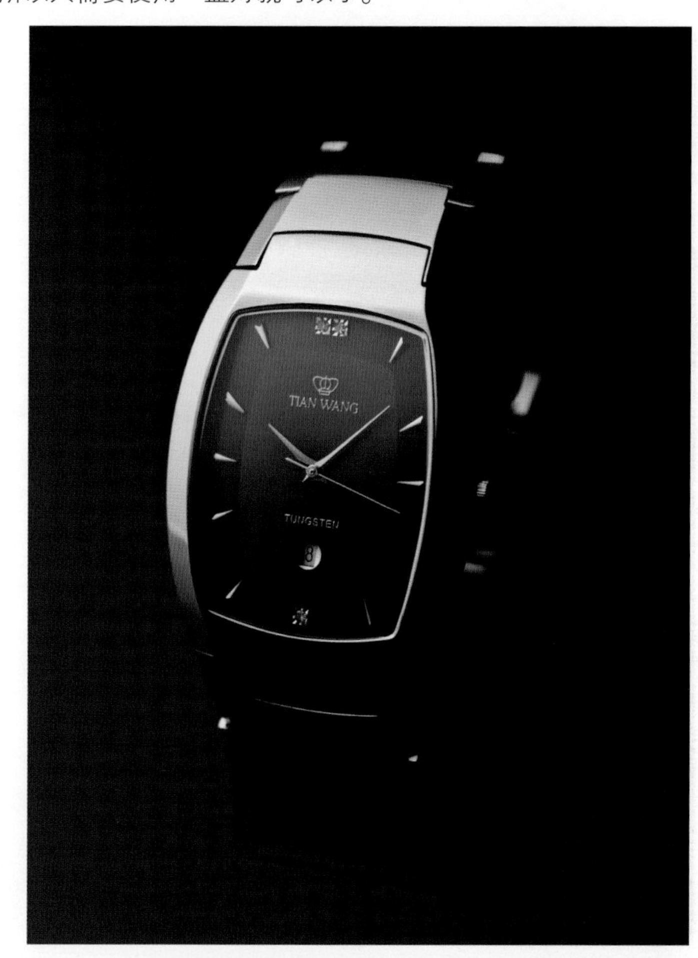

图6-16　产品效果图

器材和设备：

相机：佳能50D（可用有M模式DC代替）

光源：200W闪光灯一盏（可用4×105W四联灯头代替）

镜头：50mm f/1.8定焦镜头（使用DC者省略）

反光板：自制银色或白色反光板一个

其他：硫酸纸一张、黑色亚克力板一张

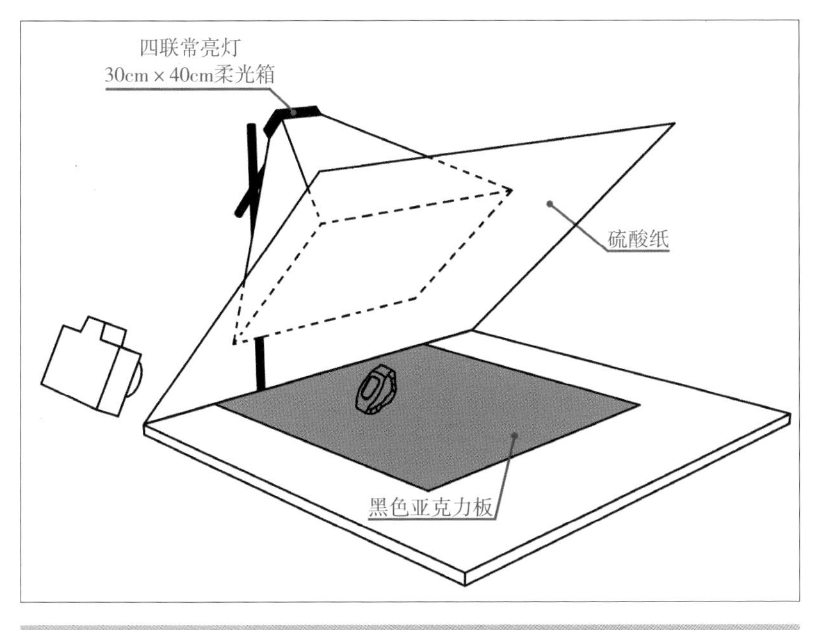

图6-17 布光示意图

拍摄过程如下：

（1）布置场景。

手表的拍摄对灰尘非常敏感，所以在拍摄前应该尽量擦拭手表表面，去除灰尘以及指纹。为了更好地表现出手表的指针，建议将手表调整到10点10分左右，此时时针与分针的夹角适合在侧逆光下产生反光，从而让手表的全貌看起来更加清晰。

为了表现手表的金属质感，我们使用了黑色亚克力板作为背景。

如何让手表立起来是一个难题，如果有条件，建议使用透明的塑料表撑；或者将长条形黑卡纸弯曲几圈，套在表链里面，借助于黑卡纸的弹性作用，可以让表链形成圆形的形状，方便造型。由于本节中我们所拍摄的表链为金属链接形式，所以我们将表链适当弯曲，正好让表盘迎向光源，如图6-18所示。

图6-18 竖起手表

（2）布置光源。

使用一盏200W的闪光灯，或者一盏4×105W四联灯头，在与手表的表盘相对的位置提供光源。为了让光线柔和而均匀，在手表和光源之间放置一张硫酸纸，具体布光的形式如图6-19所示。

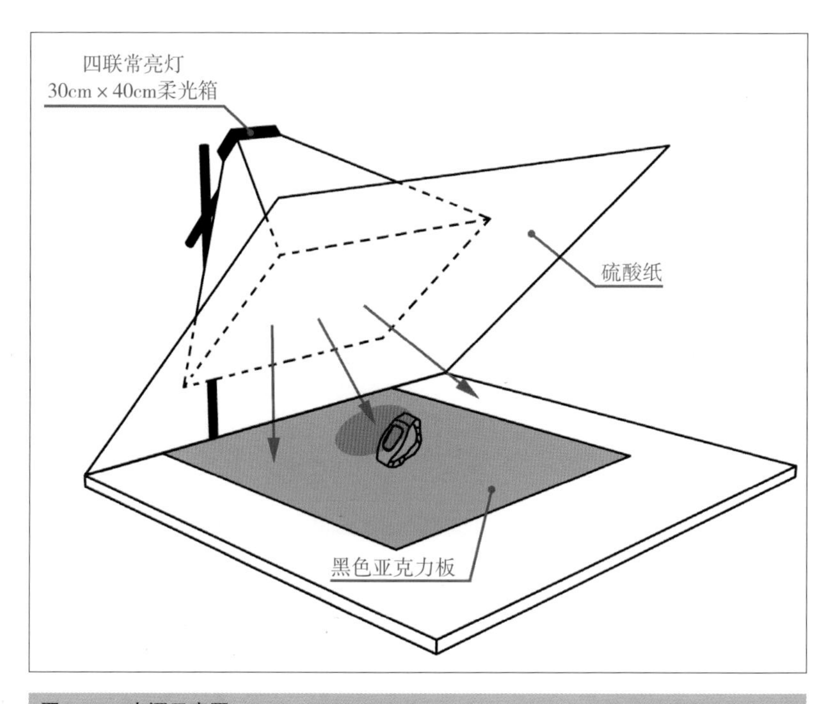

图6-19 光源示意图

拍摄的效果如图6-20所示，在实际拍摄时，相机选取的角度很重要，多尝试一些高度和角度，既要让表盘呈现出部分的反光，而又要让反光不能布满整个表盘，这样拍摄出来的场景才能呈现出一种斜向打光的效果。

我们注意到图中，黑色的反光板非常容易落下灰尘，而且极难擦拭，所以可以在Photoshop中，将图6-20中的一些灰尘擦除干净，这样就可以得到最后的效果图了，如图6-21所示。

由于本例中我们只需要表现产品的一部分，无须将整体都呈现出来，所以在打光的时候，只需要一盏灯就可以了，并且也不需要反光板之类的附件帮助。另外需要说明的是，虽然金属和玻璃反光类材质都采用侧逆光照明拍摄，但是仍然需要注意的是商品、光源与相机三者的角度问题。三者之中任何一个角度发生变化，都直接影响到最终效果。因此，在实际拍摄环节下，多尝试一下它们的不同角度变化，力求找到一个最完美的解决方案，是拍摄此类任务时首先应该清楚的。

图6-20 拍摄效果

图6-21 最终效果

6.4 带液晶面板的节拍器

节拍器的主要材质是塑料，其表面的凹凸分布较为复杂，拍摄任务的难点在于如何较好地将各个面表现出来，并且后期的LCD液晶屏也需要合成到最终效果图中，所以需要分别两次拍摄，一次拍摄主体，一次拍摄液晶屏，如图6-22、图6-23所示。

器材和设备：

相机：佳能50D（可用有M模式DC代替）

光源：200W闪光灯两盏（可用四联灯头代替）

镜头：60mm Micro（使用DC者省略）

反光板：自制银色或白色反光板两个

拍摄过程如下：

（1）布景。

考虑到这个节拍器主要由白色和黑色两种颜色构成，所以可以选择中性灰色背景；而节拍器由光滑的塑料构成，我们可以使用较为柔软的布料（棉麻、绒面等）做背景，这样被摄主体与背景会有一个很好的对比，如图6-24所示。

为了更好地体现节拍器的光影面，我们考虑将其斜立起来，所以应该在其后方布

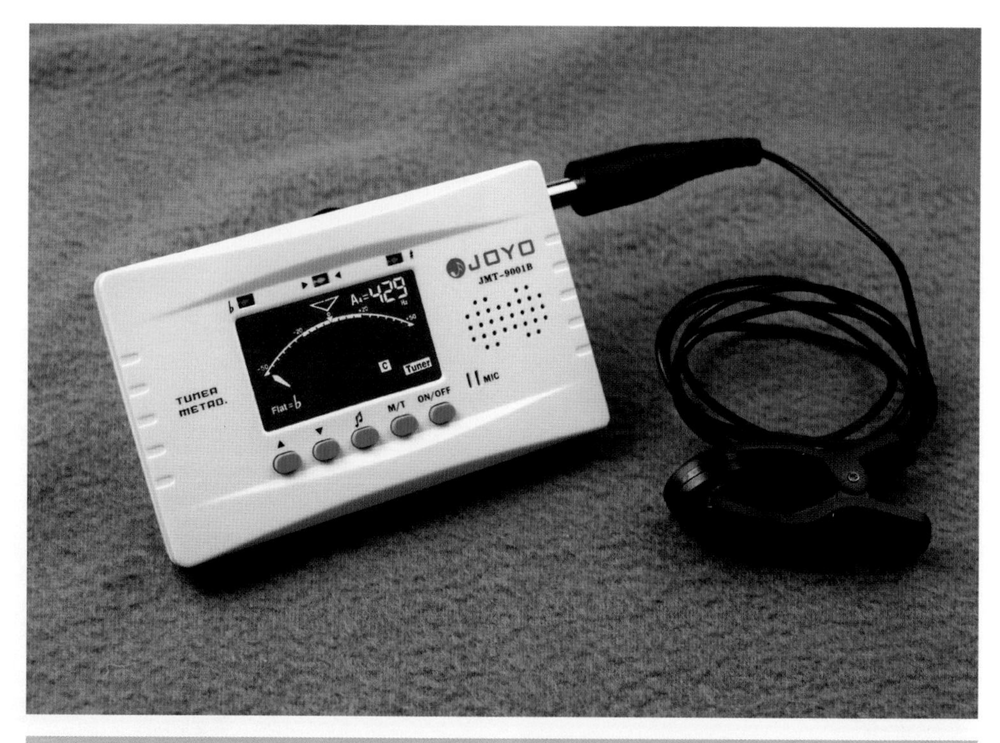

图6–22　产品效果图

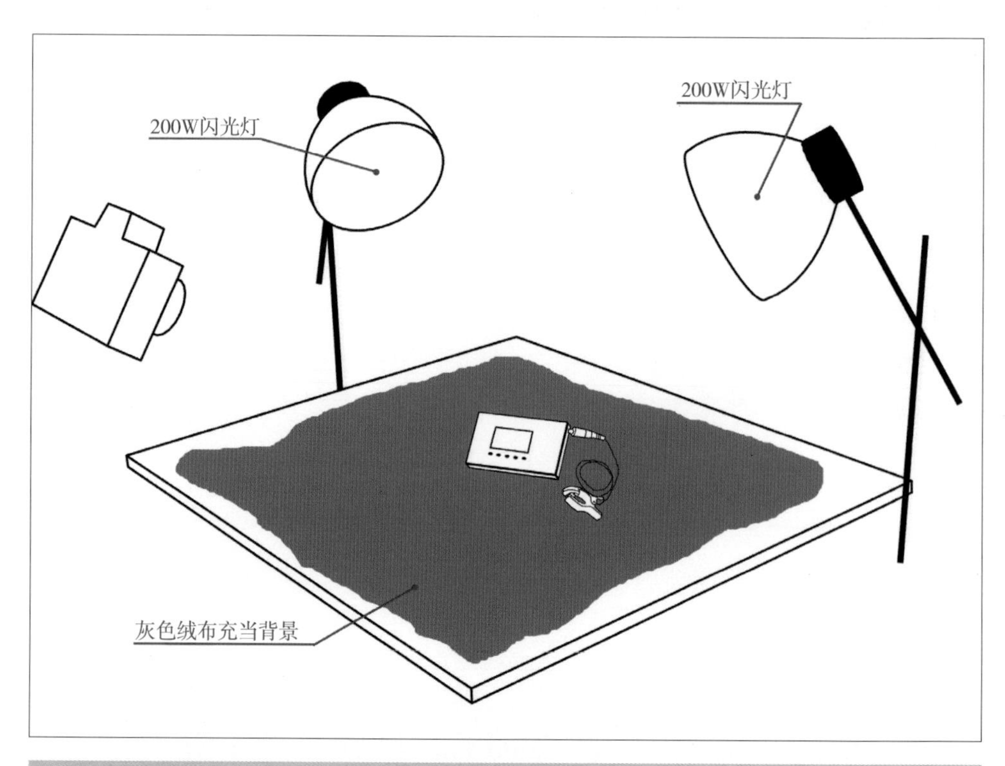

图6–23　布光示意图

置一定的固定物。在此，使用橡皮泥适当塑造出形体，放在节拍器后方，这样就可以比较稳固地将其侧立起来了，如图6-25所示。

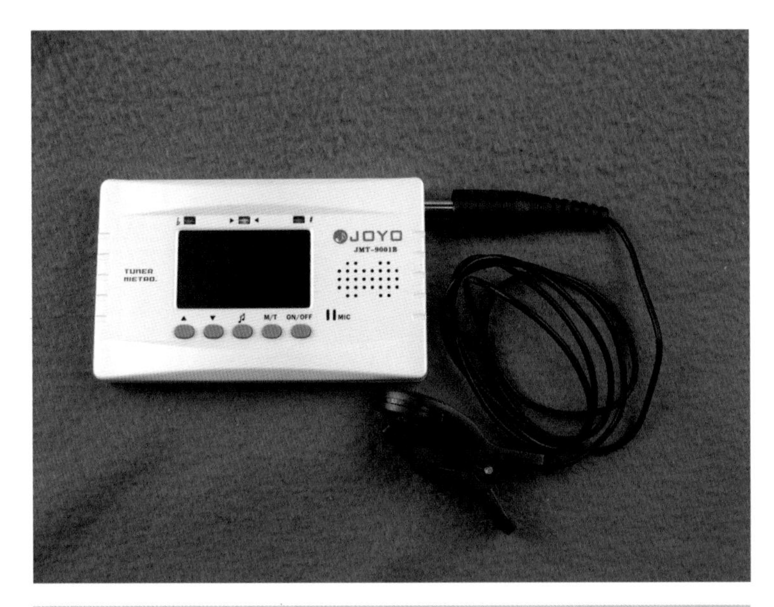

图6-24　选择背景

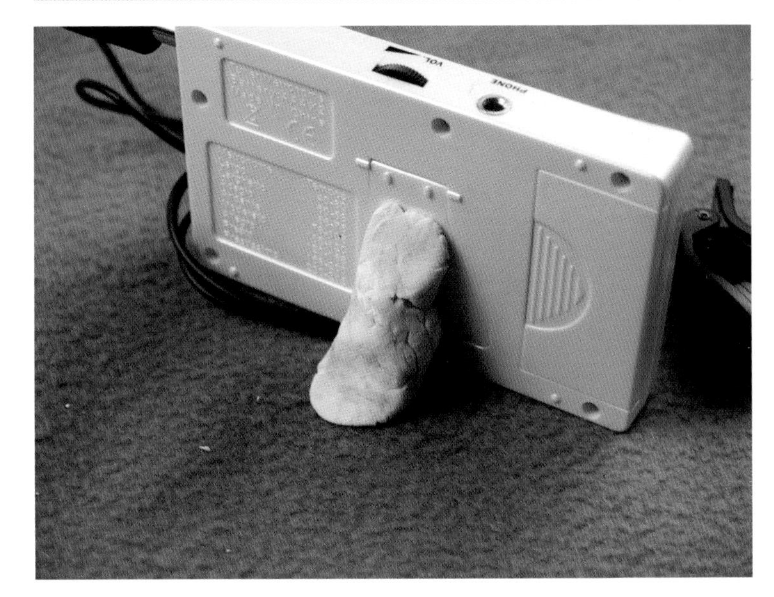

图6-25　固定产品

（2）布置光源。

为了体现出节拍器的凹凸面，光源的位置和角度至关重要，每个角度和高低不同，都直接影响最终效果。首先使用一盏灯，从节拍器的左后方向下照明，如图6-26所示。

这样就可以在节拍器上形成左侧顶光的效果，光影面基本上呈现出来了，但是感觉右侧显得过暗，如图6-27所示。

根据上面同样的思路，从节拍器的右后方向下照明，如图6-28所示。

得到的效果如图6-29所示，这样就完整地体现出这个节拍器的亮面和暗面。接下来，我们还需要考虑液晶屏的问题。

（3）照亮液晶屏。

虽然在前面拍摄的过程中，我们也可以让液晶屏显现出来，但是由于场景中都是逆光照明，所以液晶屏的亮度未必符合要求。我们采用的思路是首先拍摄主体，然后再拍摄液晶屏，最终将两部分合成到一起。

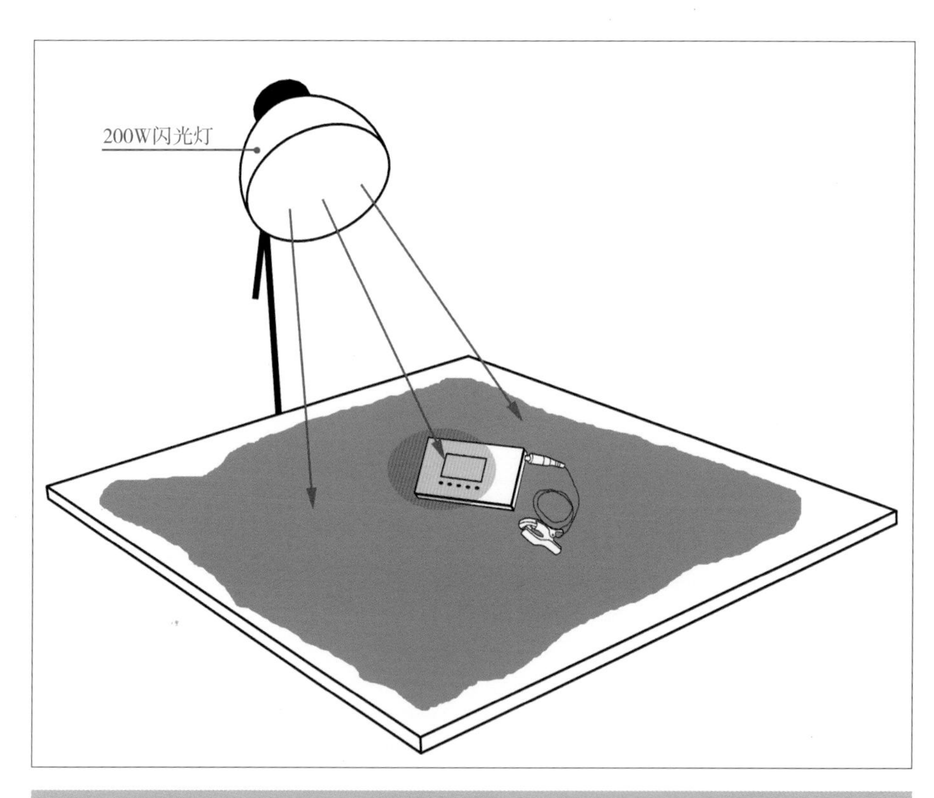

图6–26 布置光源

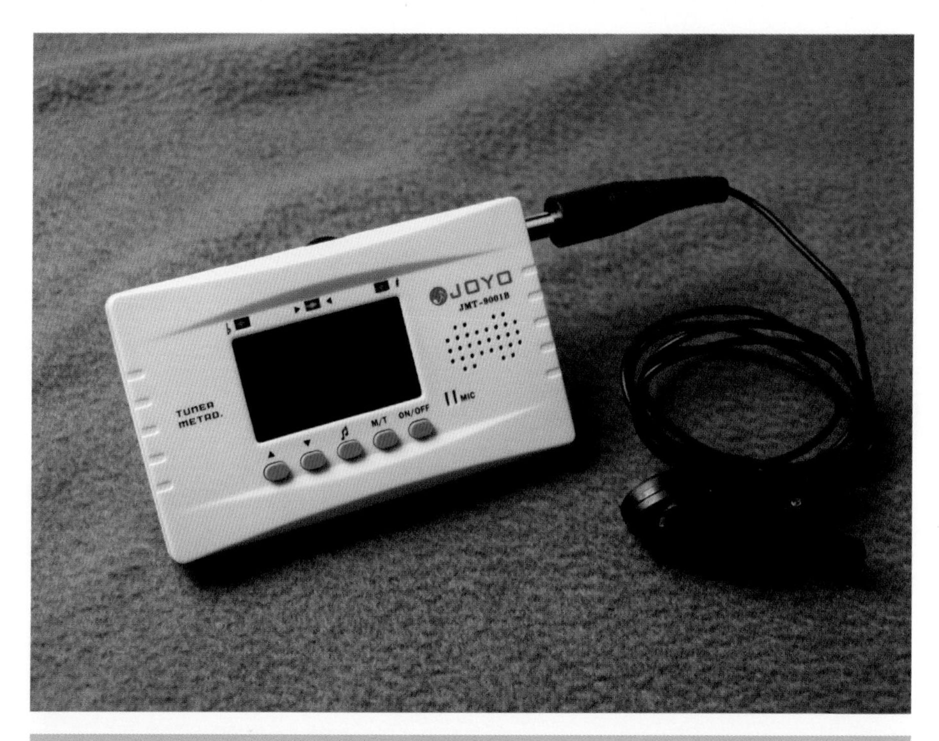

图6–27 拍摄效果

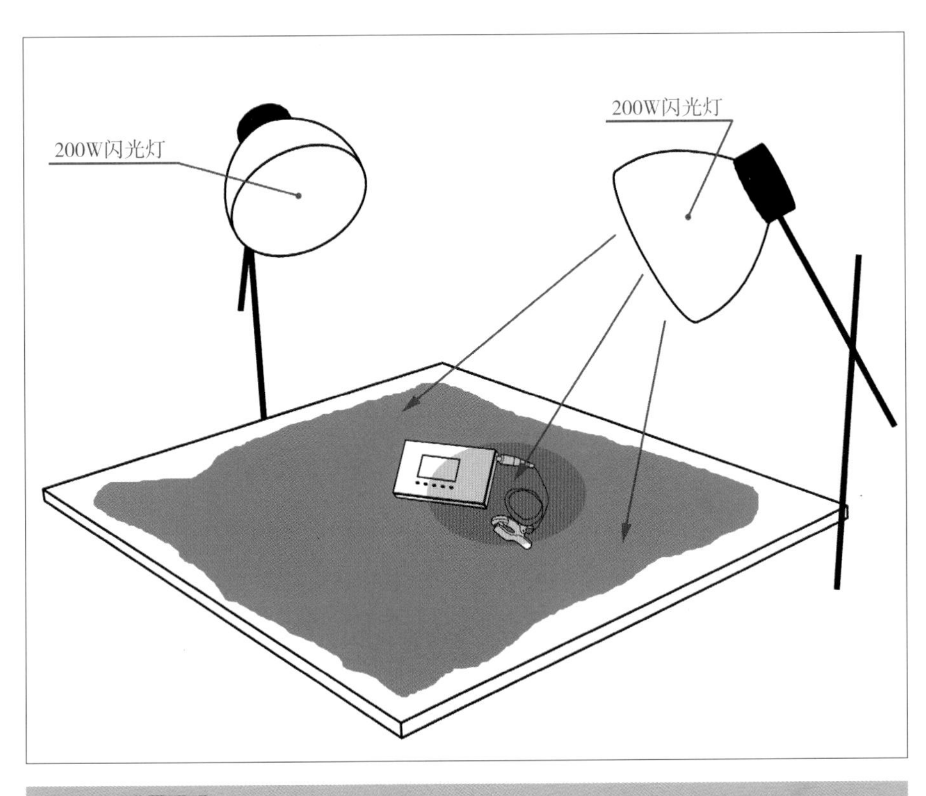

图6–28 设置照明

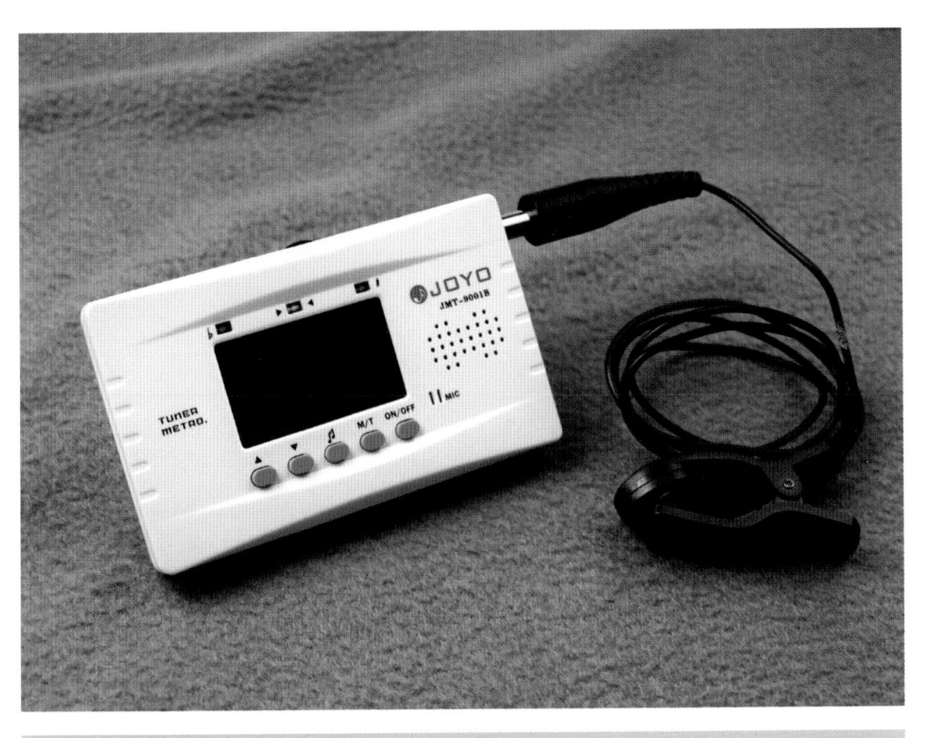

图6–29 拍摄效果

关闭上述所有光源，将节拍器的电源打开，将相机的快门时间调整到1s左右，然后以LCD液晶屏为焦点进行拍摄，得到效果如图6-30所示。由于场景非常暗，所以自动对焦不适用于这次拍摄，读者可以考虑使用手动对焦功能的数码相机或者手动镜头完成拍摄。

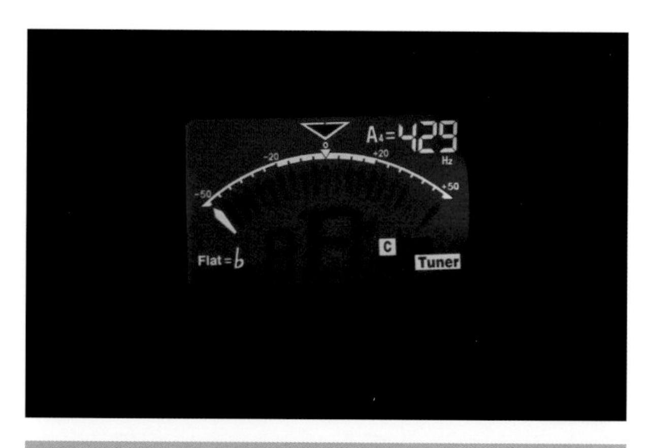

图6-30　拍摄LCD液晶屏

最后，在Photoshop中将液晶屏合成到主体中，去除影响效果的多余图像，最终效果如图6-31所示。

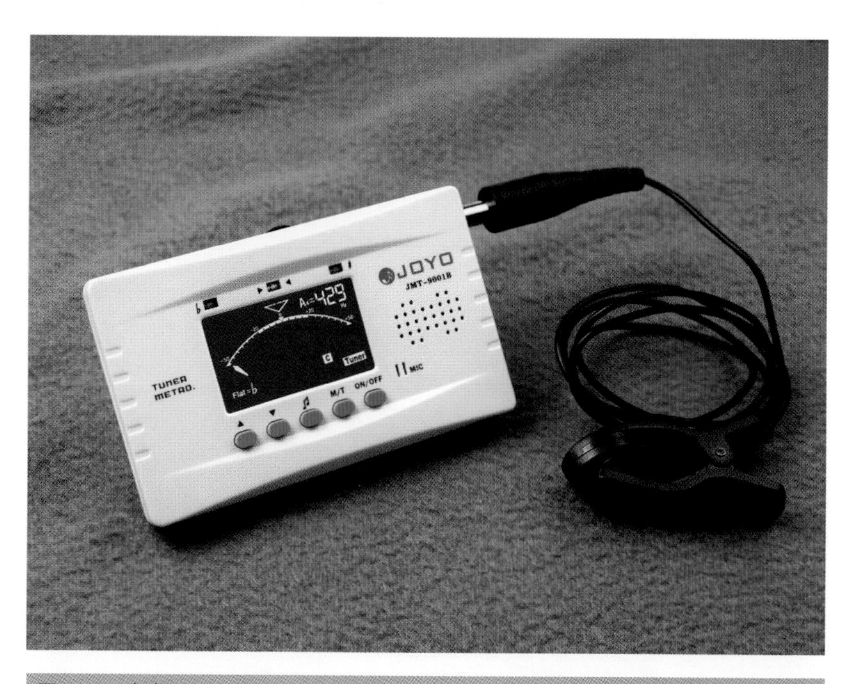

图6-31　合成图

6.5　茶饮料——商品的合理布景

在一些特殊类型商品的拍摄中，有时商品本身过于单一，不利于构图，此时应该使用一些配景来衬托商品。这些配景有些是起到装饰作用的，而有些则表征了商品的属性、特色以及质感等等。好的配景可以让商品的照片增添更多的可视性，并且让商品的表现更加淋漓尽致，如图6-32、图6-33所示。

图6–32　产品效果图

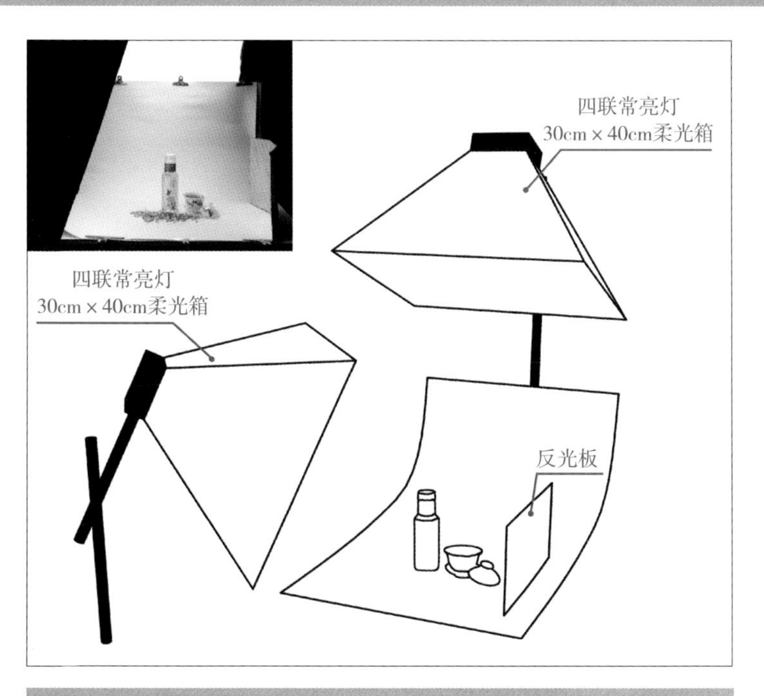

图6–33　布光示意图

器材和设备：

相机：佳能50D（可用有M模式DC代替）

光源：两盏四联常亮灯（4×105W摄影灯泡）

镜头：24−70mm f/2.8变焦镜头（使用DC者省略）

反光板：自制银色或白色反光板一张

其他：30cm×40cm柔光箱两个

拍摄过程如下：

（1）布景。

本节实例要表现的是一种茉莉花茶饮料，如果单一拍摄这种商品，难以表现商品的特色，所以在此我们使用一些道具进行布景。这里主要使用一杯茶以及一些干燥的茉莉花来陪衬，通过这些道具，一方面能表现出产品的功能，另外也可以将产品的特色介绍清楚，并且让照片的构图更加饱满和舒服。

（2）布置顶灯。

本实例使用弯曲的白卡纸作为背景，首先将茶饮料放置其上，之后在周围添加茶杯以及干燥的茉莉花。在配景的过程中，一定要将表现的商品作为中心来操作，不能因为陪衬的作用让主体失去视觉中心。

茶饮料的包装是半透明的塑料瓶，为了表现出产品的透明效果，我们有必要在场景的上方布置一盏灯，其灯光可以让场景产生顶光和逆光的效果，如图6−34所示。

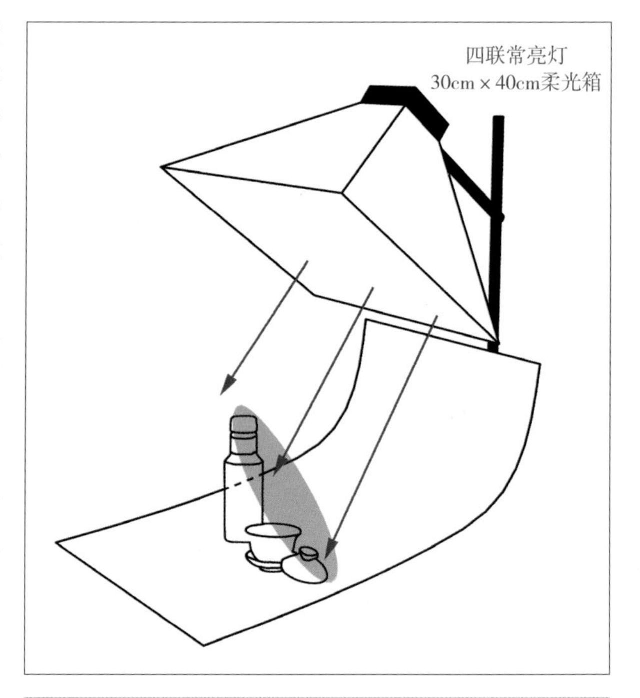

图6−34　布置四联灯箱

在上方四联灯箱的照明下，拍摄出来的效果如图6−35所示，饮料瓶的透光效果产生了。

图6−35　实拍效果1

（3）照亮整个场景。

下面，添加左侧光源，这个

光源可以认为是场景的主光，作用用于照亮整个场景，尤其是饮料瓶身上的标识。如图6-36所示，光源的位置大致与相机成45° 角，这盏灯要求亮度足够满足将饮料瓶完全照亮，所以有条件的读者也可以选择使用一盏200W闪光灯来代替四联灯头。

完成拍摄以后的效果如图6-37所示。

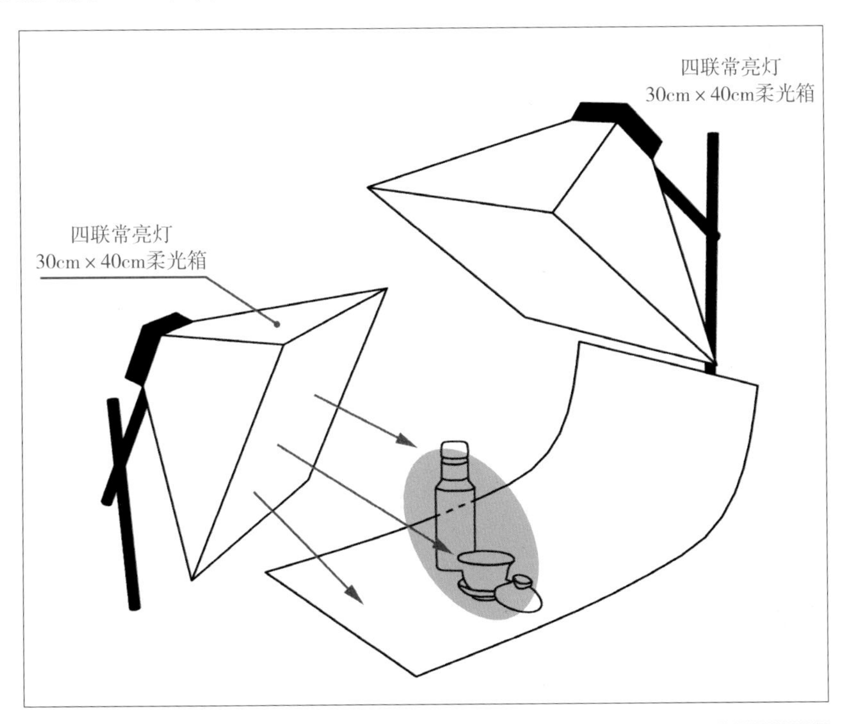

图6-36　布置主光

图6-37　实拍效果2

我们注意到图6-37中饮料瓶的亮度基本符合要求了，但是茶杯的右侧还显得有些暗，所以我们使用一张反光板，让其反射一部分左侧灯光的光线，将茶杯的亮度体现出来，如图6-38所示。

再次对场景进行拍摄，如图6-39所示。

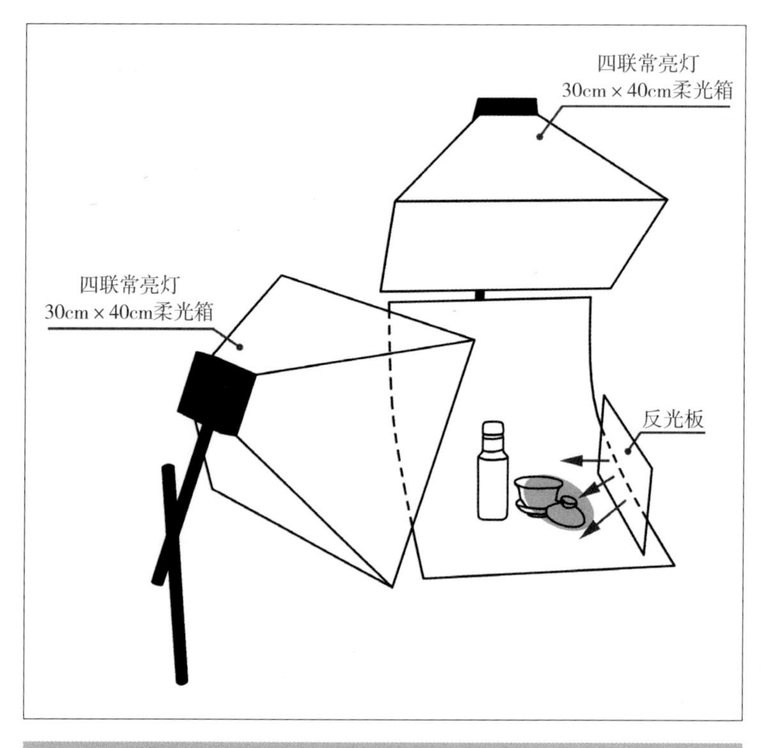

图6-38 布置反光板

图6-39 实拍效果3

由于曝光时间较短，背景没能显露出应有的白色，但是如果增加曝光时间，又会让饮料瓶的曝光过度。在这种情况下，我们在Photoshop当中，将图6-39进行简单处理，在不影响场景中对象亮度的情况下，可以单独将背景选择出来，适当提高其亮度，最终效果如图6-40所示。

图6-40　最终效果

6.6　黑卡纸的投影作用

太阳镜的表现主要体现在三个方面：首先要体现出太阳镜表面渐变透明的质感，其次要表现出反射的镜面效果，最后，还要让镜框的金属材料性质得以显现。虽然任务很多，实际上只需要一盏灯、两张黑卡纸，并配合好的角度就可以完成。如图6-41、图6-42所示。

器材和设备：

相机：佳能50D（可用有M模式DC代替）

光源：一盏四联常亮灯（4×105W摄影灯泡）、30cm×40cm柔光箱一个

镜头：60mm Micro（使用DC者省略）

其他：黑卡纸两张、硫酸纸、乳白色亚克力板

图6-41　产品效果

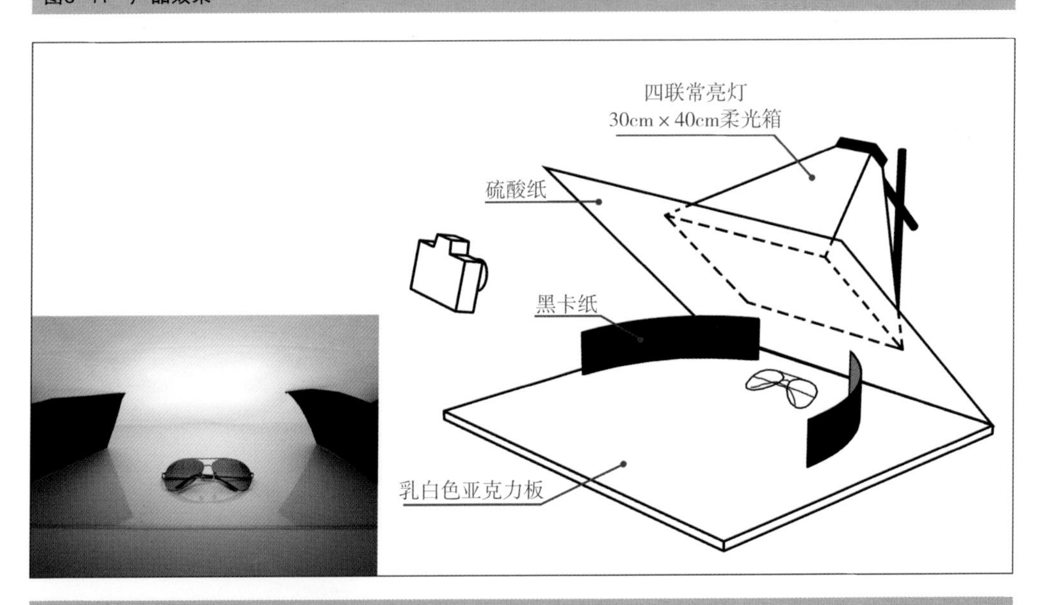

图6-42　布光示意图

拍摄过程如下：

（1）布景及布光。

首先，将太阳镜表面尽量擦拭干净。为了表现出太阳镜的倒影，我们使用一张乳白色亚克力板作为背景，将太阳镜放置在亚克力板上。光源只使用一盏灯，为了避免较强的反射光，在此舍弃闪光灯照明，使用一盏四联常亮灯，并添加柔光箱，即使这样，也要在商品和光源中间添加硫酸纸，从而避免在镜片上出现明显的反光，具体布光如图6-43所示。

在拍摄角度的选取上，采用正面斜向下完成，多调整一下角度，尽量避开镜面对周围环境的映射，拍摄出来的效果如图6-44所示。

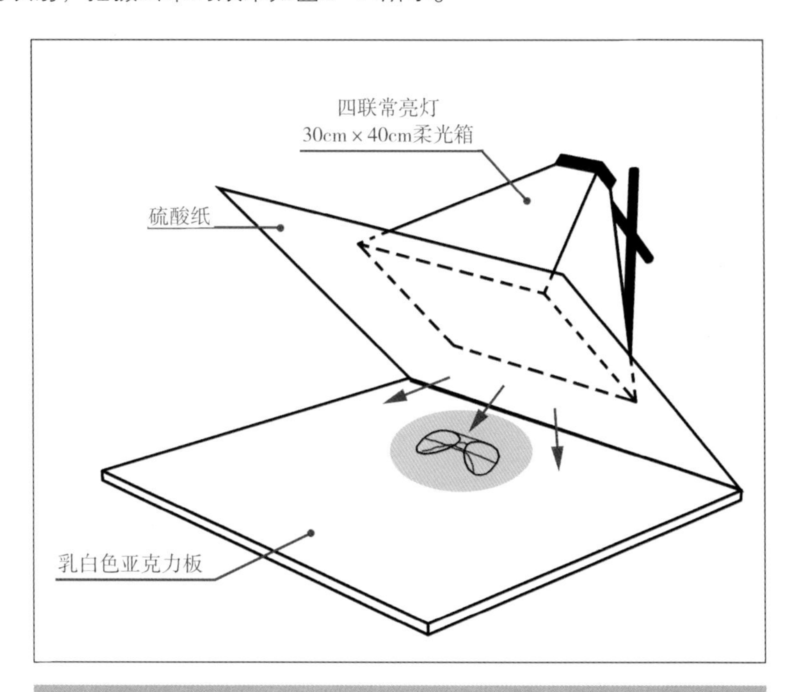

图6-43　布景及布光

图6-44　拍摄效果

（2）为镜面添加反光。

从图6-44中可以看出，镜面的渐变透明效果以及镜框的金属质感体现出来了，但是镜片显得不够亮，所以我们为其添加反光物，在此使用黑卡纸围绕在太阳镜的周围，从而在镜片上显现其影像。

黑卡纸的大小以及角度直接影响到最终在镜片上呈现的影像效果。

首先要确保左右两边黑卡纸的大小和高度一致，这样便于两边调整，如图6-45所示。

其次，黑卡纸与太阳镜的距离影响到呈现在镜片上影像的效果。距离太近，黑卡纸的倒影将呈现在照片中，如图6-46所示。

图6-45 黑卡纸

图6-46 黑卡纸太近

距离太远，影像会在镜片上形成缺口，如图6-47所示，所以难点在于如何找到这样一个契合点。

最后，一旦确定卡纸位置以后，应使用透明胶带之类的物体将其固定在亚克力板上，防止其倒落，如图6-48所示。

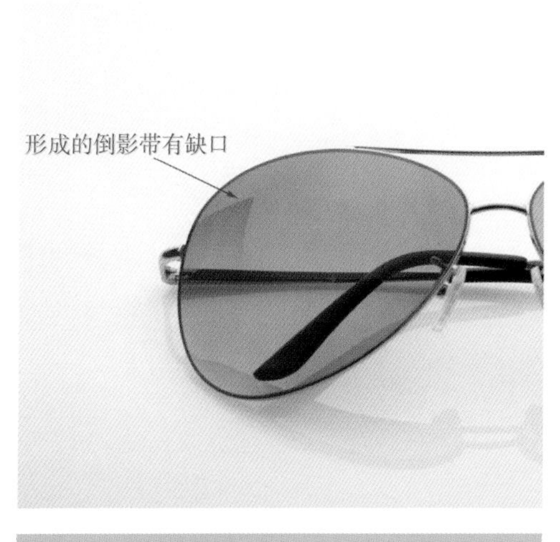

图6-47 黑卡纸太远

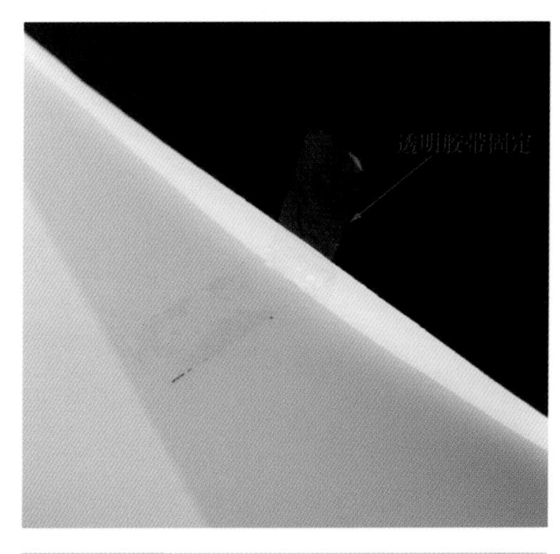

图6-48 固定在亚克力板上

具体布光如图6-49所示。

拍摄效果如图6-50所示，通过两张对称黑卡纸的帮助，在镜片上形成两道漂亮的弧线形倒影。

最后，使用Photoshop软件，去除背景板以及太阳镜上面的灰尘，适当调整一下照片的亮度以及对比度，最终效果如图6-51所示。

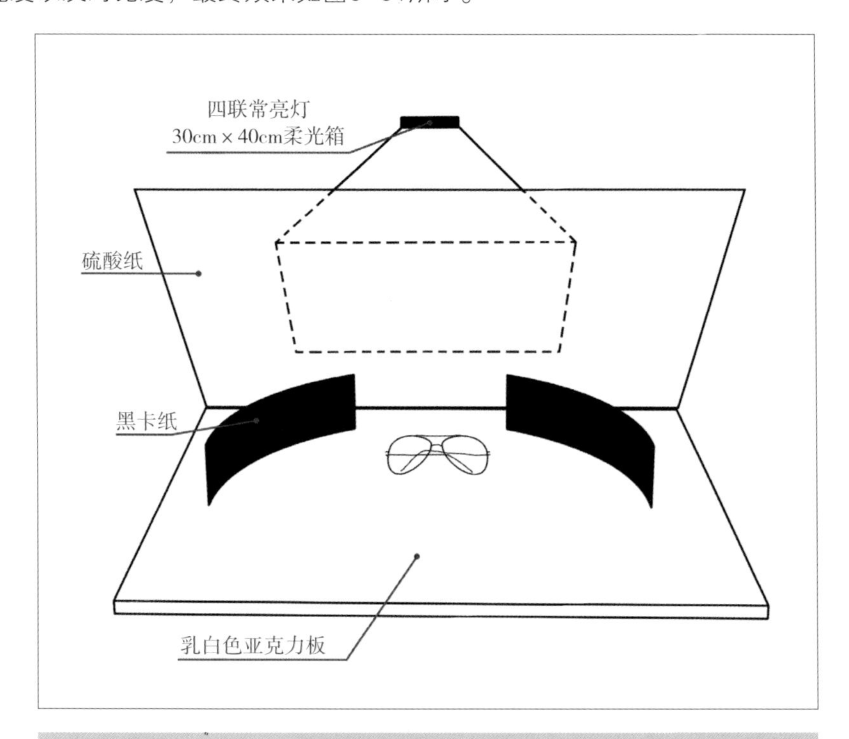

图6-49　具体布光图

图6-50　拍摄效果

6-51　最终效果

6.7 酒杯——拍摄剪裁类商品照片（1）

剪裁类商品照片，是相对于有背景环境的整版照片而言的。后者往往通过创意的布景与布光突出商品的特性，体现出对消费群体的定位，所以除了要对商品本身刻意的设计位置，对配景环境和附件的要求也很高；对于剪裁类照片来说，在拍摄上通常使用水平视角进行拍摄，在布景上要掌握一些基本的规律。如图6-52、图6-53所示。

图6-52 产品效果

器材和设备：

相机：佳能50D（可用有M模式DC代替）

光源：一盏四联常亮灯（4×105W摄影灯泡）

镜头：24-70mm f/2.8L（使用DC者省略）

其他：黑卡纸若干张、乳白色有机玻璃板一张、30cm×40cm柔光箱一个

拍摄过程如下：

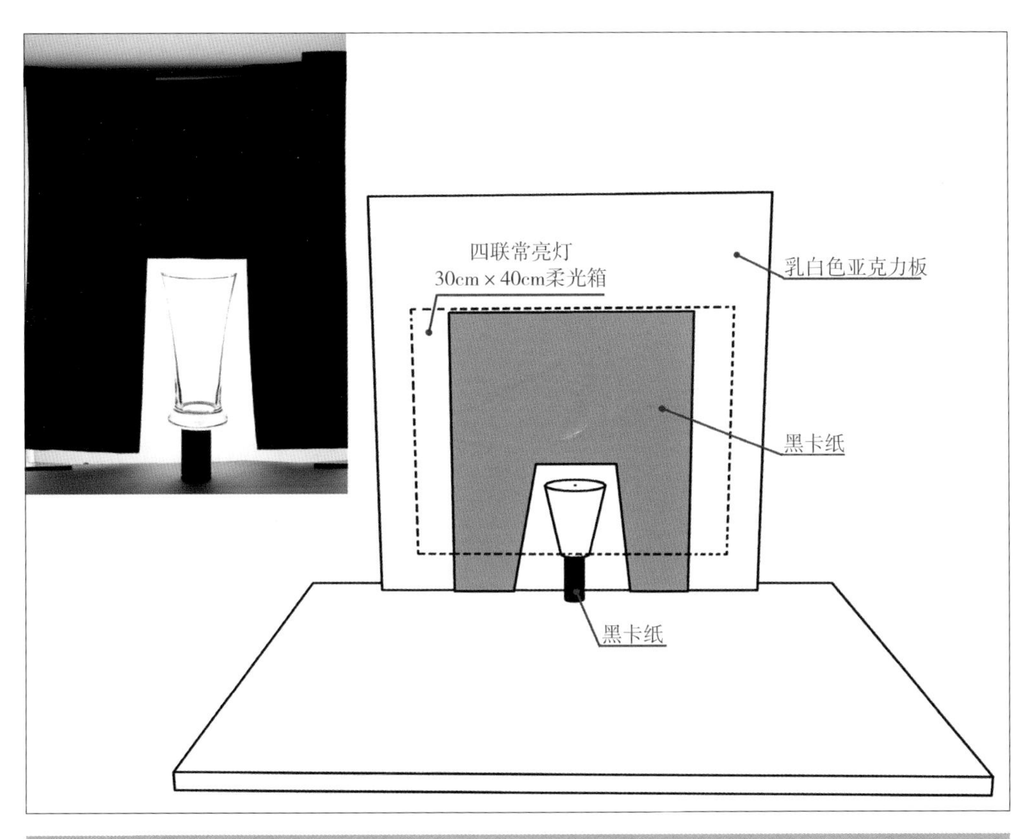

图6-53　布光示意图

（1）布置主光。

首先，将酒杯表面尽量擦拭干净，不带有灰尘。

在拍摄剪裁类商品照片时，理想摄影台的布置是使被摄对象像悬浮在空中一样，以便在其上下左右各个方位自如地进行布光。所以，我们需要在商品的底部放置承托的道具，这样后期剪裁的时候才方便。可以用于承托商品的物件有很多，只要保证两点即可：第一，最好是黑色不反光的物体，方便后期剪裁；第二，最好是圆形物体，方便在拍摄过程中旋转被摄物体。在本节的实例中，我们将一张黑卡纸卷成筒状，并将酒杯放置于其上，既经济实惠，又方便灵活，如图6-54所示。

图6-54　黑卡纸圆筒

拍摄剪裁类照片的第二个需要注意的问题是，尽量让背景呈现为白色，并能通过该背景提供背景光。接下来，我们使用灯架垂直固定一张乳白色亚克力板，并在其后方置入一个四联灯箱，如图6-55所示。

拍摄出来的效果如图6-56所示。

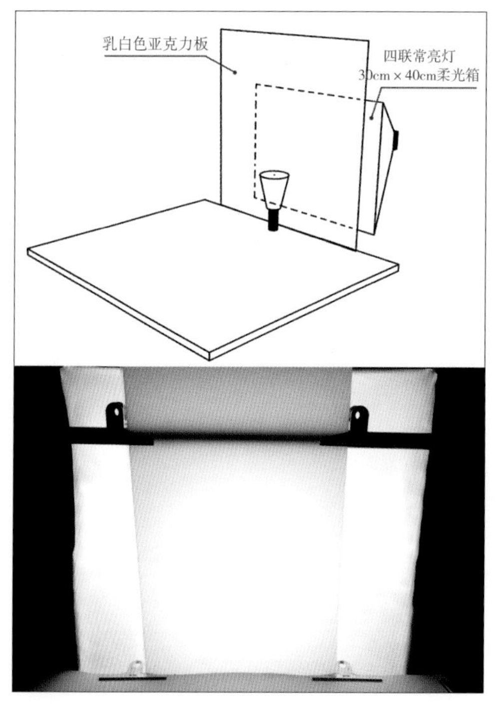

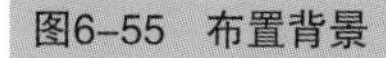
图6-55　布置背景

图6-56　拍摄效果

（2）去除杂光的映射。

观察图6-56就会发现，虽然通过后背光，让酒杯产生了轮廓，但是同时它也反射了亚克力板的白色，形成的反光比较混乱。在布景与布光时，最关键是要避免杂光映射。为此，我们通常要用背景板或硫酸纸在摄影台的四周及顶部加以遮挡，利用黑卡纸也是消除杂色或光晕的好办法。

下面，使用黑卡纸将多余的反光遮挡掉。准备一张黑卡纸，分别剪裁出条状，然后粘贴到酒杯的左右两侧以及顶部，如图6-57所示。

读者可以使用黑卡纸逐渐向酒杯一侧进行靠近，在靠近的过程中，观察酒杯杯壁上，就会看到产生的黑色轮廓线，这是酒杯反射黑卡纸的影像所造成的，这种倒影恰恰是我们所需要的黑色边缘。

再次拍摄场景的效果将如图6-58所示。

最后，在Photoshop中替换一个纯色背景，并将杯壁上的一些细小污渍去除掉，就完成了本节实例的拍摄，如图6-59所示。

通常透明类玻璃质感的物体，例如酒杯、酒瓶可以使用剪裁类拍摄手法来完成，这种方式获得的照片方便在后期通过裁切出主体，用于各种场合，配合各类背景。由于

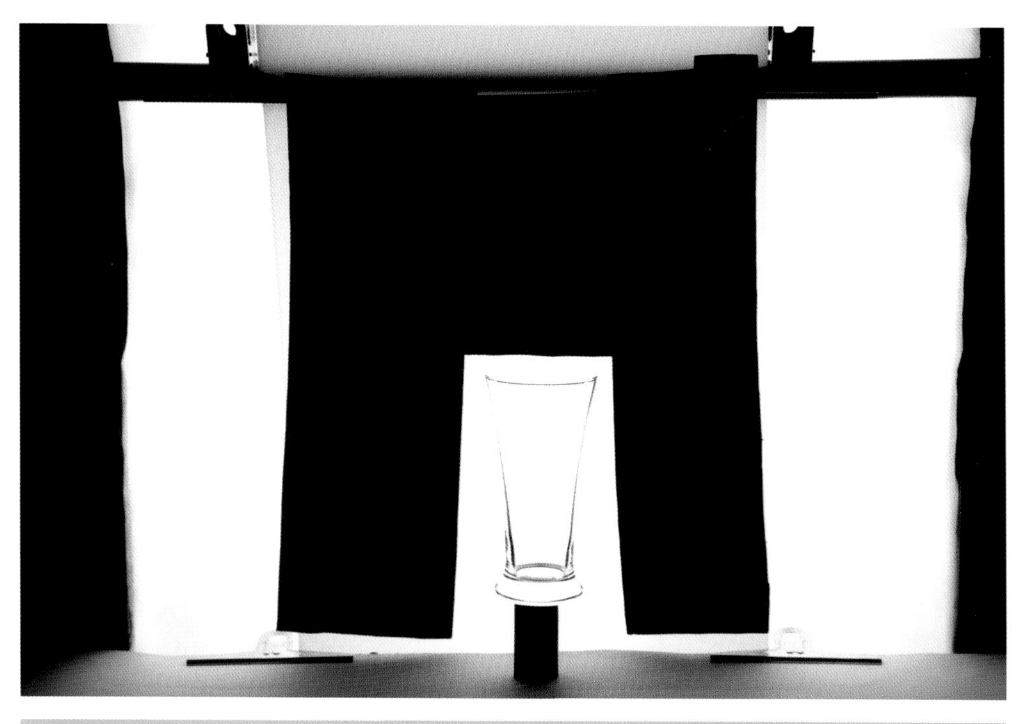

图6-57　遮挡反光

图6-58　拍摄效果

图6-59 完成效果

在拍摄时采用的是水平视角，所以不影响后期合成过程中透视关系的变化。通过本节的操作，读者应该掌握拍摄此类照片的一般规律，大致上有三点：首先是保证后背光和白色背景；其次将拍摄主体承托起来，方便调整方向以及后期的裁剪；第三就是使用黑卡纸将轮廓遮挡起来，在物体边缘形成明显的黑色界线。

6.8 爽肤水——拍摄剪裁类商品照片（2）

鉴于爽肤水表面塑料的质感，为了表现其反光的特性，我们采用两灯正面照明，一灯背光的布光方式。由于考虑到后期商品照片的发布，在此使用剪裁类照片的拍摄手法，让物体悬空起来拍摄。由于这种软塑料的反光特性，这个实例也不适用于闪光灯，所以考虑三盏四联常亮灯完成拍摄。如图6-60、图6-61所示。

器材和设备：

相机：佳能50D（可用有M模式DC代替）

光源：四联常亮灯（4×105W摄影灯泡）三盏

镜头：24-70mm f/2.8L（使用DC者省略）

其他：黑卡纸一张、乳白色有机玻璃板一张、30cm×40cm柔光箱三个

图6-60 产品效果图

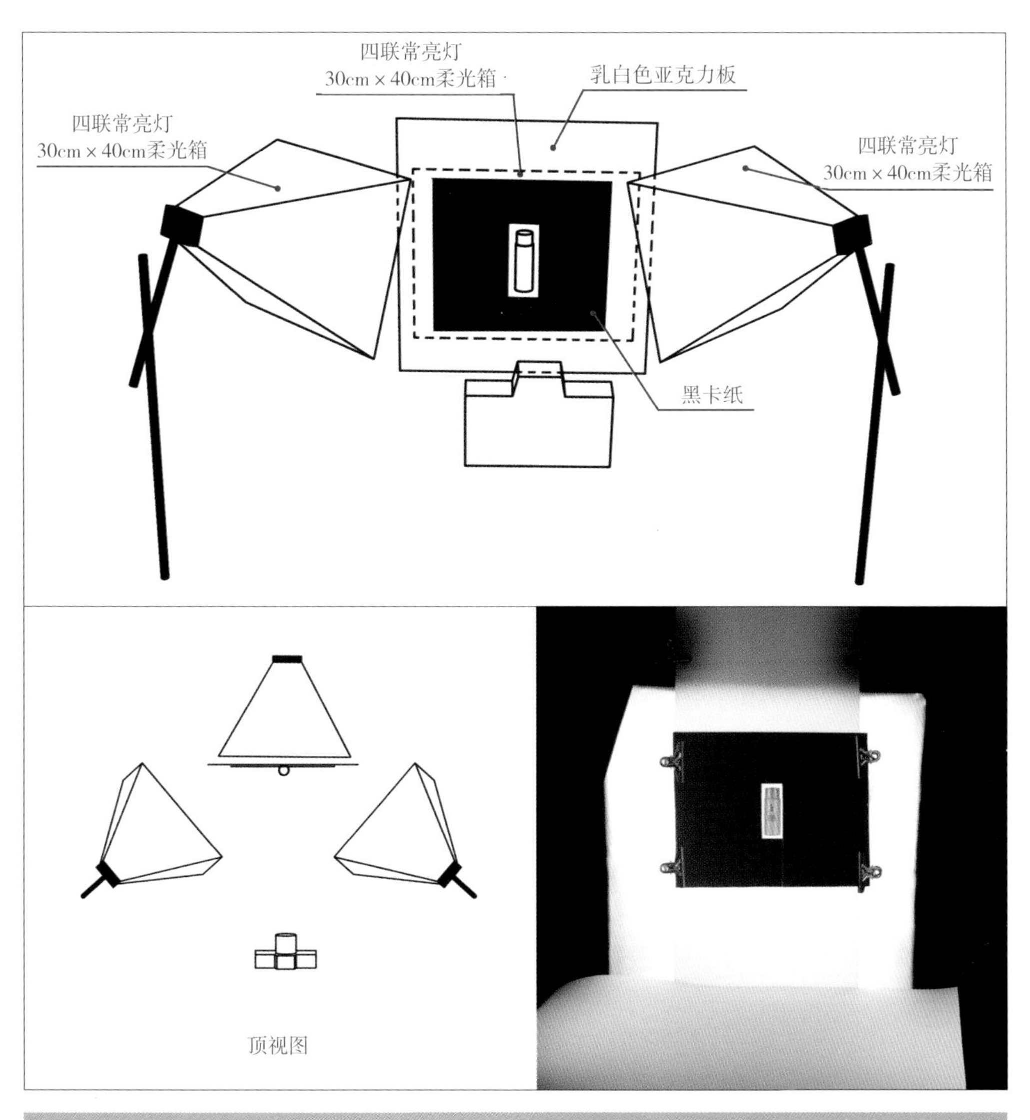

图6-61 布光示意图

拍摄过程如下：

（1）布置商品。

首先，将商品表面尽量擦拭干净，主要是正面用于拍摄的部分，不带有灰尘。

通常拍摄剪裁类照片需要在商品的底部放置承托的道具，这样后期剪裁的时候才方便。由于我们拍摄的这个商品比较小，我们也可以考虑将其直接粘贴到亚克力板上。

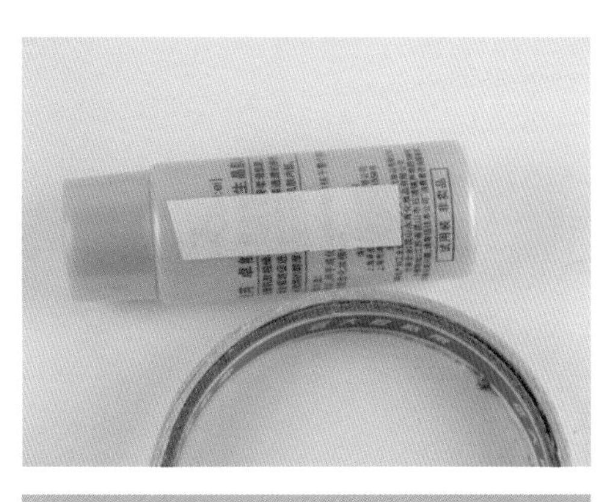

图6-62 双面贴

在商品的背面，与正面正对的位置上

贴一条双面贴，如图6-62所示。

之后将其固定到乳白色亚克力板上，如图6-63所示。高度应以后期光源调整和相机拍摄方便为准则，可以用相机试拍一下，调整到一个理想的高度。

（2）放置主光源。

我们用两盏顺光灯将商品照亮，同时在爽肤水表面形成渐变的反光效果。光源的角度应斜向照射亚克力板，如图6-64所示。

图6-63　试拍效果

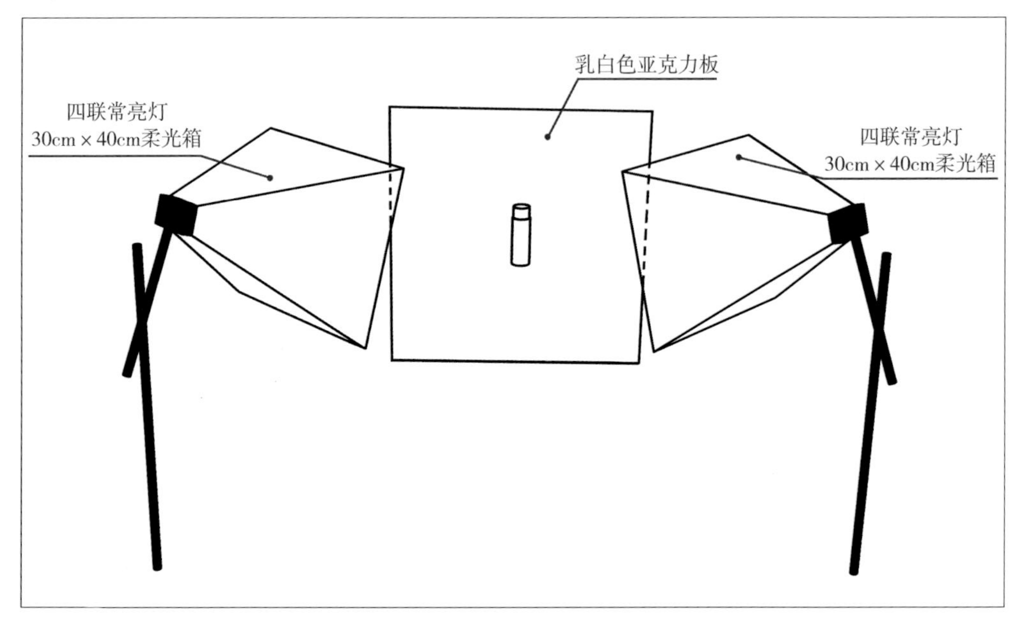

图6-64　布置主光源

这样就可以在商品上形成对称的渐变反光效果，形成光泽，如图6-65所示。

（3）简化瓶身的反射。

观察图6-65就会发现，虽然由于主光的作用，在瓶身上产生了反光，但同时它也反射了亚克力板的白色，从而形成的反光比较混乱，如图6-66所示。过多的反光造成瓶体上明暗面交替呈现，对效果形成干扰。

下面，我们考虑简化亮面和暗面的数量，方法之一就是使用黑卡纸的遮挡来完成。准备一张黑卡纸，然后测量出爽肤水的尺寸，周围预留出一定的尺寸，之后将卡纸中

图6-65　对称的反光效果

图6-66　反光混乱

间裁剪出商品的形状，如图6-67所示。

之后使用金属夹将其固定到乳白色亚克力板上，如图6-68所示。

图6-67　黑卡纸

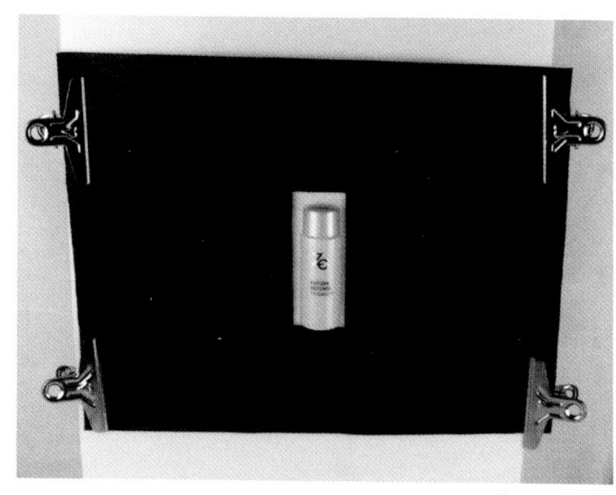
图6-68　固定用亚克力板

试拍效果如图6-69所示。

此时再观察瓶身上的明暗面，前后对比可以明显地看到两者的差别。如图6-70所示，左侧为未添加黑卡纸的效果，右侧为添加卡纸以后的效果，简化光影面的作用非常明显。

（4）添加背光加强明暗对比。

虽然黑卡纸帮助我们为商品的边缘勾勒出一道暗面，但是背景还过暗，所以使用一个光源从乳白色亚克力板的后面逆向照射商品，让背景更亮，加强对比，如图6-71所

图6-69 拍摄效果

图6-70 瓶身明暗面对比

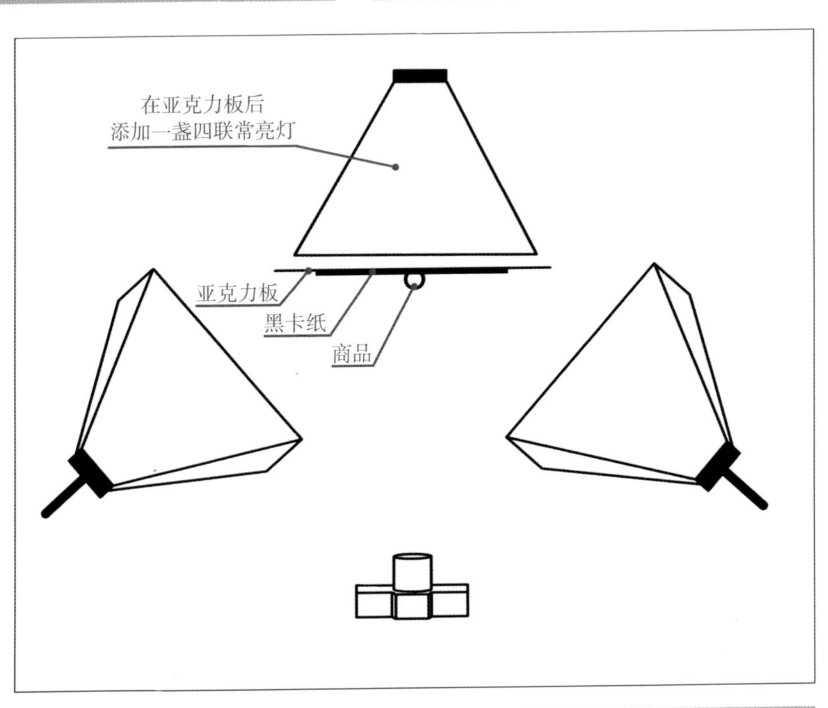

图6-71 逆向照射布光图

示。

拍摄效果如图6-72所示。这样，在商品的边缘部分，白色的背景与暗面的物体边缘形成了强烈的明暗反差，方便了后期的编辑和合成。

剪裁类商品照片的拍摄需要把握住两点：首先，商品的边缘一定要清晰，与背景对比强烈，这样在后期合成时才能准确完美地将其选择出来；其次，底部一定要悬空，本节实例由于比较小，所以直接粘贴到亚克力板上，如果遇到比较大的物体，则可以考虑使用自制的底座来完成拍摄。

图6-72　拍摄效果

6.9　标准三灯拍摄高帮男靴

本节实例中的高帮男靴，表面的材质主要由翻毛牛皮构成，属于吸收类物体。本书前面曾经介绍到，对于此类物体的拍摄，适合使用标准三灯来完成，即一盏顶灯，两盏顺侧光灯，通常就会将产品的细节以及质感很全面地表现出来。当然，针对于不同的物体以及物体表面的材质构成，灯的位置以及高度仍然需要做细微的调整，以便产生最佳的理想效果。如图6-73、图6-74所示。

器材和设备：

相机：佳能50D（可用有M模式DC代替）

光源：三盏四联常亮灯（4×105W摄影灯泡）

镜头：50mm f/1.8标准定焦镜头（使用DC者省略）

其他：30cm×40cm柔光箱三个

拍摄过程如下：

（1）布置顶灯。

首先将产品放置于拍摄台上，为了让其后方产生无缝背景，建议拍摄台使用弯曲的白卡纸。鞋的布置没有严格的要求，只需要尽量展现出鞋的全貌就可以了。

在拍摄台的上方，放置一盏四联灯和柔光箱，如图6-75所示。如果所拍摄的产品表面较暗或者吸光率较高，也可以直接使用闪光灯或者将柔光箱前方的柔光布去除，这样可以让产品得到更多的光。

图6-73　产品效果

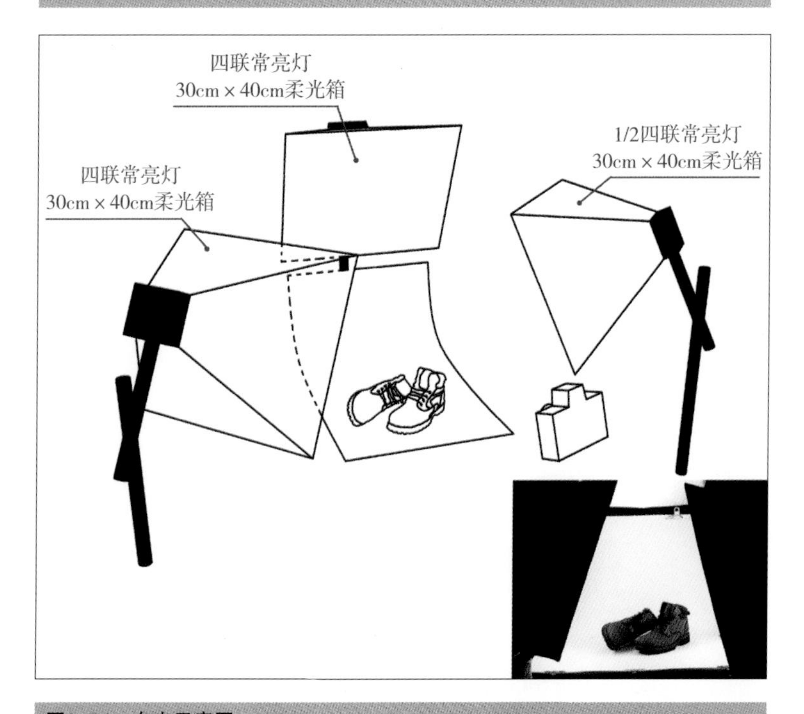

图6-74　布光示意图

在顶灯的照明下，拍摄出来的效果如图6-76所示，场景的上方获得了均匀的亮度。

（2）添加左侧光源。

左侧光源和右侧光源的位置变化直接影响最终效果的产生，所以在调整过程中多尝试不同的高度和角度。在本节实例中，我们将左侧光源对准右边那只鞋的金属标牌，因为只有这样，才能用最直接的方式获得最佳的效果，如图6-77所示。

拍摄完成以后的效果如图6-78所示。

从图当中可以看出，虽然都是照亮右侧那只鞋，但是这个角度却可以让金属标牌更亮，也更容易加深照片浏览者的印象，如图6-79所示。

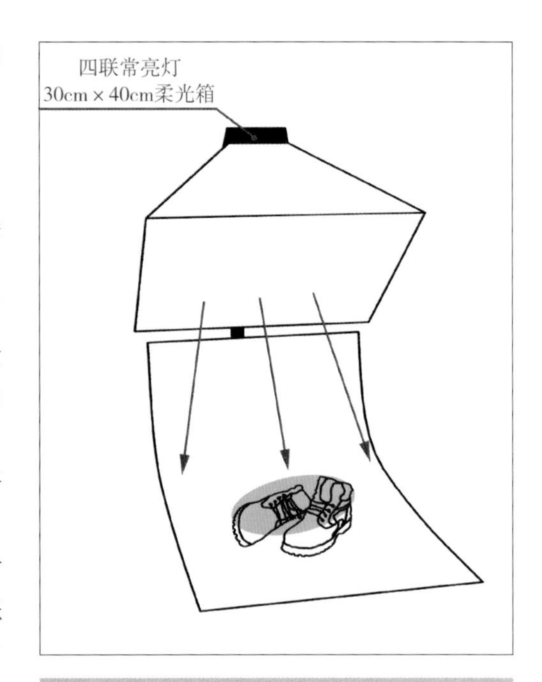

图6-75　布置顶灯

图6-76　试拍效果

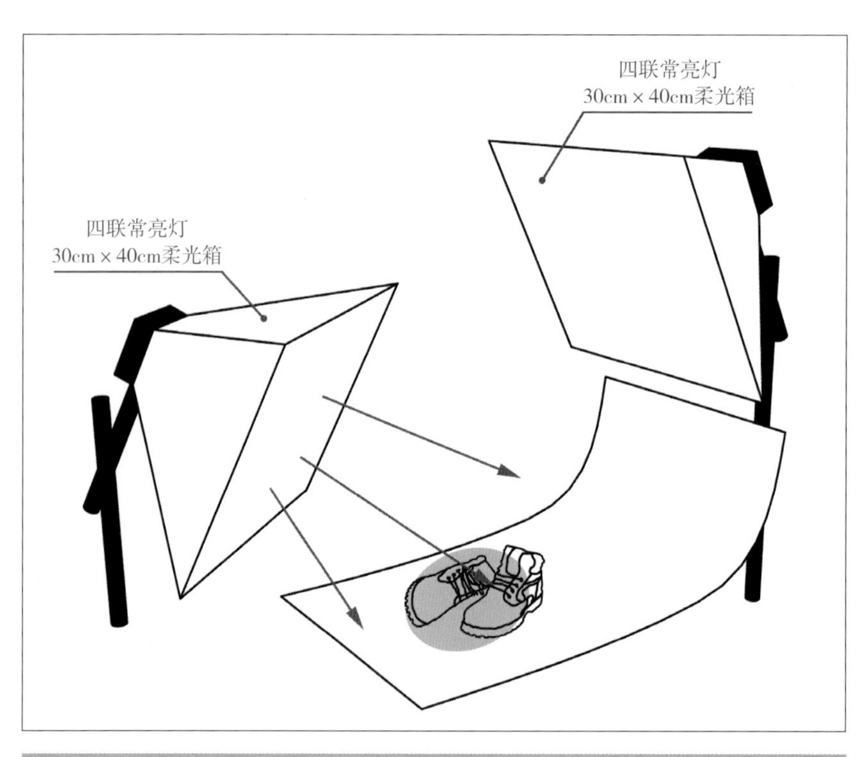

图6–77　布置左侧光源

图6–78　拍摄效果

（3）添加右侧光源。

按照同样的方法，在场景右侧再添加一个光源，并将光源方向对准左侧那只鞋的金属标牌。需要注意的一个问题是，当前场景中亮度基本满足要求了，所以不再需要四盏灯都亮，我们只需要打开其中的两盏摄影灯就可以了，所以使用1/2四联灯从右侧照明场景，如图6-80所示。

图6-79 标牌亮度

拍摄完成以后的效果如图6-81所示。

最终，在Photoshop当中适当调整图像的亮度、修改背景的色差以及增加锐度，这样本节实例就拍摄完成了，最终效果如图6-82所示。

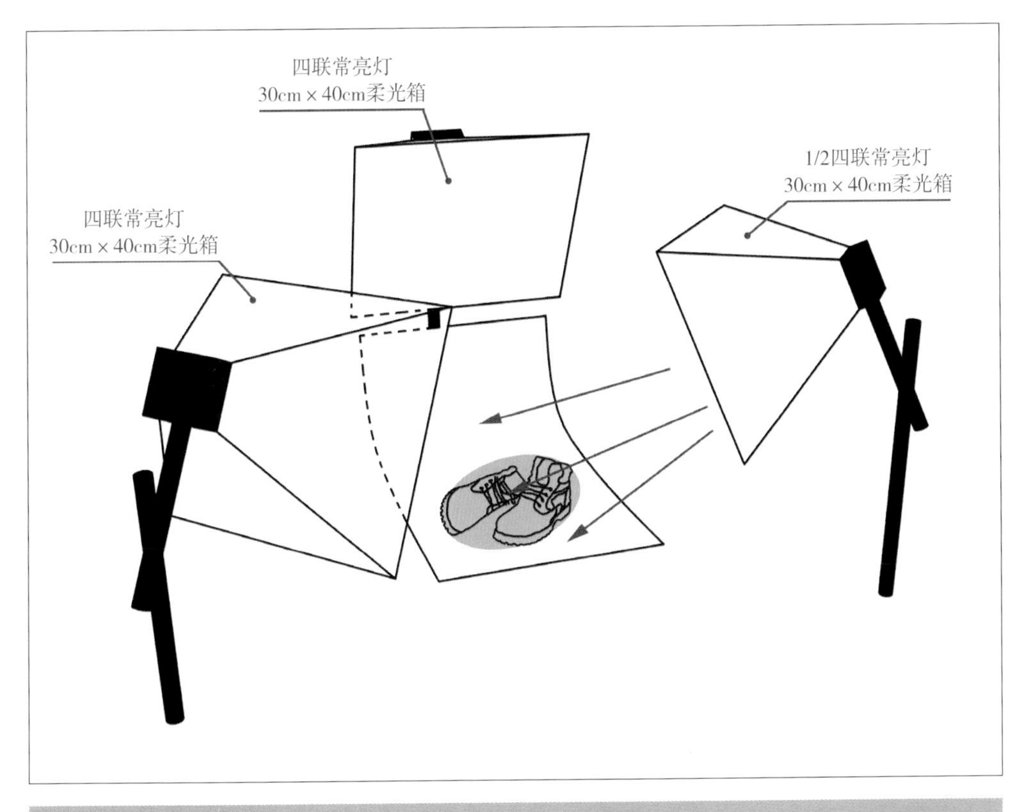

图6-80 右侧照明场景

图6-81　拍摄效果

图6-82　最终效果

6.10 拍出皮鞋好光感

同样是鞋的拍摄，表面吸光和反光的材质需要截然不同的处理方法。对于表面吸光者来讲，直接使用标准三灯就可以很好地还原颜色；而对于表面反光的皮鞋，则要在控制反光面上下一番功夫。我们只是将其颜色还原出来还不行，对于皮鞋质感的表述才是此类商品拍摄的最终目的。如图6-83、图6-84所示。

图6-83 产品效果

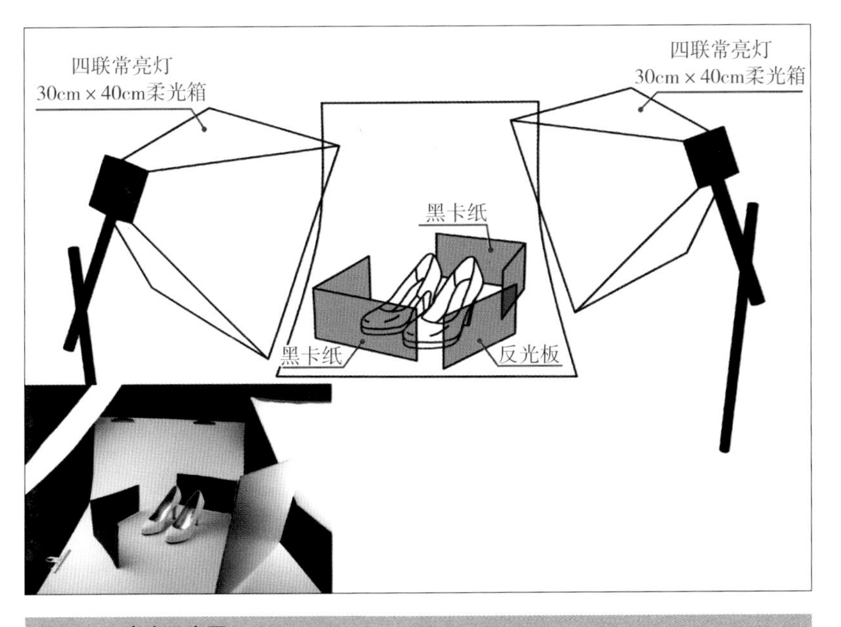

图6-84 布光示意图

器材和设备：

相机：佳能50D（可用有M模式DC代替）

光源：两盏四联灯头（4×105W摄影灯泡）

镜头：24–70mm f/2.8变焦镜头（使用DC者省略）

反光板：银色反光板一张

其他：30cm×40cm柔光箱两个、自制黑卡纸两张

拍摄过程如下：

（1）添加主光源。

皮鞋的表现至少需要两盏灯，在相应的位置上进行照明，才能让场景的亮度以及光线符合要求。

下面，我们首先来添加一盏右下角照明的灯，如图6–85所示。这个光源我们使用四联灯头来实现，如果读者使用闪光灯，建议不要设置太亮，大概100W就可以了。

此时对场景进行拍摄，得到效果如图6–86所示。

再在场景左侧添加一盏灯，让其斜向下照射场景，如图6–87所示。

完成以后的场景效果如图6–88所示。通过这两盏灯的照明，我们注意到皮鞋的亮度以及色彩还原都比较准确了，并且通过鞋上的反光，可以大体感知出灯光的具体位置。

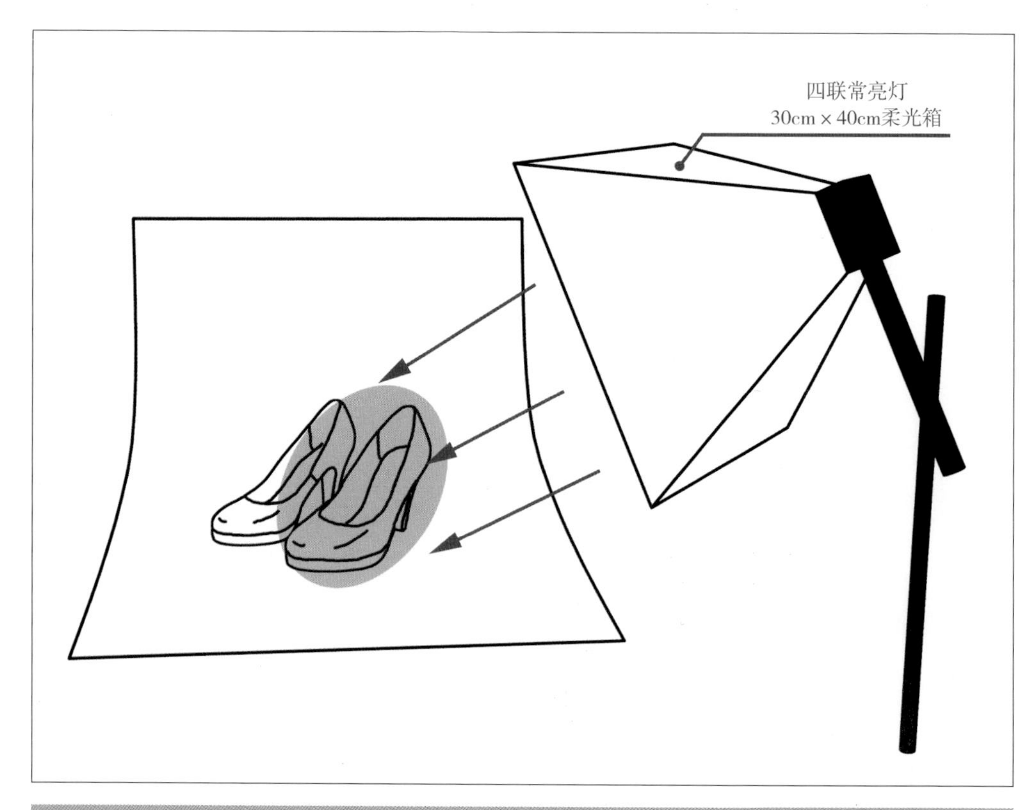

图6–85 主光源

图6-86 试拍效果

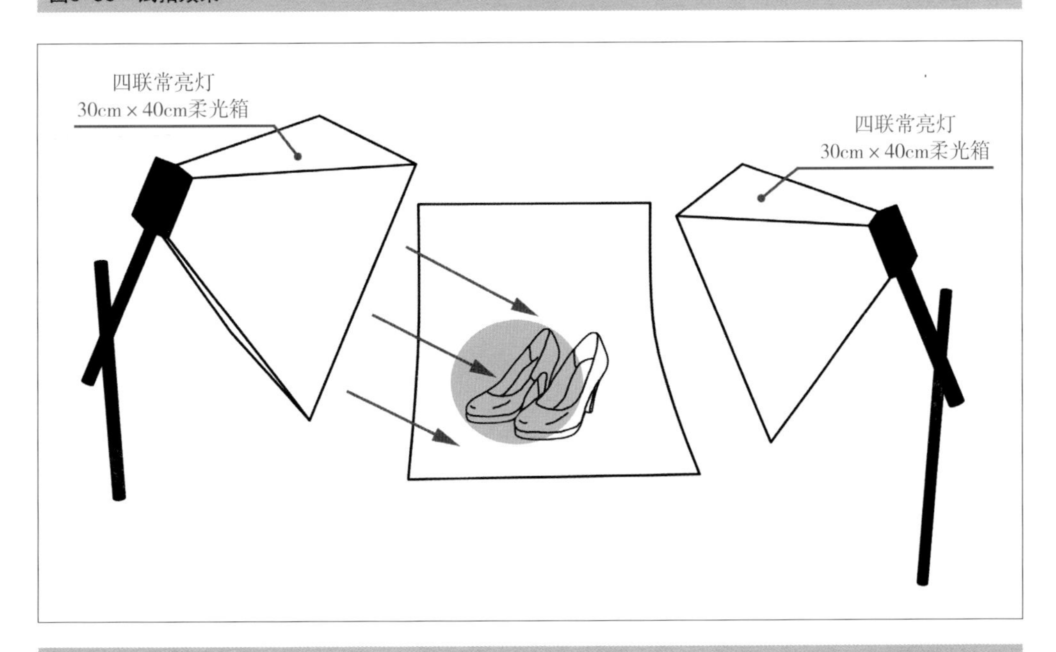

图6-87 左侧灯

（2）修饰反光。

我们观察图6-88就会发现，由于反光面太大，导致皮鞋表面与背景很难区分开，而且这么大的反光也不利于体现出皮鞋的质感，所以我们考虑使用黑卡纸来减少一下反光面。取两张长条形的黑卡纸，分别从中间对折一下，然后遮罩在皮鞋的边缘，如

图6-89所示。

完成以后，拍摄效果如图6-90所示。此时在鞋的边缘就形成了暗面，通过这些暗面可以更好地将亮面衬托出来。

图6-88　场景效果

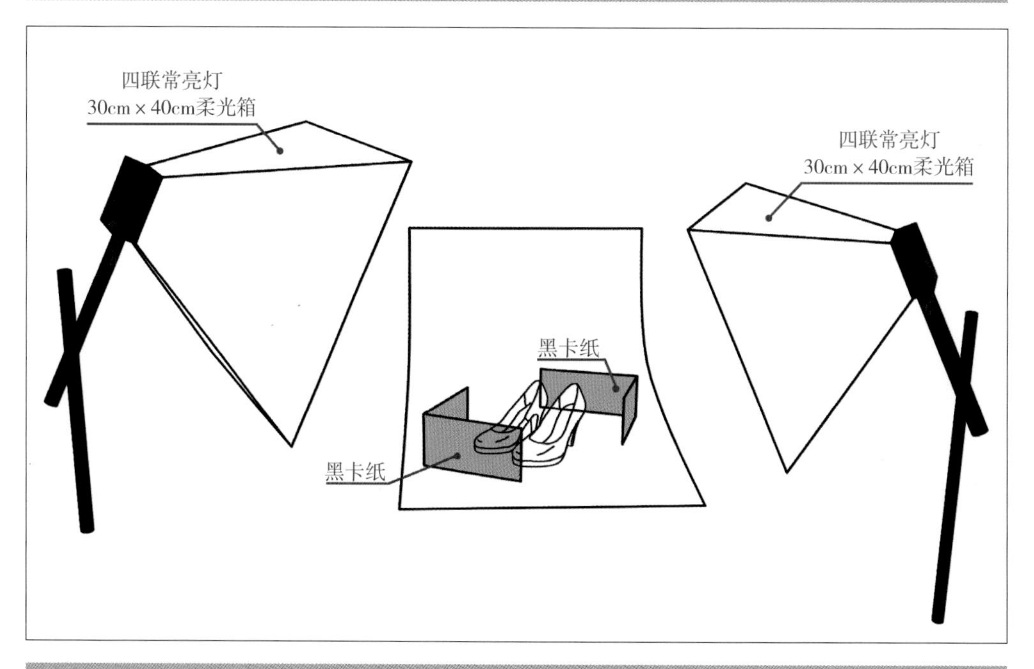

图6-89　布置黑卡纸

但是，由于黑卡纸的遮光作用，导致面向相机的一面还显得过暗，所以我们使用一张反光板，反射部分光线用以照亮鞋面以及鞋的内部，如图6-91所示。

图6-90　拍摄效果

图6-91　加反光板

拍摄出来的效果如图6-92所示。此时鞋面的反光以及亮度才最终符合我们的要求。

当然，由于黑卡纸的作用，当前的场景并非无缝纯色的背景，所以最后我们需要进入到Photoshop里面将主体选择出来，并替换一个纯白色的背景，如图6-93所示。

图6-92 拍摄效果

图6-93 替换背景

6.11 温润的玉镯

玉器表面的反光与玻璃类似，但是要比玻璃具有更规则的反光面。在实际拍摄中，要打破这种规则性。在取舍反光面的时候，要清楚哪部分规则反光面是应该保留的，而哪部分是应该舍弃的，并使用一些附件打破这种规则，让玉器表面呈现出流畅而不华丽的反光效果。如图6-94、图6-95所示。

图6-94 产品效果

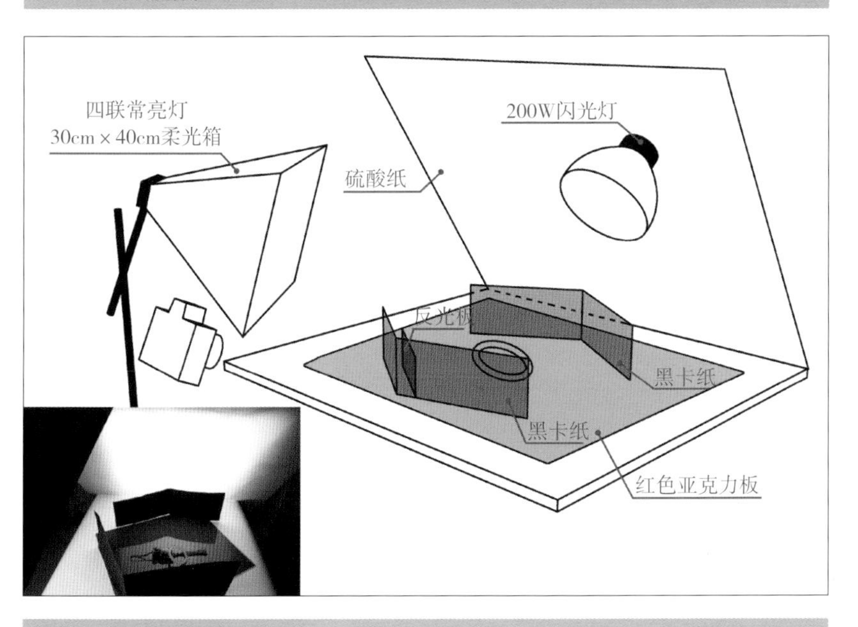

图6-95 布光示意图

器材和设备：

相机：佳能50D（可用有M模式DC代替）

光源：一盏四联灯头（4×105W摄影灯泡）、一盏200W闪光灯

镜头：60mm微距镜头（使用DC者省略）

反光板：银色反光板一张

其他：30cm×40cm柔光箱一个、硫酸纸一张、自制黑卡纸两张

拍摄过程如下：

（1）添加主光源。

通常拍摄一些细小首饰的时候，都要让其呈现侧立的状态，也就是在下方使用一些衬托的物体，让首饰的一部分半悬空，像项链、手镯等。这是为了更好地体现出立体感，而且打光也更加方便。本节实例中，我们将手镯放置在一个荷包上，不但在构图上更加饱满，而且也让手镯可以在后期得到更好的表现。

由于荷包与手镯的颜色都偏向冷色调，所以我们使用了一块红色亚克力板作为背景板，既丰富了颜色，又产生了倒影。

在场景的顶部添加一盏闪光灯，为了避免光线过强，在闪光灯与场景之间使用一张硫酸纸进行遮挡，如图6-96所示。在这个步骤中，也可以使用四联灯头来代替。

完成以后，对场景进行拍摄，获得的效果如图6-97所示。

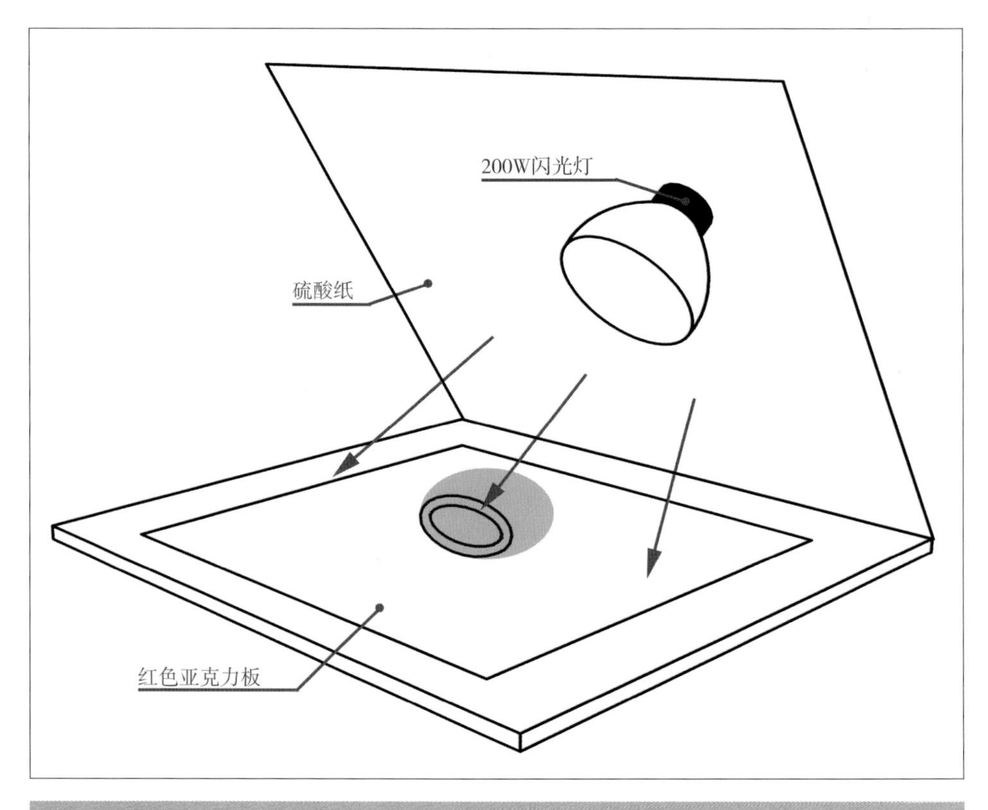

图6-96　主光源

6-97　拍摄效果

（2）照亮正面。

下面，我们在相机一侧再添加一盏灯，这盏灯用于照亮手镯的正面部分。我们使用了一盏四联灯头，位置大致与相机成45°角，灯头略微向下倾斜，使光线的照射具有明确的方向性，如图6-98所示。

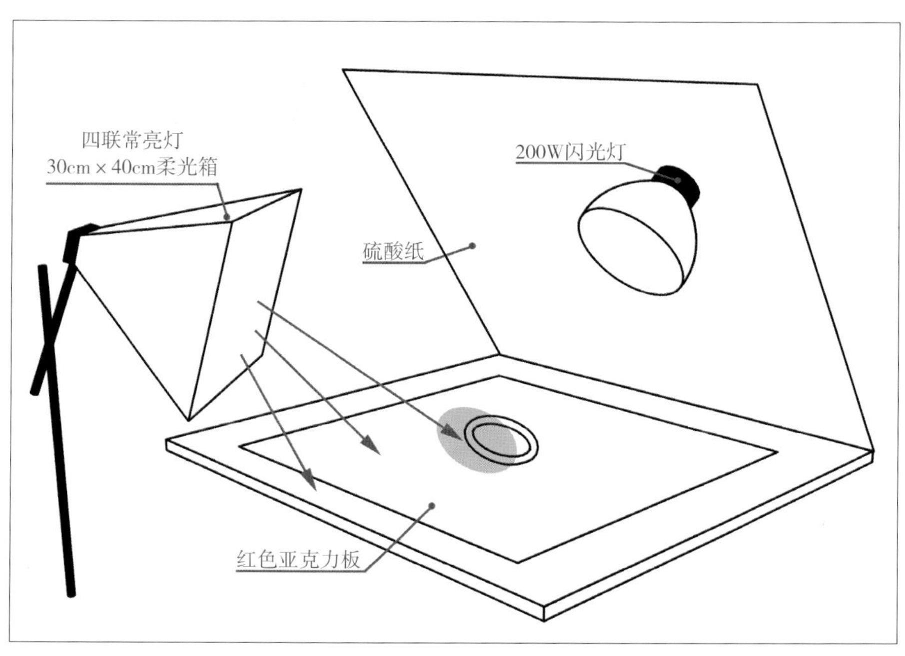

图6-98　添加侧灯

此时，在两盏灯相对的照射下，场景的效果大致如图6-99所示。我们可以看到手镯上的光泽已经体现出来了，但是反光不是非常明显，这主要是由于手镯边缘过亮，而让整体缺乏变化造成的。

（3）边缘描边。

接下来，我们使用黑卡纸，将手镯的四周遮罩起来，如图6-100所示。这样做一方面可以减少底部光线的照射，另外一方面可以为手镯的边缘勾勒出一圈暗调的轮廓，这样才能在其上面形成大反差的明暗面，从而让手镯的高光更加明显。

图6-99 场景效果

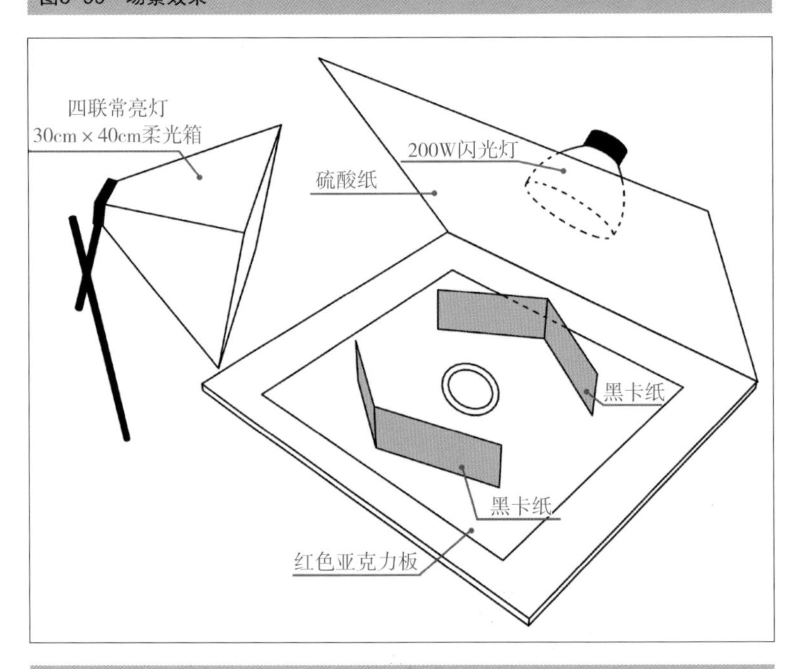

图6-100 加黑卡纸

这一步拍摄出来的效果如图6-101所示。读者注意观察手镯的外边缘，可以比较明显地看到暗色的轮廓线，手镯的高光被强调出来了。

（4）提高暗部亮度。

图6-101中手镯的亮度基本符合要求了，但是观察荷包的上方，由于玉珠的部分，还显得有些暗，所以自制一张较小的反光板（高度不超过黑卡纸），放到荷包上方相对的位置上，如图6-102所示。

图6-101　试拍效果

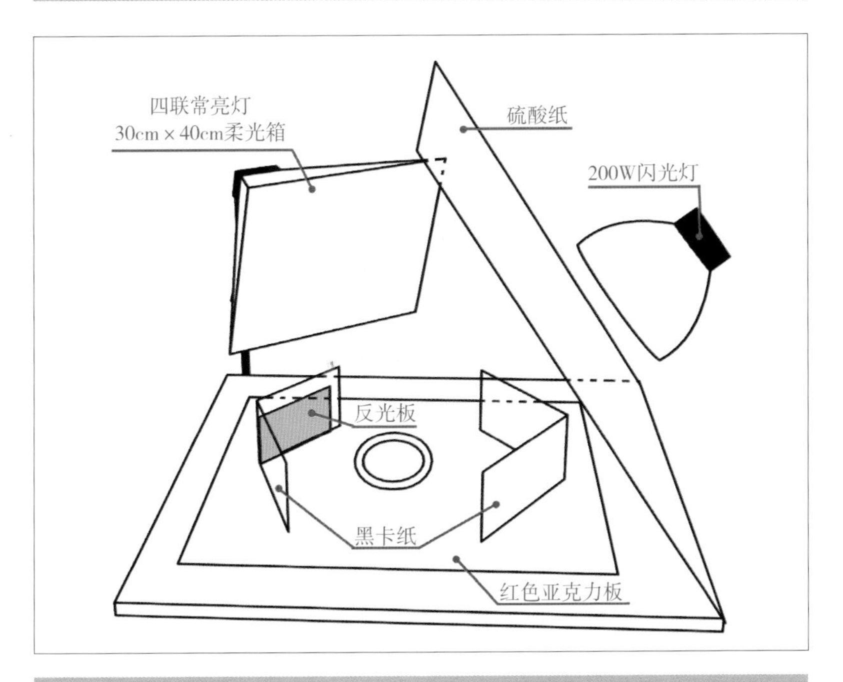

图6-102　加小反光板

第6章　商品摄影精选案例演绎

之后对场景进行拍摄，获得的手镯效果如图6–103所示。这个时候再次观察荷包上方玉珠的部分，亮度基本上符合要求了。

将图6–103在Photoshop打开，擦除图像中的灰尘，并适当调整色调以及亮度，就完成了本节实例的拍摄，最终效果如图6–104所示。

图6–103　试拍效果

图6–104　最终效果

6.12 色彩靓丽的指甲油

在我们身边有很多的商品，它们本身由多种材质构成，例如像本节实例中的指甲油一样，顶部是塑料的帽，下方是盛装指甲油的透明玻璃瓶。针对于这些复杂材质构成的商品，在拍摄时，很多情况下无法面面俱到地将所有的材质都表现出来，那么就应该有侧重点地选取商品特色的一些方面进行表现。本节实例中，我们只针对指甲油的颜色以及瓶身的透明质感进行表现，而灯光的使用方面，则只需要两盏灯即可。如图6-105、图6-106所示。

图6-105 产品效果

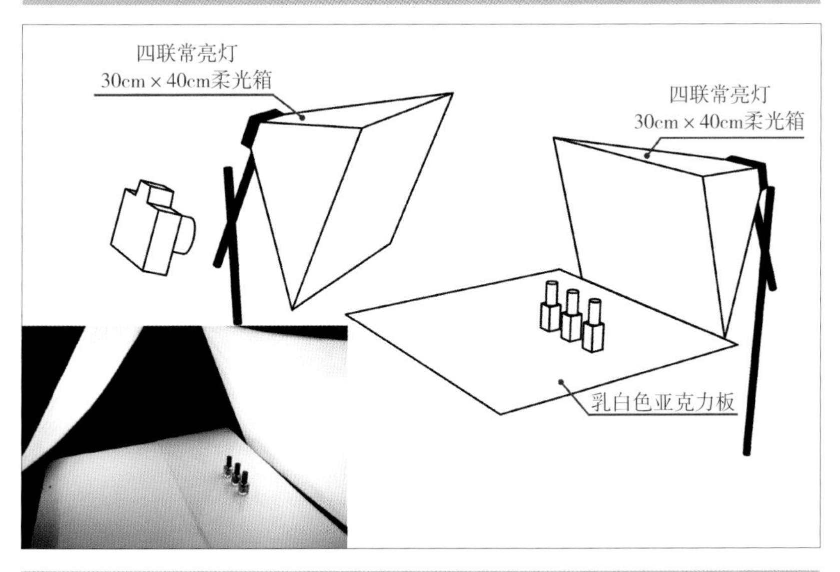

图6-106 布光示意图

器材和设备：

相机：佳能50D（可用有M模式DC代替）

光源：两盏四联常亮灯（可用100W闪光灯代替）

镜头：50mm f/1.8定焦镜头（使用DC者省略）

其他：乳白色亚克力板一张，30cm×40cm柔光箱两个

拍摄过程如下：

（1）布置后背光源。

将几个不同颜色的指甲油擦拭干净以后，放置在乳白色亚克力板上，用以产生倒影效果。我们要表现的指甲油，主要由透明玻璃瓶构成，要表现这种玻璃瓶，使用一盏后背光灯比较理想。使用一盏四联灯头，竖直放置在场景的后方，如图6–107所示。如果读者使用闪光灯，则不必太亮，用100W闪光灯即可。

此时拍摄出来的效果如图6–108所示。这种表现方式让场景形成逆光效果，摒弃了影响构图的多余元素，只为了体现出玻璃瓶的透明质感。

（2）照亮场景前面部分。

我们注意到，场景的前面部分还显得过暗，指甲油并没有体现出真正的色彩，所以应该在前面添加一盏灯光。这盏灯的照射方向与相机相同，大致与相机成45°夹角，斜向照亮指甲油，如图6–109所示。

通过上面这盏灯的照明，此时场景的效果基本上符合预期我们的要求，如图6–110所示。照片既体现出玻璃瓶的透明属性，又将指甲油漂亮的颜色还原出来了。

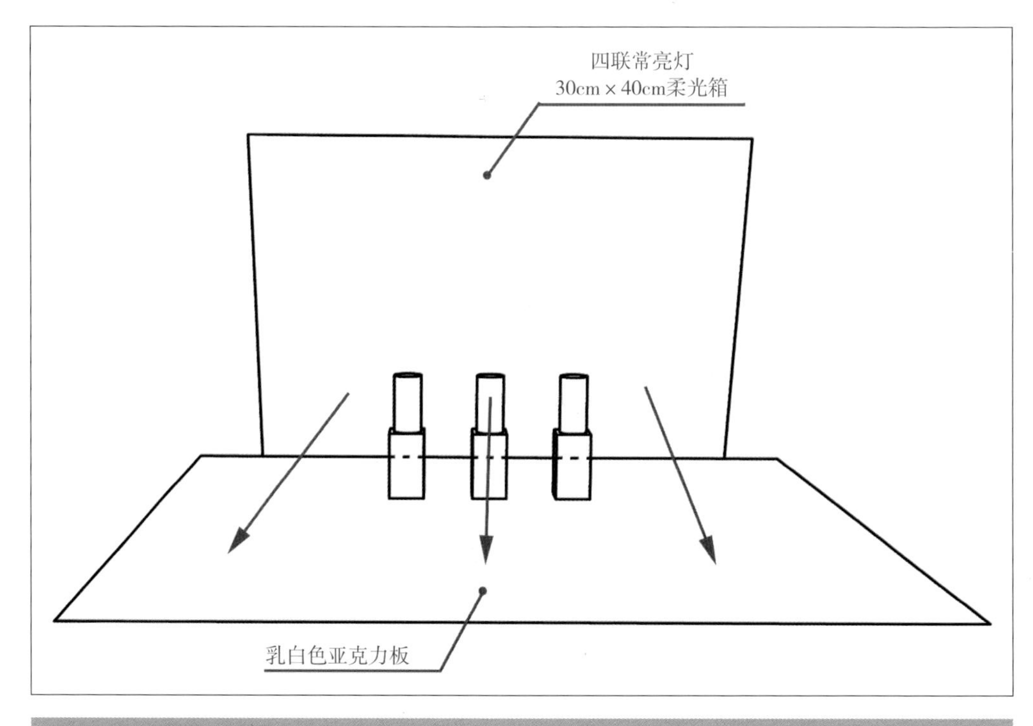

图6–107　布置后背光源

图6-108　试拍效果

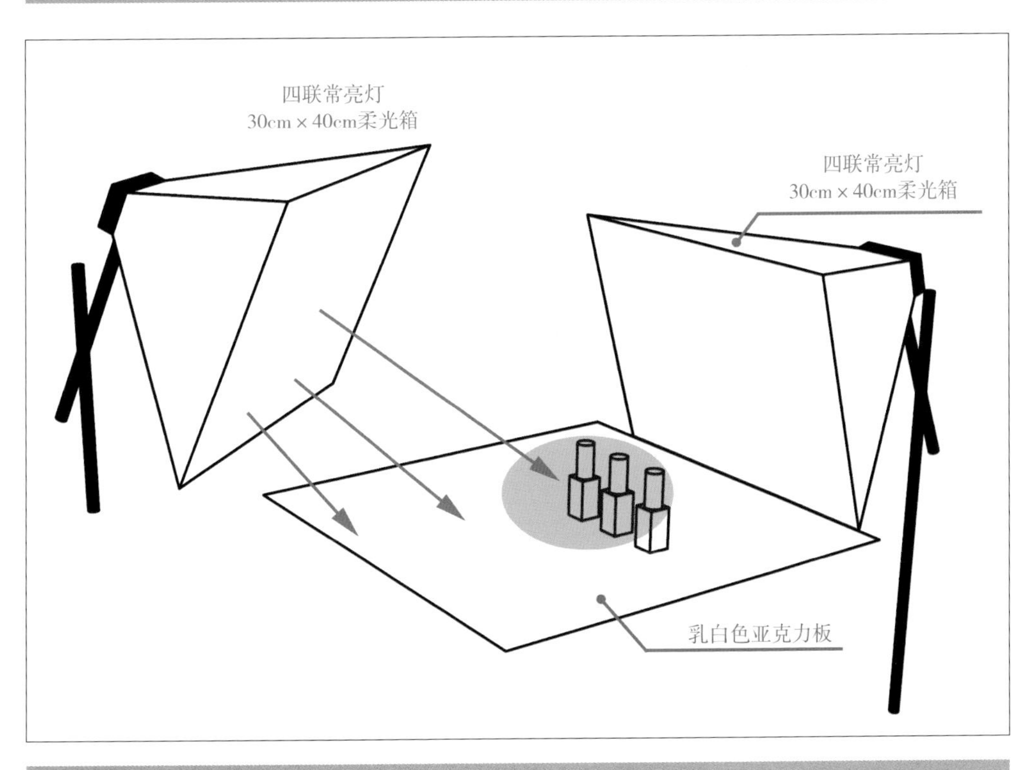

图6-109　添加灯光

最终，我们还需要在Photoshop里面适当调整背景的颜色，并去除一些污渍和噪点，完成本节实例的拍摄任务，最终效果如图6-111所示。

图6-110　拍摄效果

图6-111　最终效果

6.13 金色包装的巧克力

本实例商品由承托巧克力的盒子和顶盖构成，从构成材料来讲，两者截然不同。巧克力的外包装以及盒子属于反射类物体，应该采用逆光照明的方式将金色的质感表现出来。透明的塑料顶盖属于配景，考虑后期通过黑卡纸对其勾勒出轮廓。如图6-112、图6-113所示。

图6-112 产品效果

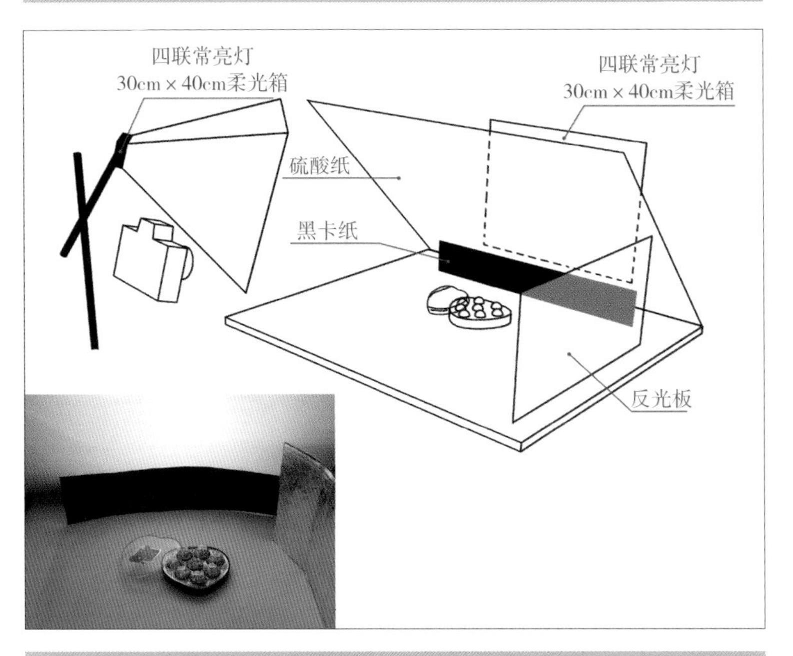

图6-113 布光示意图

器材和设备：

相机：佳能50D（可用有M模式DC代替）

光源：两盏四联常亮灯（4×105W摄影灯泡）

镜头：24–70mm f/2.8L（使用DC者省略）

反光板：自制银色或白色反光板一张

其他：裁切黑卡纸一张、硫酸纸一张、30cm×40cm柔光箱两个。

拍摄过程如下：

（1）布置主光源。

首先，将商品表面擦拭干净。鉴于拍摄的商品是一盒巧克力，所以可以考虑使用一张粉红色的纸作为背景，这样能够更好地烘托商品气氛。

主光的布置以反射类物体的布光规律为依据，使用一盏四联常亮灯作为主光，从商品的正后方水平逆光照明。由于巧克力的包装纸反射率较高，在此不适于闪光灯照明，否则会让照片的光比较大。

在主光与商品中间使用硫酸纸隔开，一方面降低光线强度，形成散光，另外一方面去除包装纸对其上方的杂乱反射，具体布光如图6–114所示。

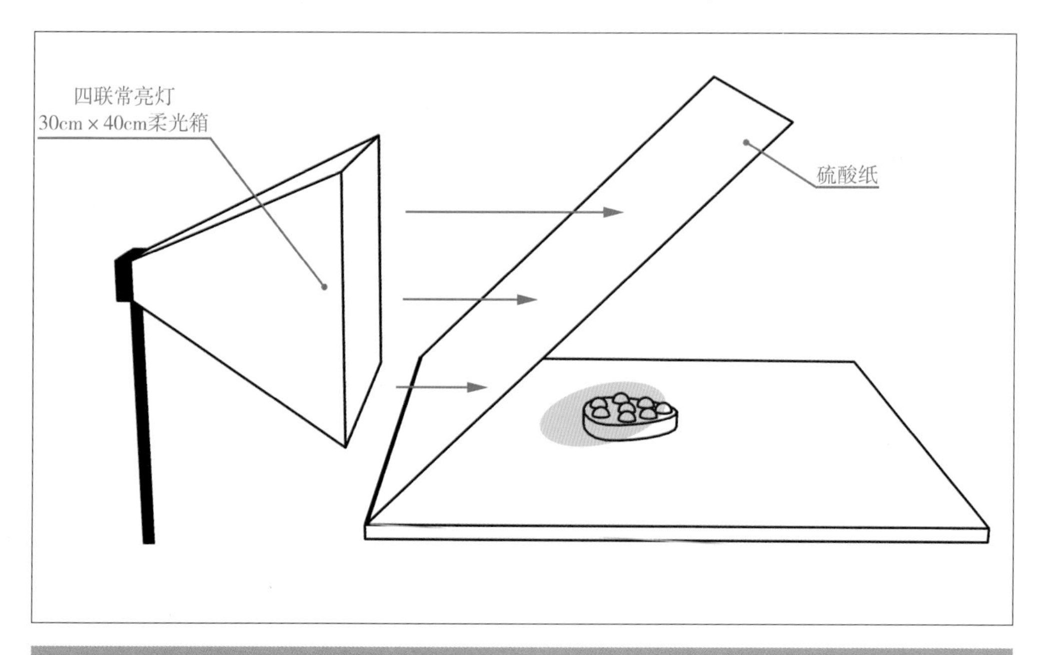

图6–114　主光源布光图

拍摄效果如图6–115所示。

（2）照亮巧克力包装的正面。

我们注意到图6–115中的巧克力包装的背面亮度符合要求了，但是正面显得过暗，所以接下来使用一盏四联灯对盒子的正面进行照明，光源的位置为顺光，与相机方向一致，如图6–116所示。

图6–115　拍摄效果

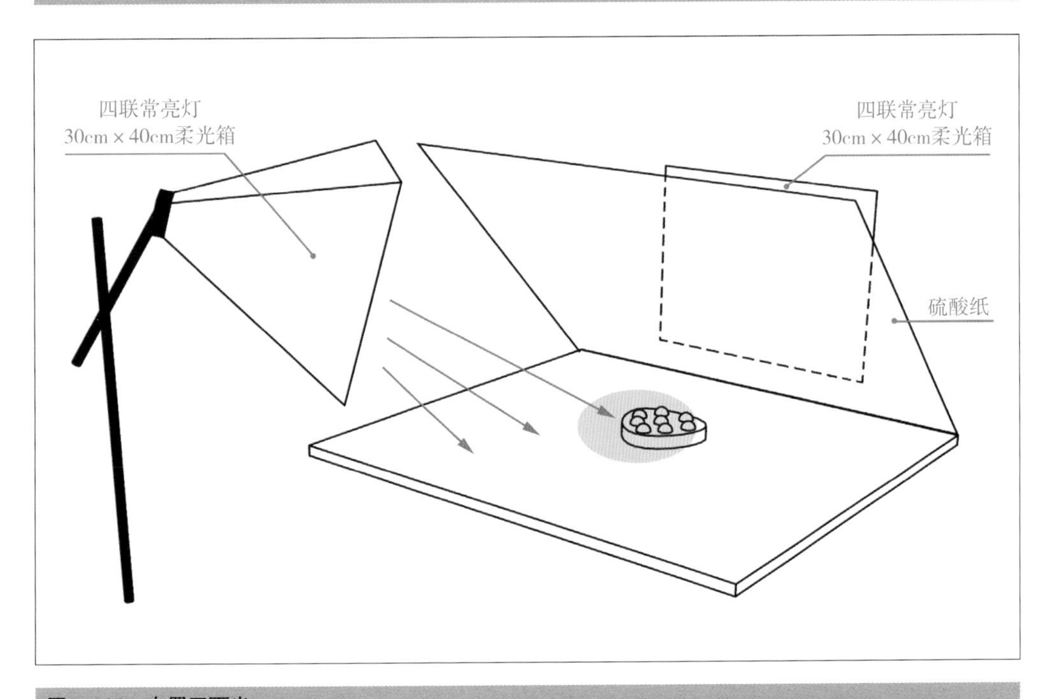

图6–116　布置正面光

拍摄效果如图6–117所示。

（3）为塑料盒勾勒轮廓。

下面，我们在硫酸纸的底部添加一张黑卡纸，如图6–118所示。

图6–117　拍摄效果

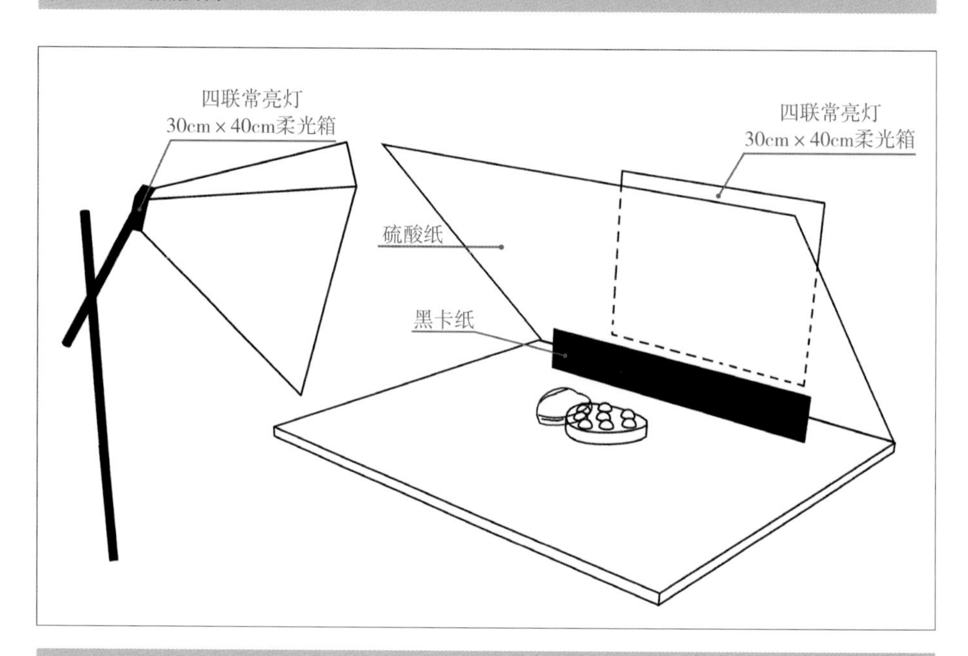

图6–118　添加黑卡纸

拍摄效果如图6-119所示。

图6-119　试拍效果

这张黑卡纸的添加，可以为巧克力顶盖的上方添加一圈漂亮的黑色轮廓线。如图6-120所示，上方为未添加黑卡纸的照片，下方为添加以后的照片，通过对比，读者可以感受到两者的差别。

（4）为包装右侧补光。

目前，整个商品的布光基本符合要求，但是注意到包装盒的右下角亮度略有不足，所以考虑使用一张反光板对其进行补光，如图6-121所示。

拍摄完成以后的效果如图6-122所示。

最终，我们可以在Photoshop中对完成的拍摄照片进行必要的处理，包括盒子的使用痕迹、背景的亮度等等，最终完成的效果如图

图6-120　效果对比

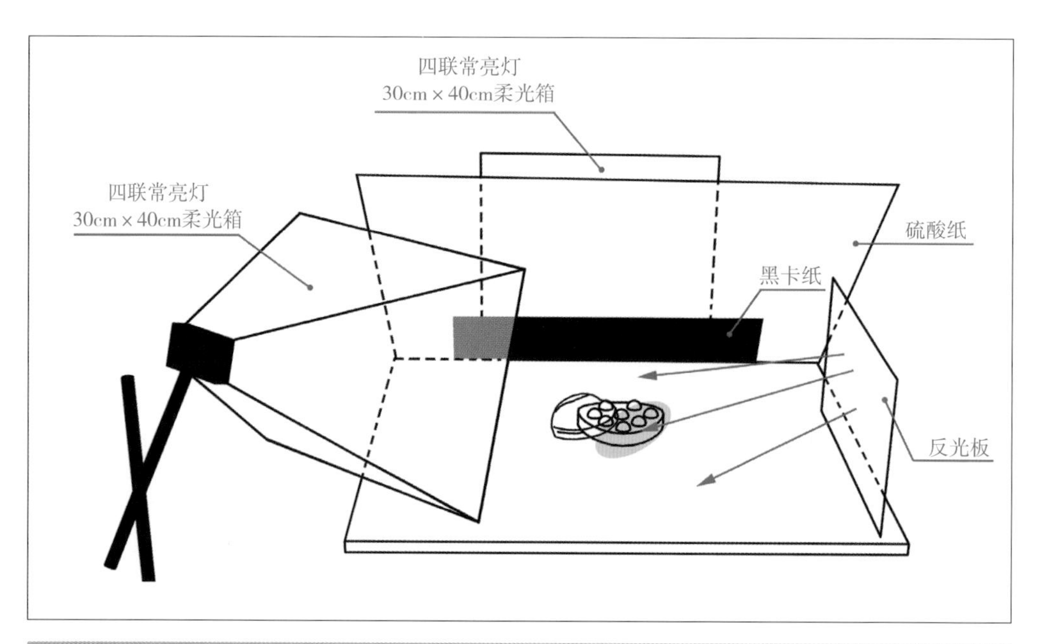

图6-121　添加反光板

图6-122　拍摄效果

6-123所示。

在拍摄商品时需要清楚地了解商品的特性，并紧紧把握特性布光。巧克力的包装反射性能良好，如果光线过于强烈，将导致所拍摄照片的光比过大，所以在布光的时候，应尽量减少光强，而让商品的反光面尽量呈现。

图6-123　最终效果

6.14　项链——如何拍摄小型饰品

本实例要拍摄一条项链，属于细小的饰品，且反光面较多。此类的小饰品，使用前面介绍的布光方式无法很好地将各个面准确体现出来，因为周围环境会反射过多的阴影。在本书前面部分，我们介绍了专门用于拍摄小型物体的柔光箱，这种装置由于无法从顶部拍摄，在使用上也受到限制。因此，针对小型的饰品，我们通常用硫酸纸制作筒状柔光箱，物美价廉，效果出众。如图6-124、图6-125所示。

器材和设备：

相机：佳能50D（可用有M模式DC代替）

光源：两盏四联灯头（4×105W摄影灯）

镜头：60mm微距定焦镜头（使用DC者省略）

其他：30cm×40cm柔光箱两个、硫酸纸一张

图6–124　产品效果

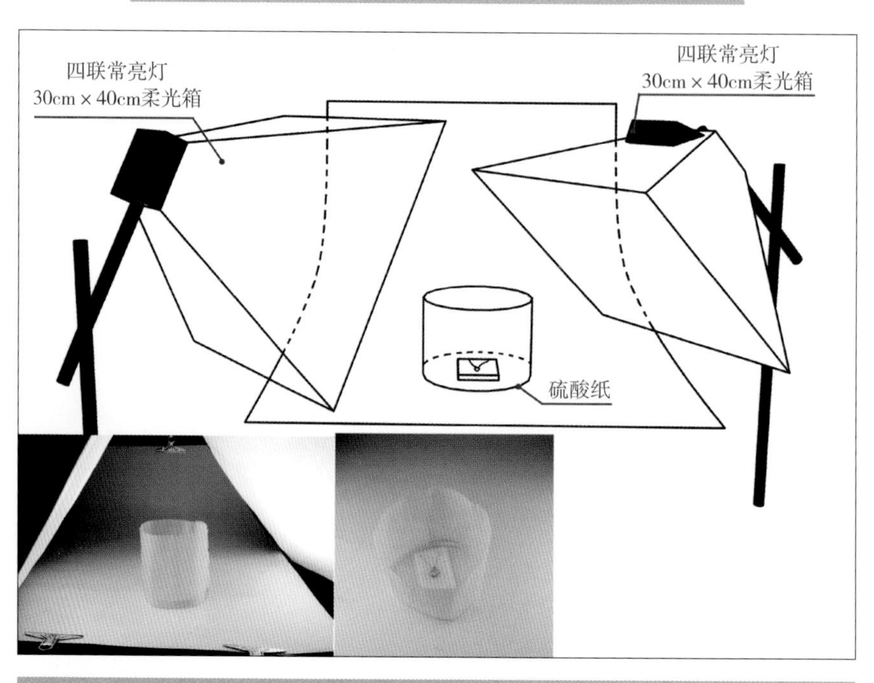

图6–125　布光示意图

拍摄过程如下：

（1）自制饰品柔光箱。

首先，我们来自制一个桶装的柔光箱，用于拍摄本节实例中的项链。打开一张硫酸纸，先用笔画出一个矩形，然后将其裁切出来，如图6-126所示。

使用双面贴，在纸张的上下以及边缘进行粘贴。由于硫酸纸较软，即使卷成筒状，也无法很好的站立，上下粘贴的双面贴则可以让其很好地体现出形状；边缘一侧的双面贴用于自身的粘贴闭合，如图6-127所示。

图6-126　裁切硫酸纸

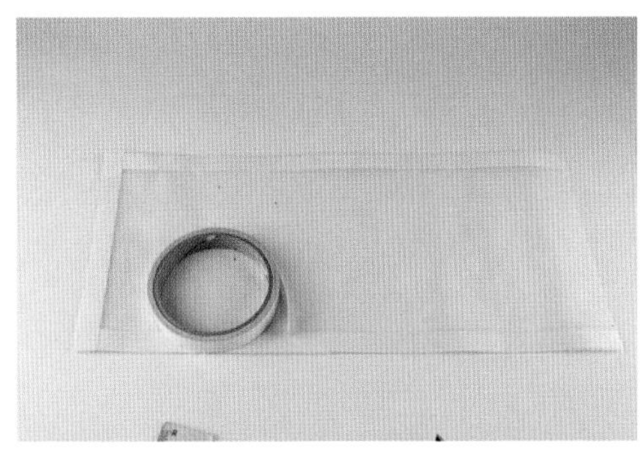

图6-127　粘贴双面贴

将矩形卷起以后，在边缘进行粘贴，这样一个筒状的柔光装置就制作完成了，如图6-128所示。

将本节要拍摄的项链固定到海绵板上，然后放置到柔光箱当中，如图6-129所示。由于避开了周围环境的反射，项链上只会带有顶部少许的阴影。如果条件允许，建议读者制作上开口窄、下口宽的圆台形柔光箱，这样会减少饰品的反射。

图6-128　筒状柔光箱

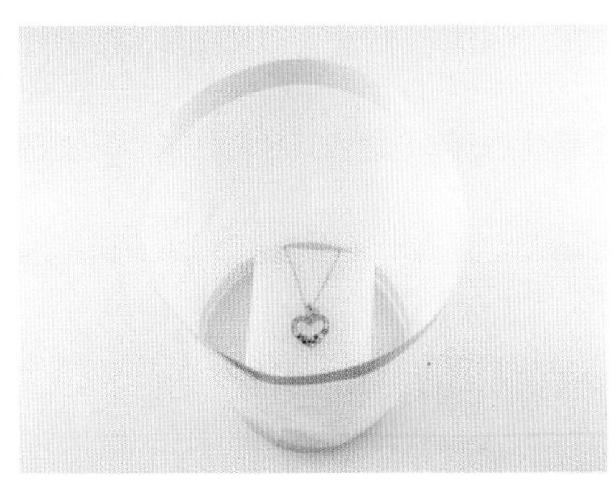

图6-129　放入产品

（2）布置灯光。

这种拍摄布置灯光比较容易，通常使用两个光源即可。我们选择使用两盏四联灯箱，当然使用闪光灯也是一个不错的选择。将两盏灯以相对的方式照射柔光箱，让柔光箱形成环绕光源，使其均匀而明亮，如图6-130所示。

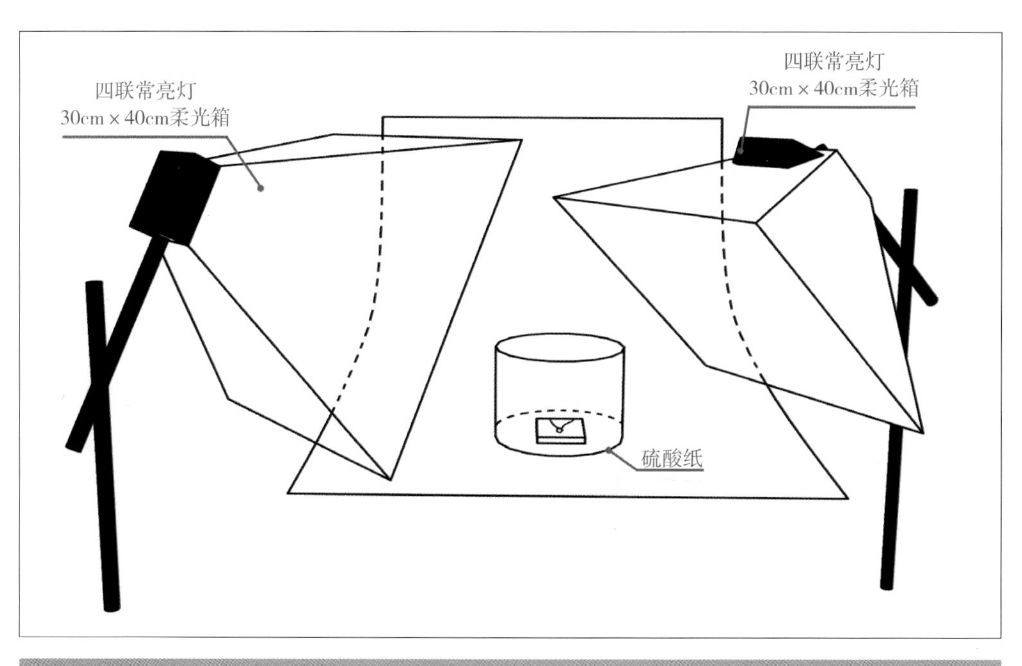

图6-130　布置主光

此时，将相机镜头伸入柔光箱中，对饰品进行拍摄，得到效果会如图6-131所示。在柔光箱的帮助下，饰品上的亮面以及暗面都比较自然，而且上面的钻也体现出正常的亮度。

对饰品的商品照片来说，拍摄只是完成其中的一部分，更重要的还需要在Photoshop里面进行后期处理。这些处理包括调整局部亮度、去背、修饰等环节，最终得到的效果如图6-132所示。

图6-131　试拍效果

图6-132　最终效果

6.15　剃须刀——表现金属质感

本节我们将要拍摄一个手动剃须刀，主要表现要点在于其头部的位置。由于该位置既有商标，又是金属构成，所以将该处的光影面真实地体现出来，就可以说是成功了。所以在布光过程中，要有的放矢，对何处应该产生反光，以及如何处理光效要做到心中有数，这样才能既提高效率，又得到较好的效果。如图6-133、图6-134所示。

器材和设备：

相机：佳能50D（可用有M模式DC代替）

光源：两盏四联常亮灯（4×105W摄影灯泡）

镜头：60mm微距定焦镜头（使用DC者省略）

其他：自制黑卡纸一张、黑色亚克力板一张

拍摄过程如下：

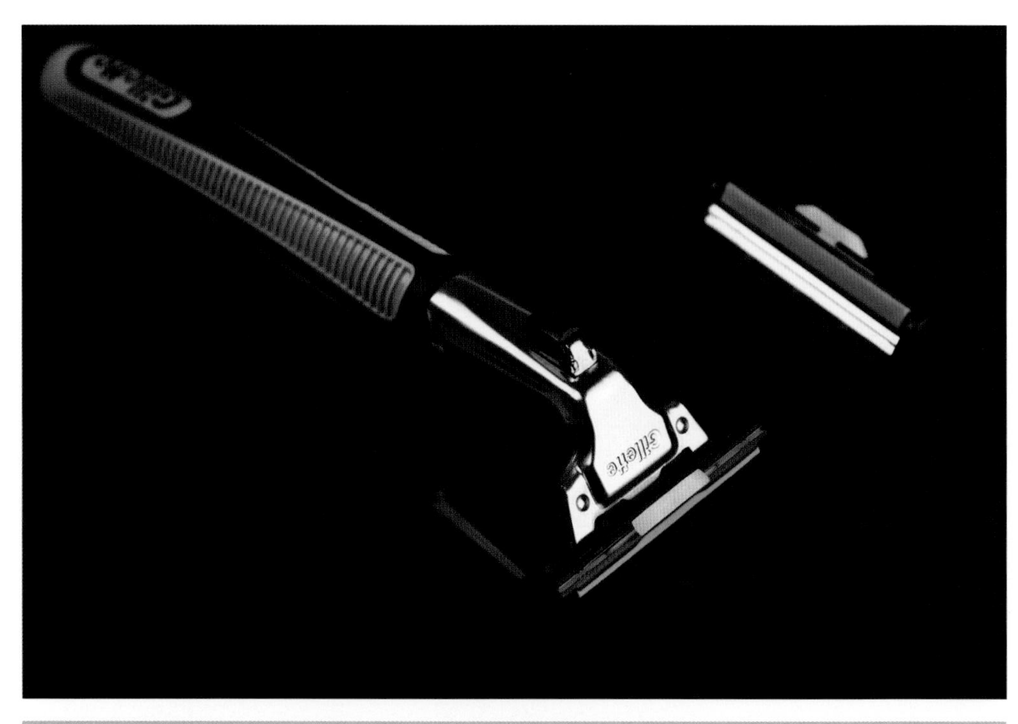

图6-133　产品效果

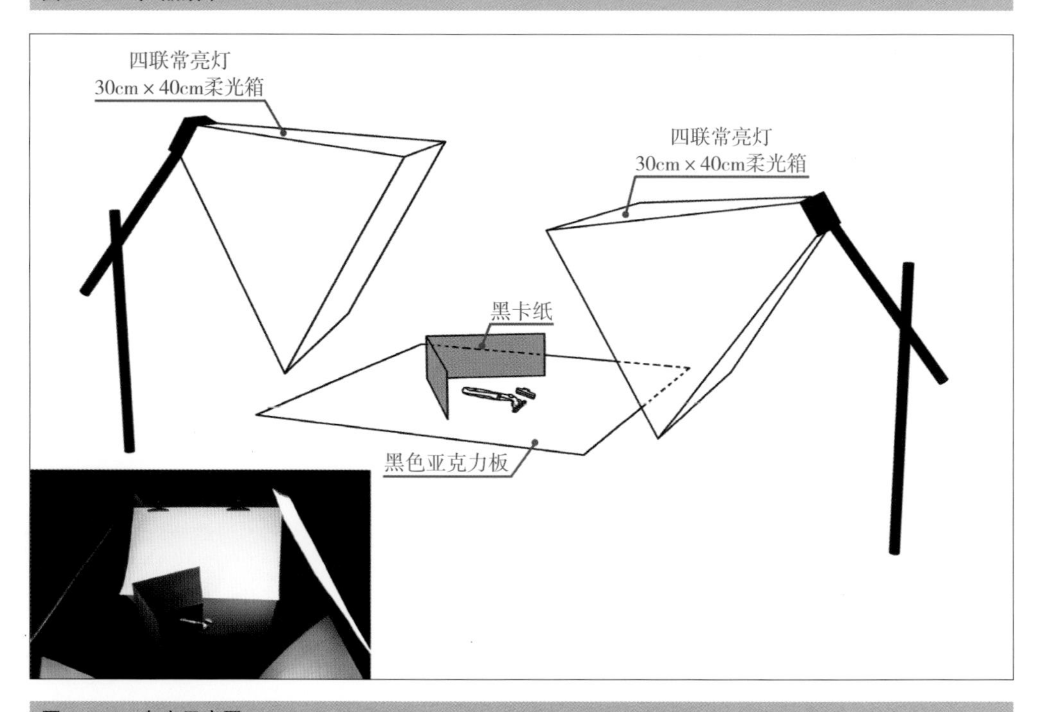

图6-134　布光示意图

（1）布置场景。

通常拍摄金属类物体时，能产生一个倒影是非常理想的，所以在此我们使用一张黑色亚克力板作为倒影板。将商品以及倒影板擦拭干净，然后将商品稍微倾斜一定的角度，放置在倒影板上。

由于该商品呈线性，所以在后期拍摄时，尽量让其在画面上显现出对角线效果，可以让剃须刀从左上角贯穿到画面中心，这样画面上就会留有较大的空白，所以我们考虑使用一个刀片来填充这个空白。刀片平放时不利于拍摄，因此考虑将其立起来，所以使用少量的橡皮泥粘在刀片的后背上，这样就可以保证刀片的稳定了，如图6–135所示。

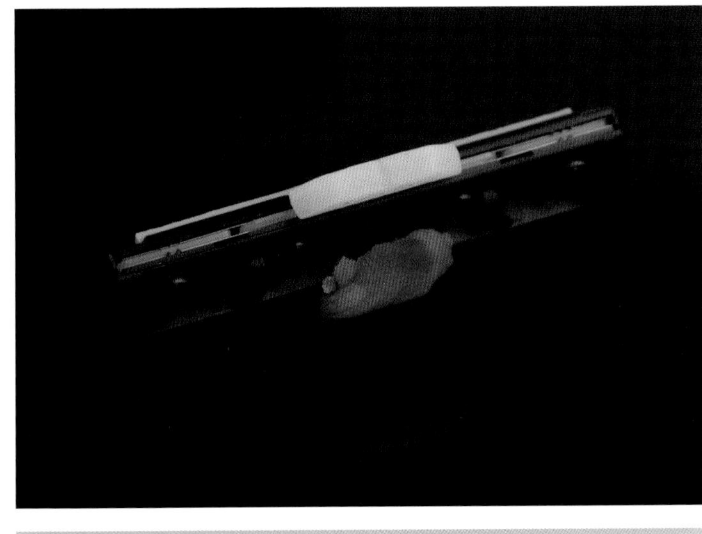

图6–135 固定刀片

（2）照亮刀头标志。

下面，我们添加一盏灯，用于照亮剃须刀的刀头标志部分。使用一盏四联灯头，也可以用闪光灯来代替，将其灯头部分略微向下倾斜，正对刀头部分，让其大的金属面完全受光，大体的位置如图6–136所示。

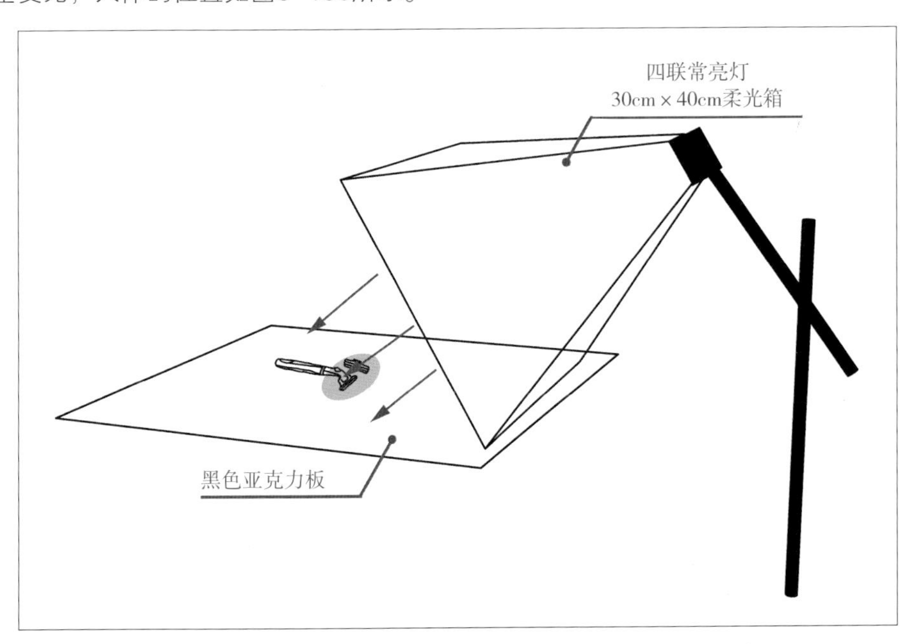

图6–136 布置灯光

完成布光以后，拍摄场景的效果如图6–137所示。

（3）照亮侧面线条。

我们注意到刀架侧面的金属线条没有被照亮，这样就无法体现出剃须刀的立体质感，所以再使用一盏四联灯头，对准刀架手柄的侧面进行照明，如图6–138所示。

图6–137　场景效果

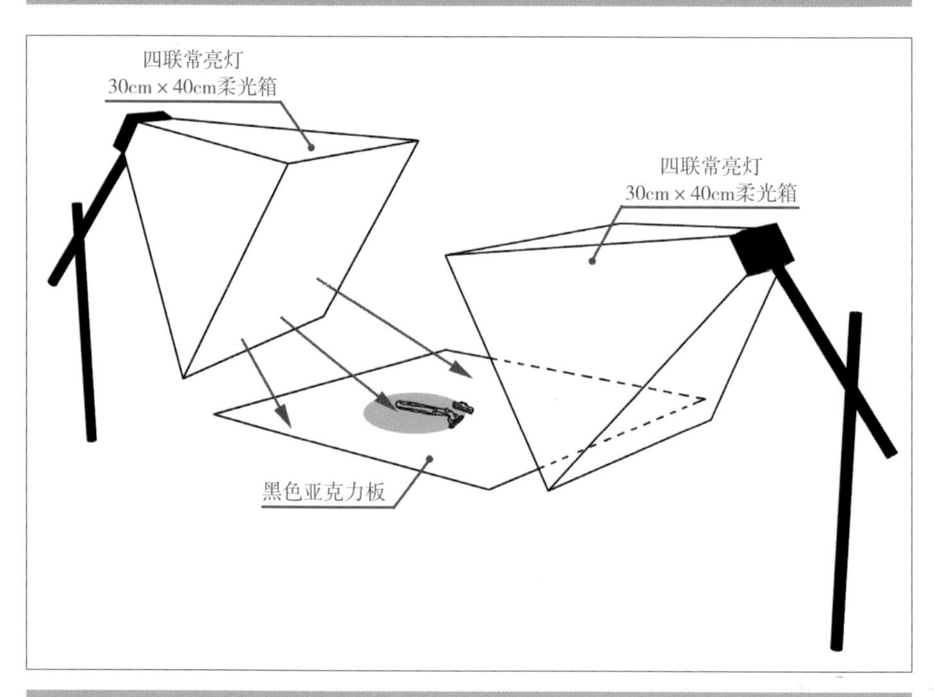

图6–138　增加侧光

这个时候拍摄出来的效果如图6–139所示。

由于柔光箱的散射光面积导致反光面过大，所以应该考虑使用黑卡纸对剃须刀进行适当的遮盖。我们裁切一张长条形的黑卡纸，将其从中间折叠，然后环绕在剃须刀的周围，这样就可以减弱柔光箱对剃须刀下方的照明，如图6–140所示。

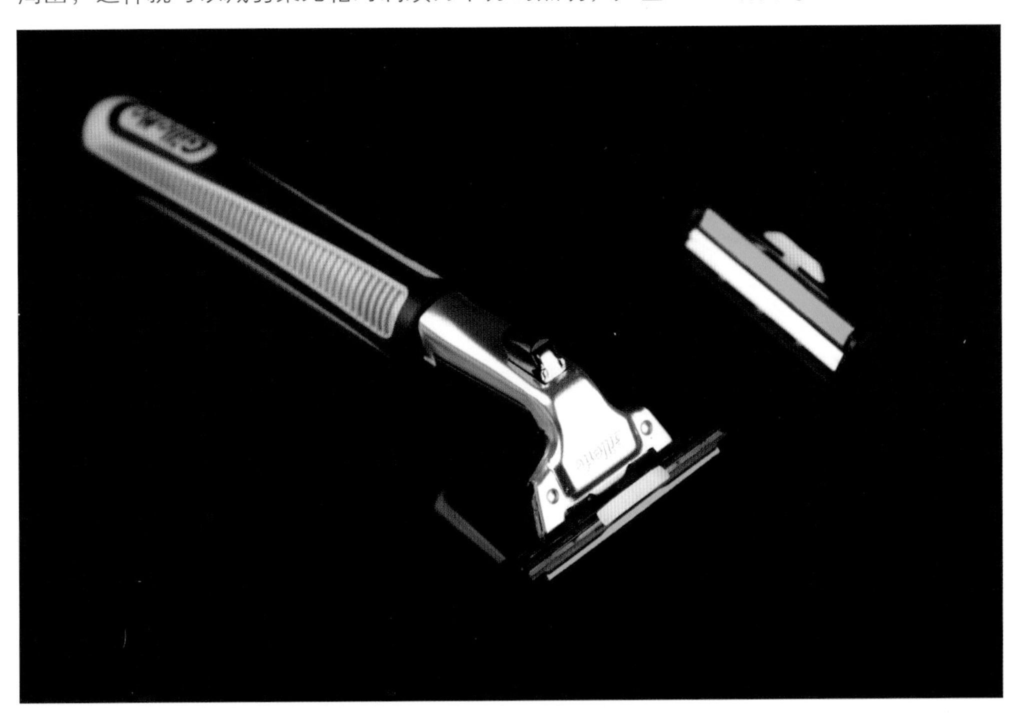

图6–139　拍摄效果

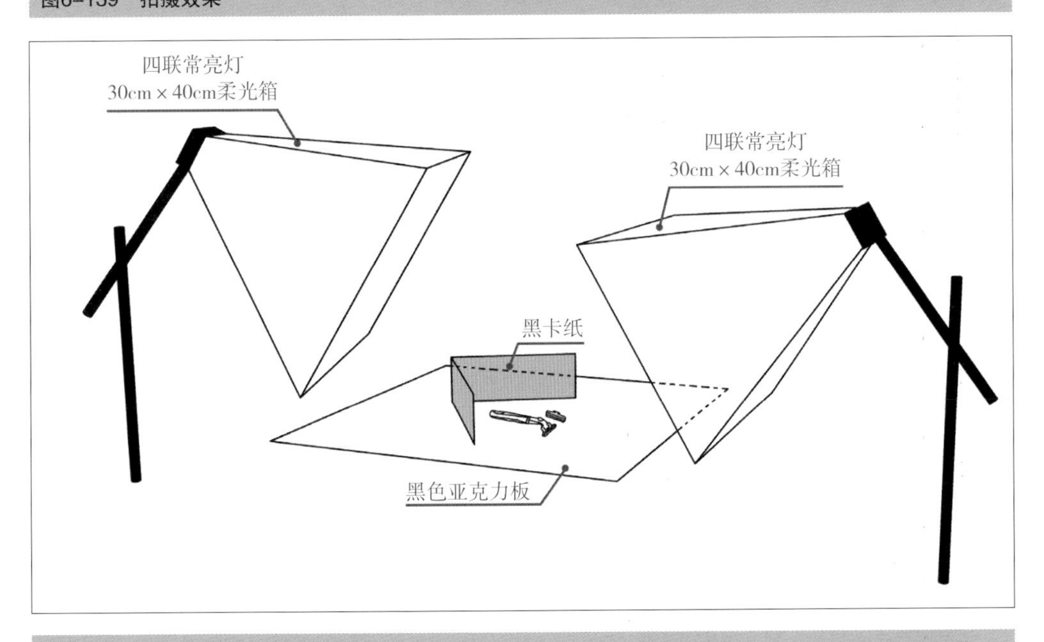

图6–140　添加黑卡纸

第6章　商品摄影精选案例演绎

再次对场景中的剃须刀进行拍摄，得到效果如图6-141所示。

使用Photoshop对剃须刀和倒影板上面的灰尘进行擦除，最终完成本节的商品拍摄，最终效果如图6-142所示。本节实例相对比较简单，在拍摄之前要清楚所要表现的面，然后针对性地放置灯光，并对剃须刀上的反光面进行必要的修饰就可以了。

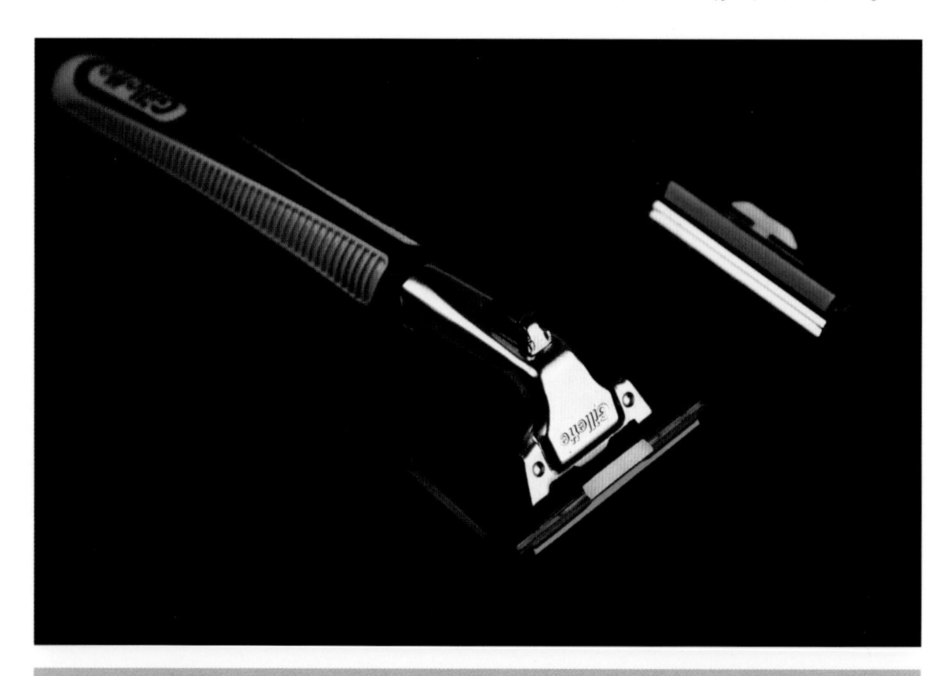

图6-141　拍摄效果

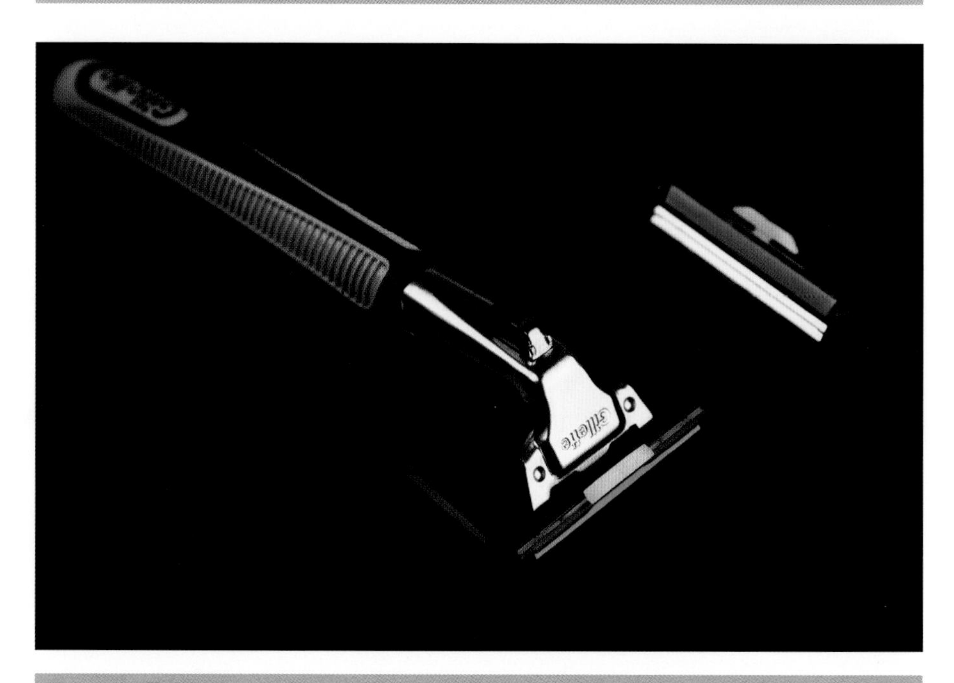

图6-142　最终效果

6.16 干净的腮红盒

本实例商品由两部分组成，上方的镜子以及下方的腮红都是镜面反射类物体，所以在拍摄上以反射类物体的布光规律进行场景布置，并且适当调整角度。这个实例在拍摄的时候要将所有面照亮，避免在盒体上产生阴影，这样就可以拍摄出干净漂亮的腮红盒了。如图6–143、图6–144所示。

图6–143 产品效果

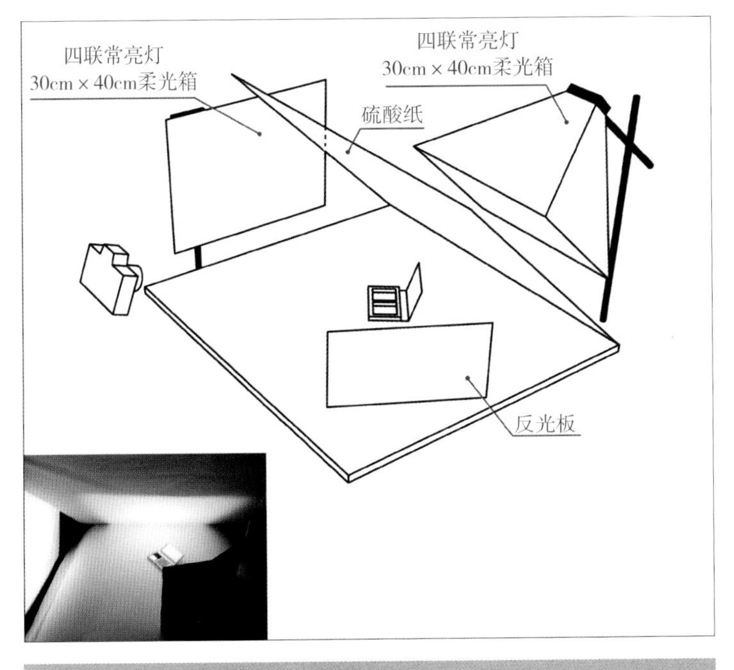

图6–144 布光示意图

器材和设备：

相机：佳能50D（可用有M模式DC代替）

光源：两盏四联常亮灯（可用100W闪光灯代替）

镜头：24−70mm f/2.8L（使用DC者省略）

反光板：自制银色或白色反光板一个

其他：硫酸纸一张、30cm× 40cm柔光箱两个

拍摄过程如下：

（1）布置主光源。

首先，将商品表面擦拭干净，腮红的粉容易粘到盒子的不锈钢表面，去除比较麻烦，可以考虑使用医用棉棒仔细擦除；上方的玻璃要尽量做到无任何灰尘。我们的拍摄手法采用反光类物体的布光规律。使用一盏四联常亮灯（4×105W摄影灯），放置在场景的后方，同时用一张硫酸纸遮挡在光源和物体之间，这样在形成柔光的过程中，也去除了盒子上方的玻璃对拍摄环境的反射，如图6−145所示。

拍摄效果如图6−146所示。

背光的光源也可以使用闪光灯，但是由于这个商品表面的反射程度较高，所以不必使用较亮的光源。如果使用200W闪光灯，只需要其1/2的功率100W即可。

（2）照亮盒子底部的左侧面。

由于只有一盏灯，所以盒子上面不可避免地会产生阴影，但由于该商品材质的特殊

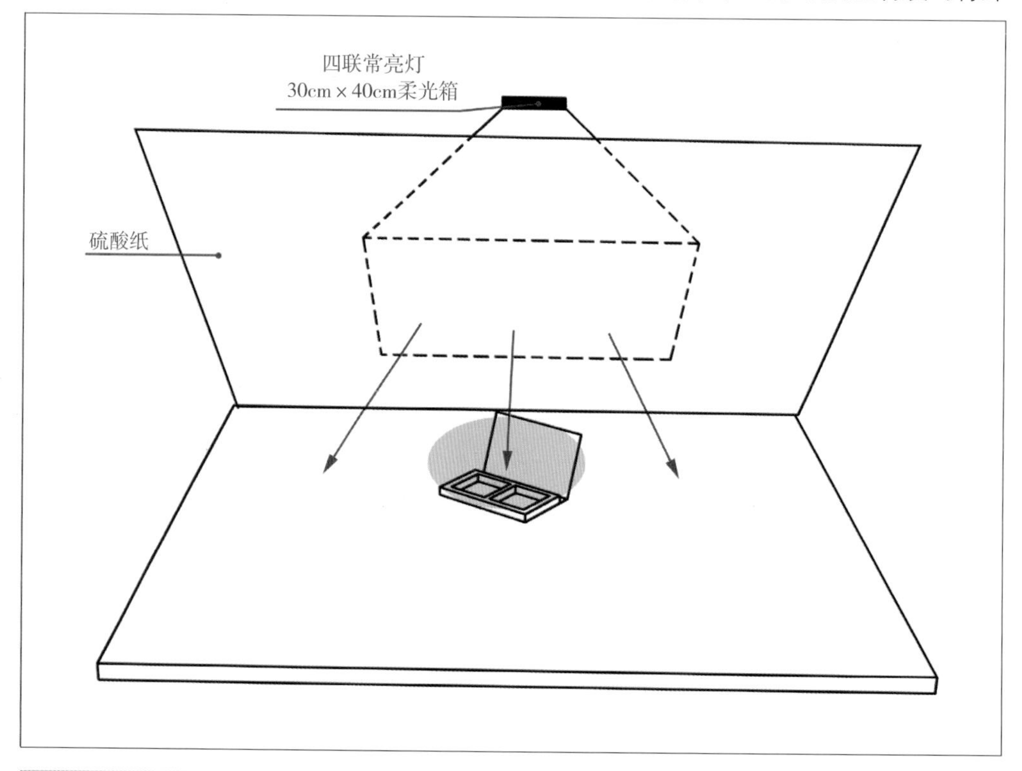

图6−145 布置主光源

图6-146 拍摄效果

性，阴影会在盒体上形成难看的黑边。所以接下来使用一盏四联灯对盒子的左侧面水平方向照明，如图6-147所示。

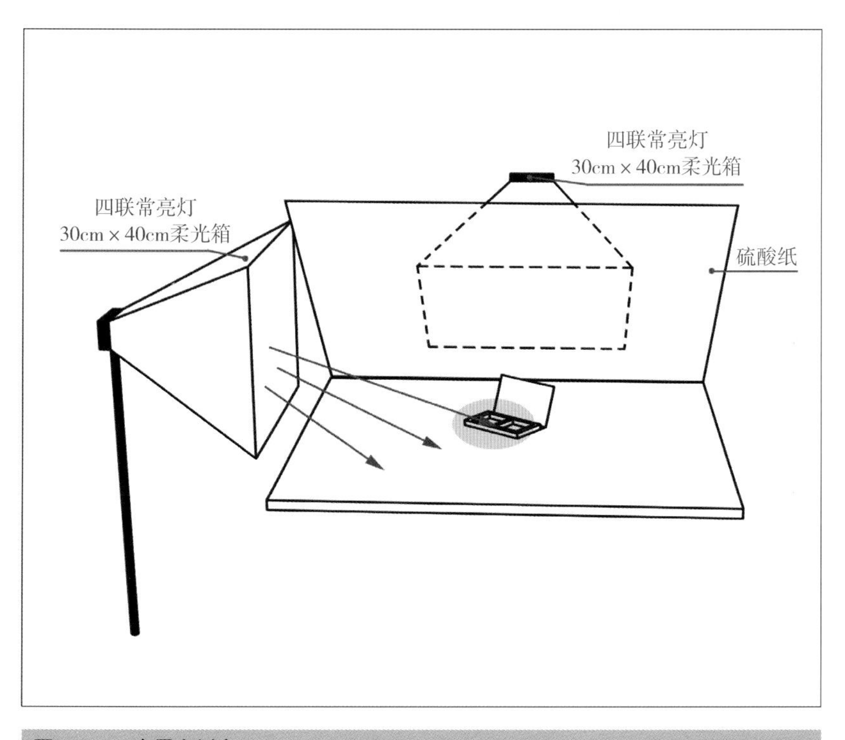

图6-147 布置左侧光

拍摄效果如图6－148所示。

通过这盏灯的帮助，腮红盒子上一些阴暗面就显现出来了，如图6–149所示。

（3）照亮盒子底部的右侧面。

我们注意到，腮红盒的右侧面还过暗，所以接下来使用一张反光板，采用与四联灯相对的方向，对盒子底部的右侧面进行照明，如图6–150所示。

拍摄完成的效果如图6–151所示。

图6–148　拍摄效果

图6–149　阴暗面表现

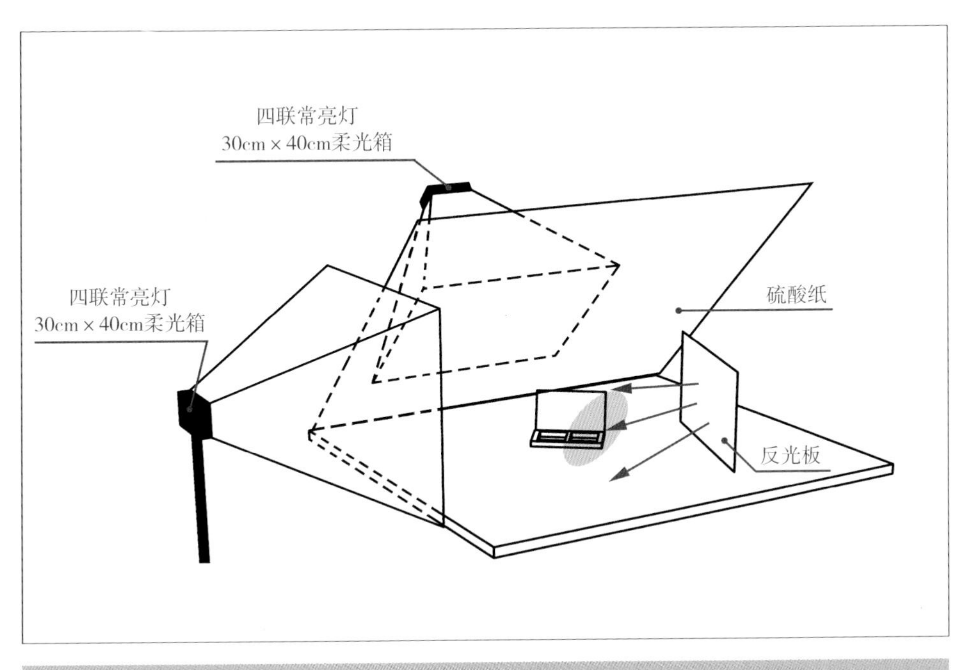

图6-150　右侧面布光

图6-151　拍摄效果

最终，我们可以在Photoshop中对完成的拍摄照片进行必要的处理，包括盒子的使用痕迹、背景的亮度等等，最终完成的效果如图6–152所示。

图6–152　最终效果

6.17　表现女士包的立体质感

构成女式包的大多数材质都是吸收光线的，所以在拍摄上采用三灯标准模式。具体到灯光的位置与高度，需要反复调整，让光线与包的角度产生满意的效果为止。实际上，对于此类商品的拍摄，在标准三灯的配合下，大多数材质在灯光下都能得到准确的还原，而细微的差别体现在商品本身的附件上，例如本节实例中的标牌、锁扣以及肩带等细小对象。如图6–153、图6–154所示。

器材和设备：

相机：佳能50D（可用有M模式DC代替）

光源：三盏四联常亮灯（4×105W摄影灯泡）

镜头：50mm f/1.8标准定焦镜头（使用DC者省略）

其他：30cm×40cm柔光箱三个

拍摄过程如下：

（1）注意商品不同材质的附件。

图6-153　产品效果

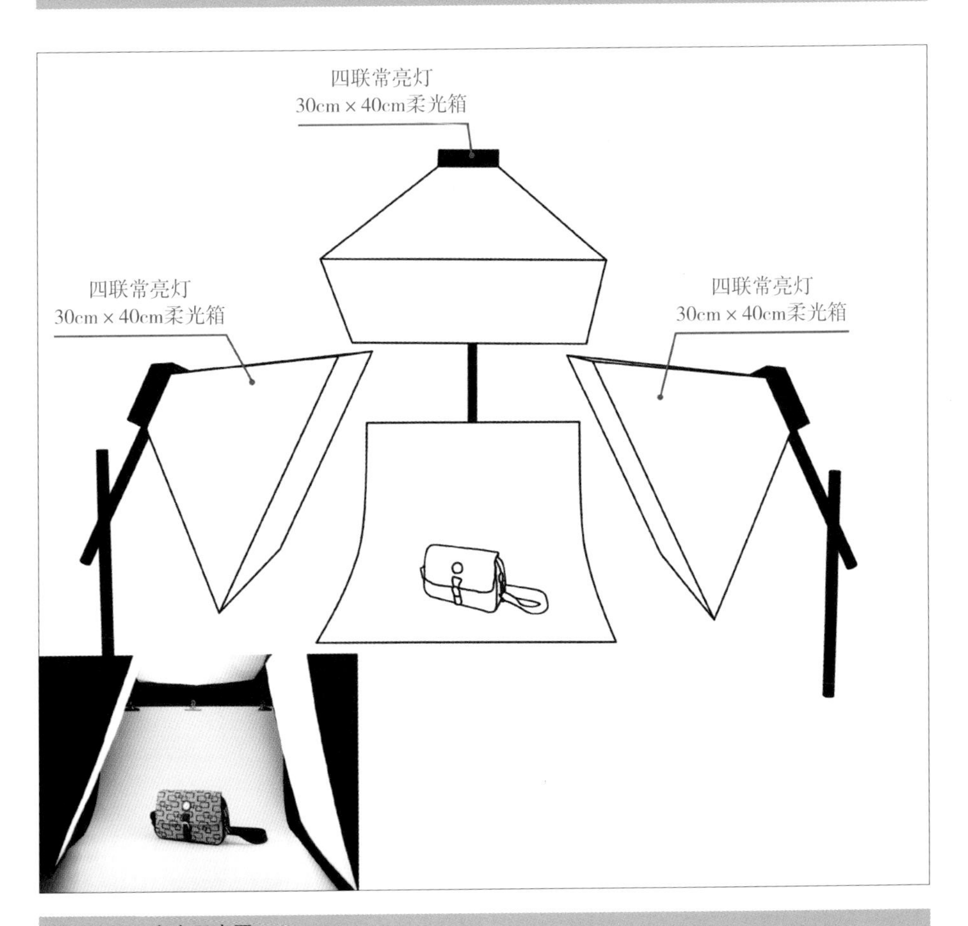

图6-154　布光示意图

将商品放置在弯曲的白卡纸上，包的角度要与相机正面略微偏一点角度，这样做的目的是为了更好地通过光效将产品的凹凸质感体现出来。另外，肩带的摆放也要遵循这一技巧，让肩带上的文字能够在后期与光线形成一定的夹角。

在前面我们已经提到，对于大多数吸收光线类物体的拍摄，表面大部分质感都可以通过环绕的三盏灯得到准确的还原，难点在于商品上的一些小附件，这些附件的材料可能与商品本身不太相同，或者材质与商品具有一定差别，但是却是商品的标志，它们可以让观众一目了然知道商品的属性，所以应该格外注意。本节实例中需要注意的大体上有三个方面：正面的标牌（金属）、标牌下方的锁扣（皮质）以及肩带上的文字（针织），如图6-155所示。

图6-155　商品表现反光

（2）设置顶灯。

在将商品的位置调整好以后，首先为场景增加一盏顶灯，如图6-156所示。

拍摄完成的效果如图6-157所示。在三盏标准灯中，顶灯的作用主要是照亮场景上方，所以只要灯光范围能够覆盖整个场景，让商品在该灯光照明下就可以了，因为没有过多位置的影响，高度决定了灯光的强弱，可以通过调整快门速度获得一个理想的场景亮度。

（3）添加左侧光源。

左侧灯光照亮挎包的正面大部分场景，我们既然选择了让包的角度适当倾斜，那么灯光的方向可以采用与相机成90° 角进行放置，如图6-158所示。

拍摄效果如图6-159所示，从中可以看出，不但包的大部分全貌被照亮了，而且金属标牌以及下方的锁扣质感也体现出来了。

（4）添加右侧光源。

按照上述同样的方法，在场景右侧再添加一个光源，也采用与左侧灯相同的角度，与相机成90° 角放置，用以照亮上一步中较暗的肩带部分，如图6-160所示。

拍摄完成以后的效果如图

图6-156　布置顶灯

图6-157　拍摄效果

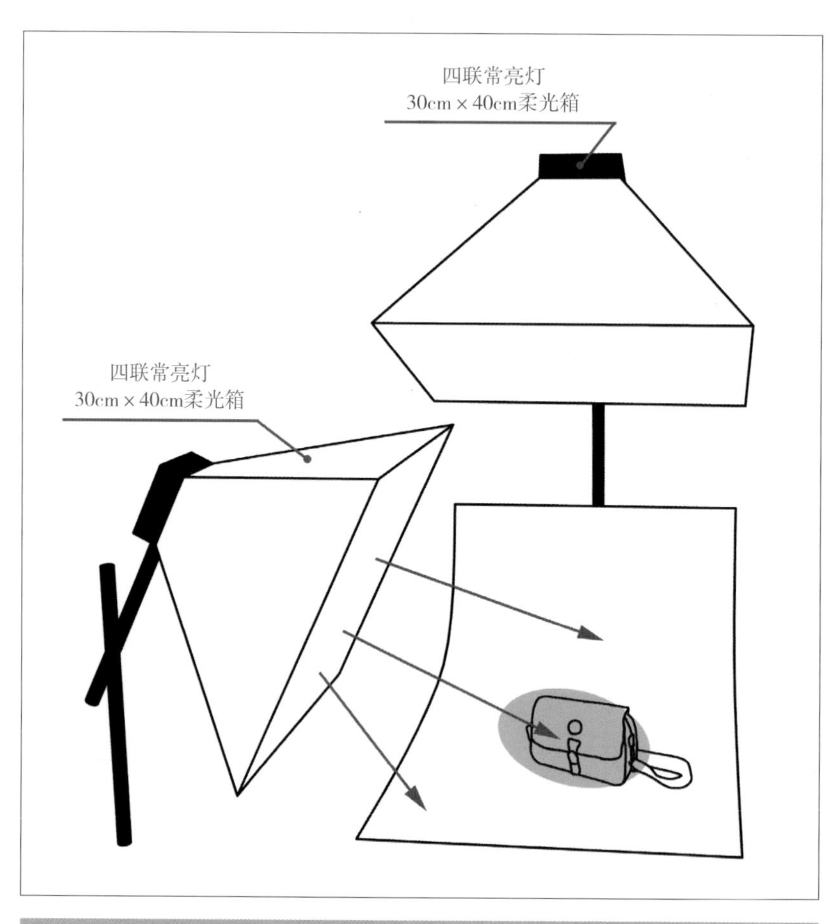

图6-158　左侧灯光

图6-159　拍摄效果

6-161所示。

在本书前面章节中，我们将各类商品按照表面对光的表现程度，进行了基本的分类，但是每种物体依然具有自身的一些特征，所以应该掌握具体问题具体分析。像本例中的商品，就应该根据商品的属性以及要表现的特征，然后对灯光的角度和高度进行细微的调整。

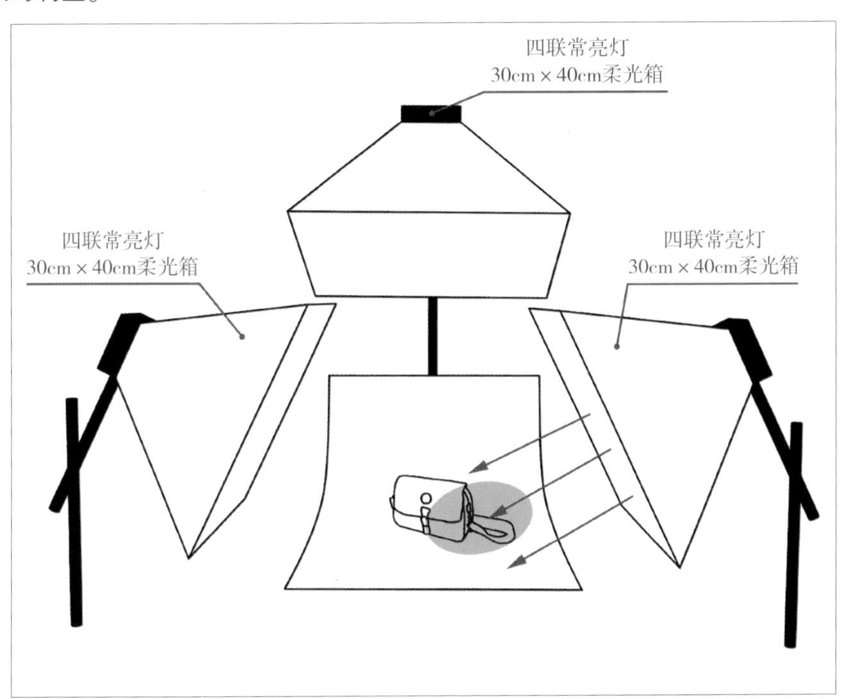

图6-160 右侧光源

图6-161 拍摄效果

6.18 打造跑车模型的流畅线条

本实例中的跑车模型，周身材质主要由硬塑组成，这种材质具有良好的反光特性。在布光的过程中，除了掌握反光类物体拍摄的基本规律，还要在后期有的放矢地根据场景的需要，增加不同灯光以及附件，让模型的各个面都能体现出来，这样最终的效果还能呈现出流畅的线条。如图6–162、图6–163所示。

图6–162　产品效果

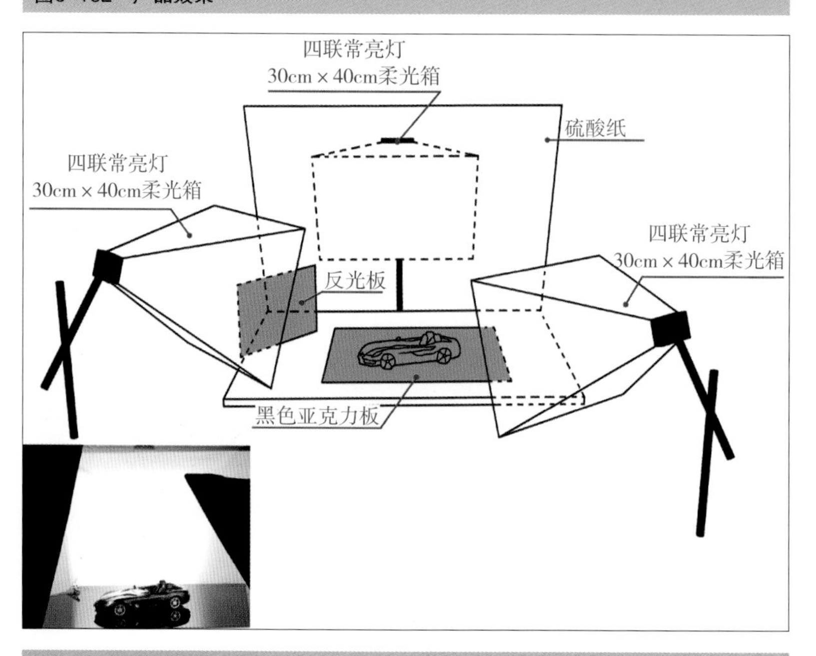

图6–163　布光示意图

器材和设备：

相机：佳能50D（可用有M模式DC代替）

光源：三盏四联常亮灯（4×105W摄影灯泡）

镜头：24-70mm f/1.8变焦镜头（使用DC者省略）

其他：30cm×40cm柔光箱三个、硫酸纸一张、黑色亚克力板一张、白色反光板一张

拍摄过程如下：

（1）布置顶灯。

将跑车周身擦拭干净，去除灰尘和污渍，略微成一定角度放置到拍摄台上，为了表现模型硬质的质感，我们在下边放置一块黑色反光板，用以产生倒影。

使用一盏4×105W四联灯头，也可以使用一盏200W闪光灯，从场景的顶部和后方照射场景，为了让光线更加均匀和柔和，建议在场景和光源之间放置一张硫酸纸，具体布光的位置如图6-164所示。

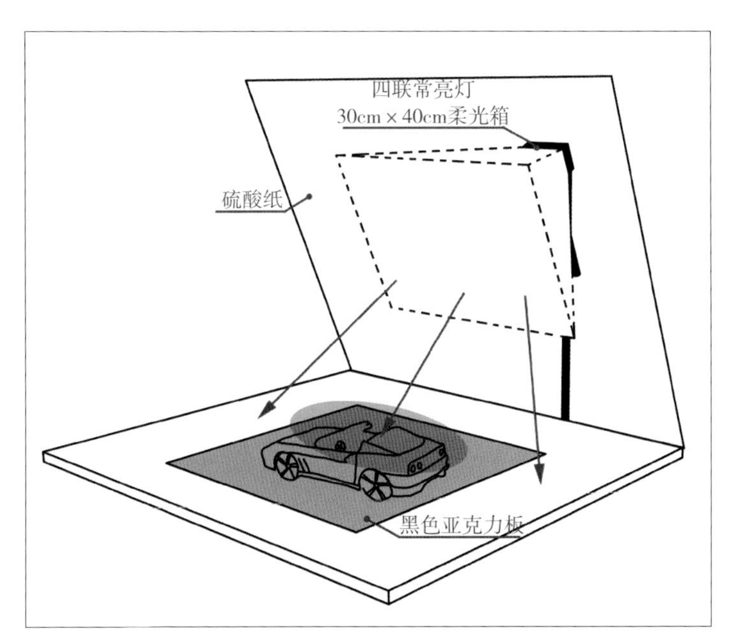

图6-164 布置顶灯

完成以后得到的场景效果将如图6-165所示。当前场景中有几个问题需要在下面解决，一个是车头部分有部分反射环境的影像，另外一个就是靠向相机一侧还缺乏足够的亮度。

图6-165 场景效果

（2）添加反光板。

下面，在模型车头相对的位置添加一张白色反光板，这张反光板的作用不是用于反光，而只是遮挡部分被模型反射进去的影

像，所以使用黑卡纸也可以，如图6-166所示。但是不能使用银色反光板，因为会让车身上呈现出多余的光线。

再次对场景进行拍摄，得到效果如图6-167所示，此时车头部分多余的影像就被去除了。

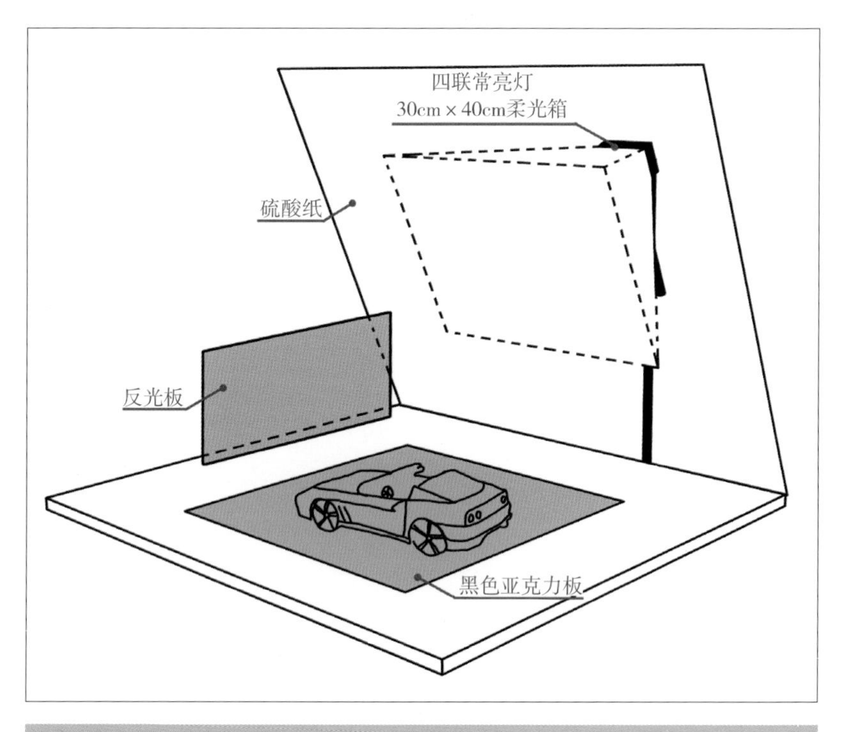

图6-166 添加反光板

图6-167 试拍效果

如图6-168所示的就是添加反光板前后的对比，从中可以看到效果的变化。

（3）加强车身前侧亮度。

使用一盏四联灯头，放置在于模型后车轮上方相对的位置上，用以照亮车体前身，如图6-169所示。注意这盏灯不宜过亮，否则会有多余的光线照射到车身上方，导致车身曝光过度，而我们只希望这个光源对侧面进行照明就可以了。

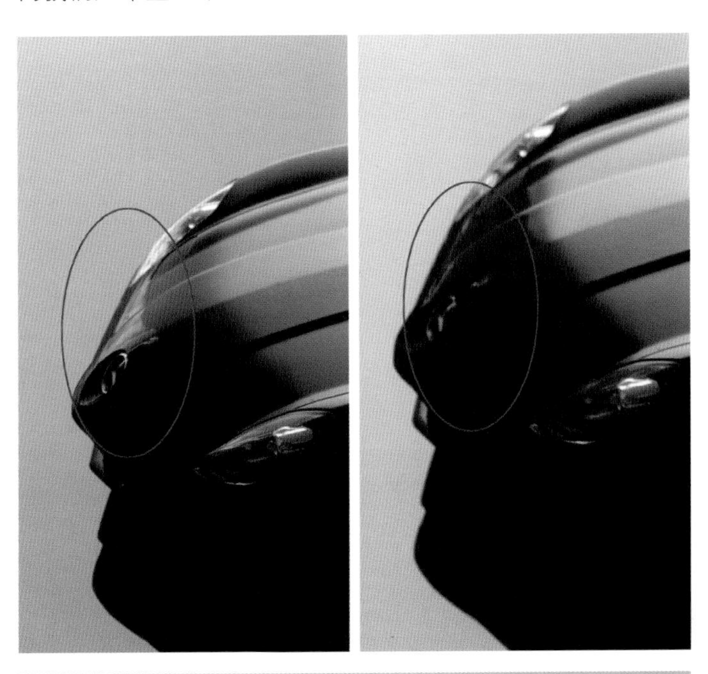

图6-168　效果对比

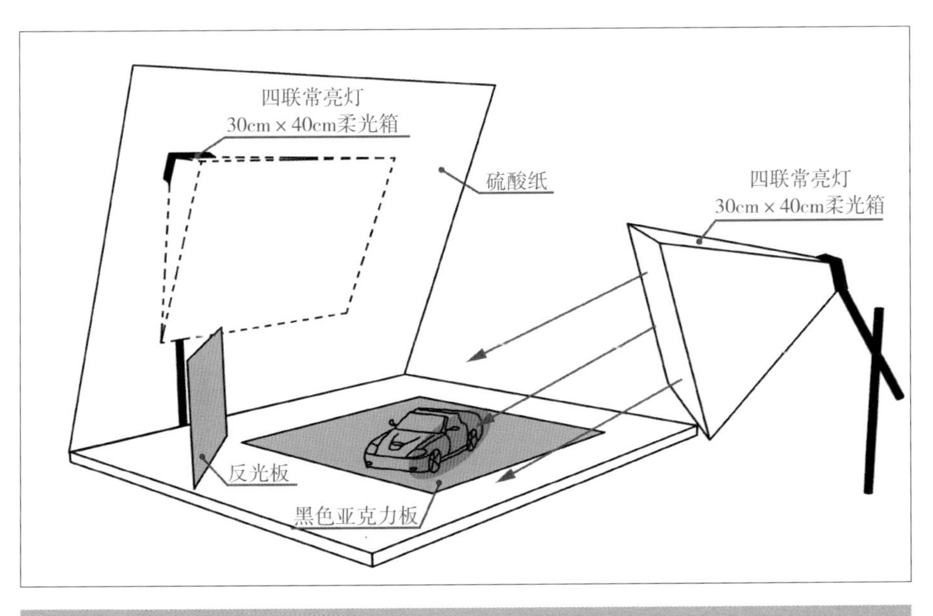

图6-169　增加前侧亮度

第6章　商品摄影精选案例演绎

完成拍摄以后的效果如图6–170所示，车体侧身的流畅线条就通过这一盏灯表现出来了。

图6–170　试拍效果

（4）加强车头的亮度。

接下来，我们还需要一盏灯，用于照射车头部分，增加车体标志的亮度。使用一盏四联灯头，放置在模型车头相对的位置上，灯的高度可以适当高一些，与相机的夹角大致是45°，如图6–171所示。

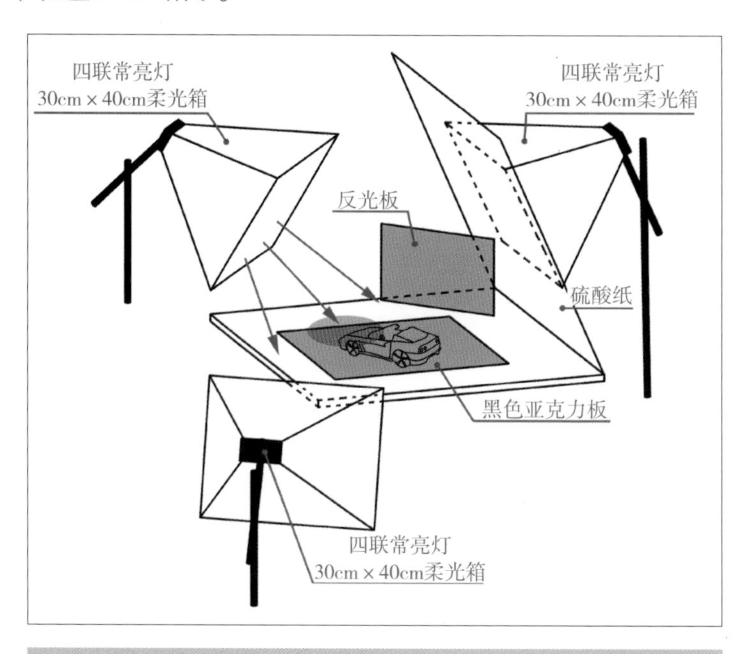

图6–171　加强车头亮度

拍摄完成的效果如图6-172所示。

如图6-173所示，上方为未加灯光以前的效果，而下方为添加后的效果，从中可以感知出两者的差别。

图6-172 拍摄效果

图6-173 对比图

由于颜色和材质的原因，虽然我们在拍摄前已经进行了细心的擦拭，黑色的亚克力板以及烤漆的车身上仍然带有很多的灰尘，所以最终要进入到Photoshop里面对照片的一些细部进行修饰，并且适当调整背景颜色和亮度，最终本节实例的效果如图6-174所示。

图6-174 最终效果

6.19 古朴的藏式手镯

本节要拍摄一只藏式风格的手镯，通常藏式风格的饰品，做工比较粗犷，但是纹饰非常精美，所以在拍摄时，用光不能太强，还要将上面的纹饰表现出来。在布光的方式上，相对比较简单，但是仍然需要注意饰品的摆放与灯光之间的角度和高度，它们都直接决定了后期效果的变化。如图6-175、图6-176所示。

值得注意的是，这个实例的照片还将在本书的后面用来讲解如何获得大景深的方法，所以在拍摄上一定要使用三脚架来完成。

器材和设备：

相机：佳能50D（可用有M模式DC代替）

光源：两盏四联常亮灯（4×105W摄影灯泡）

镜头：24-70mm f/2.8L（使用DC者省略）

反光板：自制银色反光板一张

其他：30cm×40cm柔光箱两个、黑卡纸一张

图6–175　产品效果

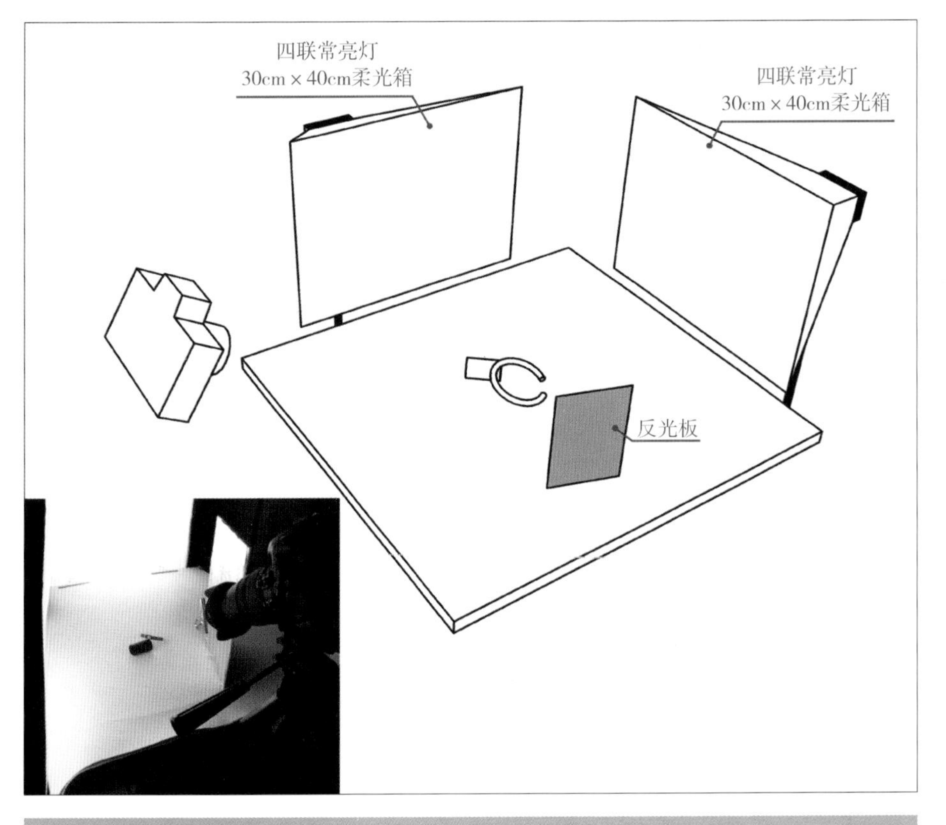

图6–176　布光示意图

拍摄过程如下：

（1）布置背后光源。

手镯的立体感表现非常重要，通常都将其一侧抬高。我们使用一张黑卡纸，将其卷成筒状，然后将手镯的一侧放置到卡纸筒边缘，这样就可以让相机斜向拍摄商品了。

在场景的正后方布置一个四联灯箱，让其水平打出光线，用于照亮手镯上方的边缘，勾勒出一道高光面，如图6-177所示。

在当前后背光源拍摄出来的效果如图6-178所示。

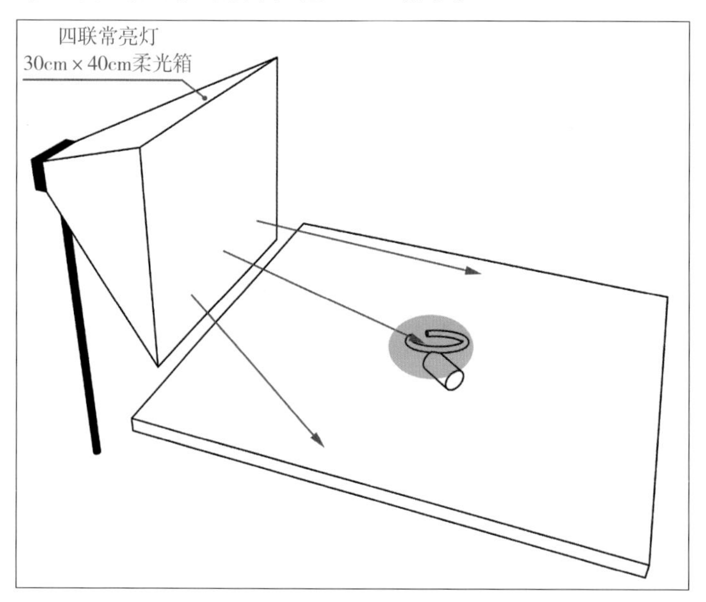

图6-177 布置背光

图6-178 试拍效果

（2）布置侧面光源。

下面，我们通过在场景左侧放置一盏灯，照亮手镯的前端主体部分。这盏灯的亮度不必太强，否则会让手镯前方镶嵌的石头变白，因此我们只打开四联灯头中的一组，即提供1/2光源强度即可，如图6-179所示。

在两盏灯的照射下，手镯左侧部分的亮度已经完全体现出来了，如图6-180所示。

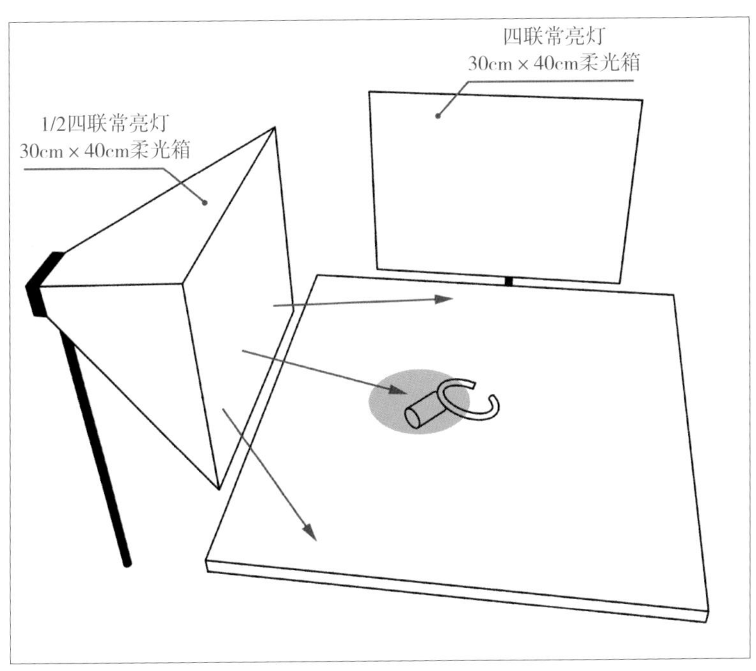

图6-179 布置侧面光

图6-180 拍摄效果

（3）照亮边缘纹饰。

观察图6-180就会发现，手镯边缘的纹饰亮度还显得有些暗，所以我们考虑使用一张反光板提升其边缘亮度。这张反光板的宽度要适当小一些，这样由于反射光的范围小，所以容易在边缘形成明暗的变化，如图6-181所示。

再次对场景进行拍摄，得到效果如图6-182所示，此时手镯的边缘已经被反光板反射的光线照亮了。

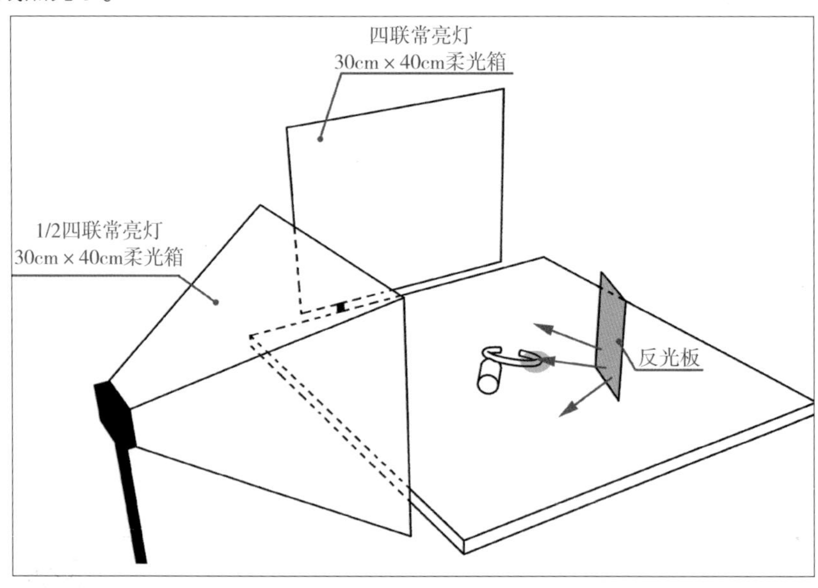

图6-181 添加反光板

图6-182 拍摄效果

读者可以在当前场景照明情况下，应用相机的手动对焦功能，配合三脚架分别对手镯的各个部分进行对焦，拍摄出几张同一焦距，不同焦点的照片，使用本书后面介绍的合成焦点一致的方法，获得大景深的效果图，如图6-183所示。

图6-183　最终效果

6.20　吉他——拍摄大中型商品

在本书前面部分，我们介绍的都是拍摄一些小型商品，它们可以在拍摄台上完成，但是如果面对一些大中型对象的时候，拍摄台就放不开了，此时就应该使用大尺寸的影棚来完成任务。大的影棚主要由背景架以及背景布（纸）构成。除此之外，在布光上，几乎和拍摄小型商品相同，也是根据所要表现商品的特点，安排灯光进行照明即可。如图6-184、图6-185所示。

器材和设备：

相机：佳能50D（可用有M模式DC代替）

光源：三盏200W闪光灯（也可以用4×105W四联灯头代替）

镜头：18-55mm f/3.5-5.6变焦镜头（使用DC者省略）

其他：30cm×40cm柔光箱三个、背景架一组、3m×4m无纺布一张、黑卡纸

拍摄过程如下：

（1）布置场景。

图6-184　产品效果

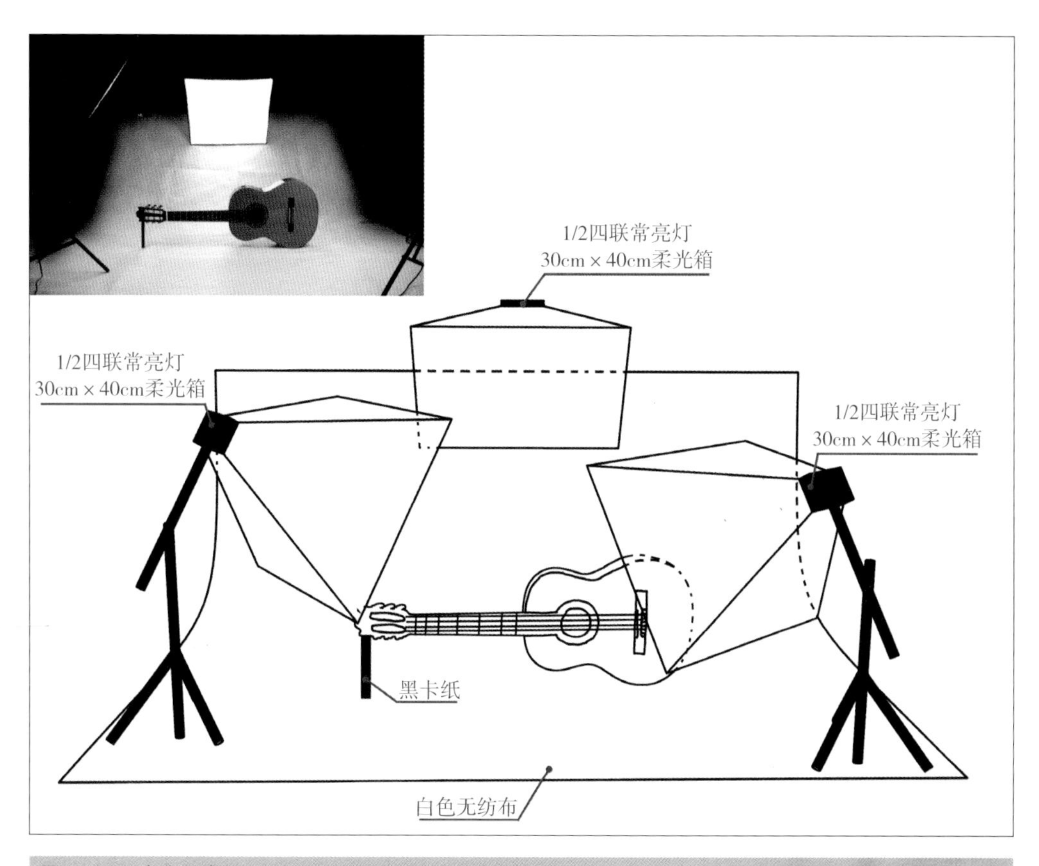

图6-185　布光示意图

大型商品的拍摄需要使用到摄影棚，它大体上由背景架和背景布（纸）组成。后者需要根据所拍摄对象的差异，选择不同颜色和质感的材料。本节实例中，我们主要使用最常见的白色无纺布，它起到一个遮盖周围繁杂环境的作用，在后期仍需要使用软件将此背景去除。

吉他的摆放是一个问题，竖直摆放不利于灯光的布置，因为吉他的高度关系，灯箱有可能无法完全照亮，所以我们采用水平摆放。提高吉他的头部，让整体保持水平。在此，我们使用了一张黑卡纸，将其卷成桶状，承托住吉他的头部，如图6-186所示。

（2）添加顶部光源。

顶部光源主要为了照亮吉他的侧面部分，使用一盏200W闪光灯，并在灯头部分加装一个柔光箱，从幕布的顶部向下进行照明，如图6-187

图6-186　抬高吉他头部

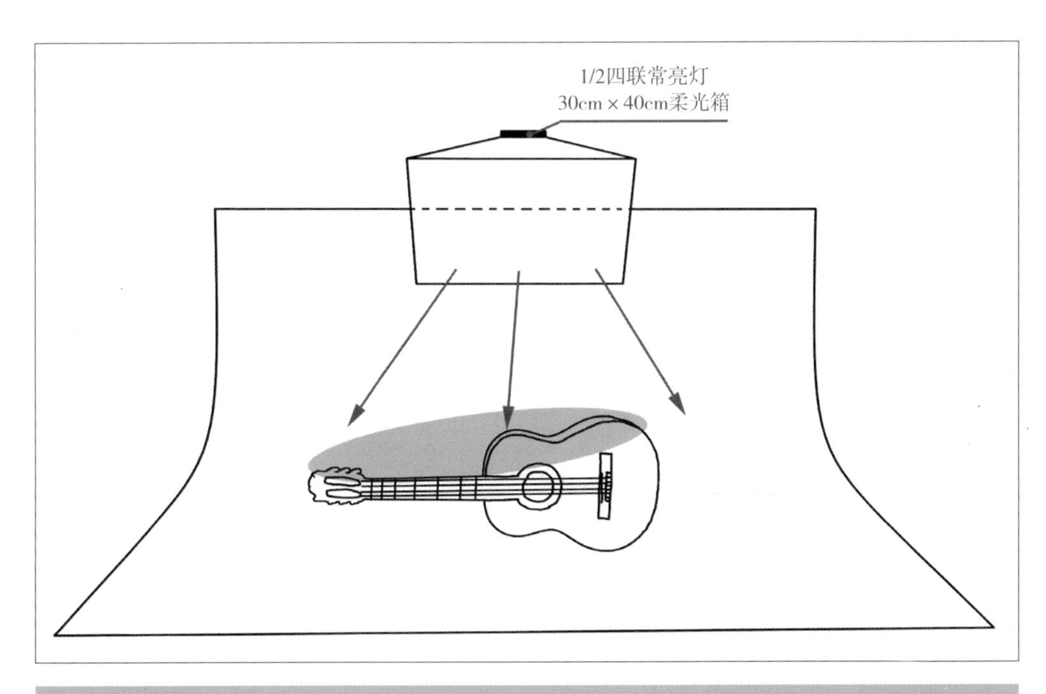

图6–187　添加顶部光源

所示。

在顶灯的照射下，此时场景呈现出逆光的效果，并且吉他侧面体现出该有的反光，如图6–188所示。

图6–188　试拍效果

（3）照亮琴头部分。

接下来，再使用一盏闪光灯照亮琴头部分，适当调整灯的照射角度，让其对准吉他的头部，让琴钮的亮度提升起来，如图6-189所示。

此时的场景效果如图6-190所示。

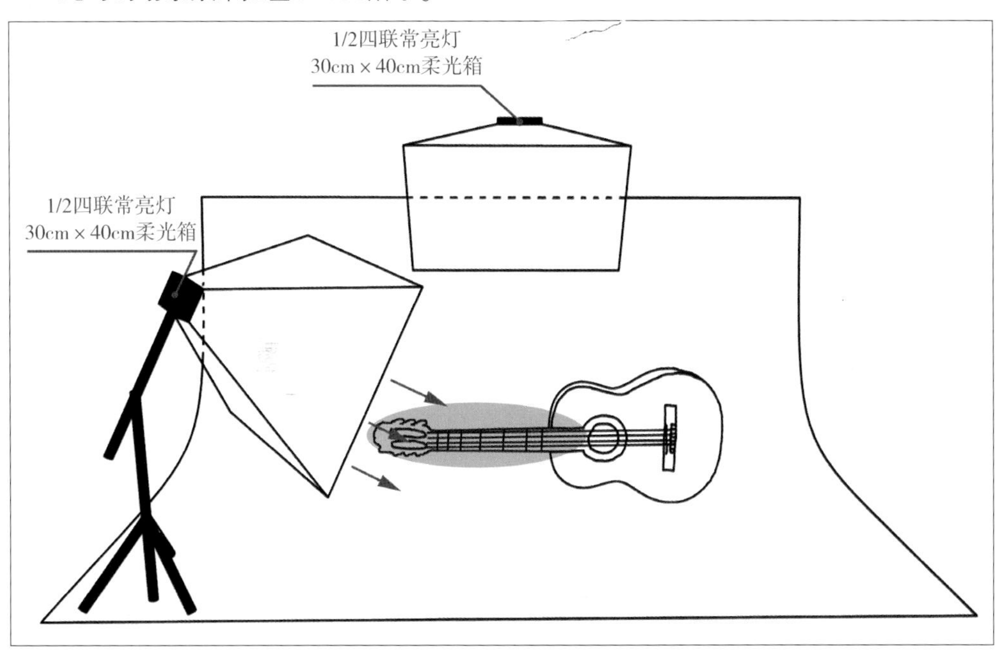

图6-189 调整照射角度

图6-190 场景效果

图6-191　琴头效果

这个时候的琴头在顶灯和侧顺光的配合照明下，会呈现出应有的金属光泽，大致效果应该如图6-191所示。

（4）照亮琴箱部分。

最后，我们还需要使用一盏闪光灯照亮琴箱部分。将一盏灯斜向下照射吉他的下方，并略微成一定的角度，这样才能让琴箱上形成亮度的变化差异，如图6-192所示。

此时琴箱的亮度表现应该大体上如图6-193所示的样子，具有明显的高光面和阴影面。

经过上述三盏灯的配合，基本上就可以将吉他的整体效果表现出来了，如图6-194所示。如果要表现吉他的细部效果，则可能会改变当前灯光布局的方式，并调整它们的亮度以及位置变化。

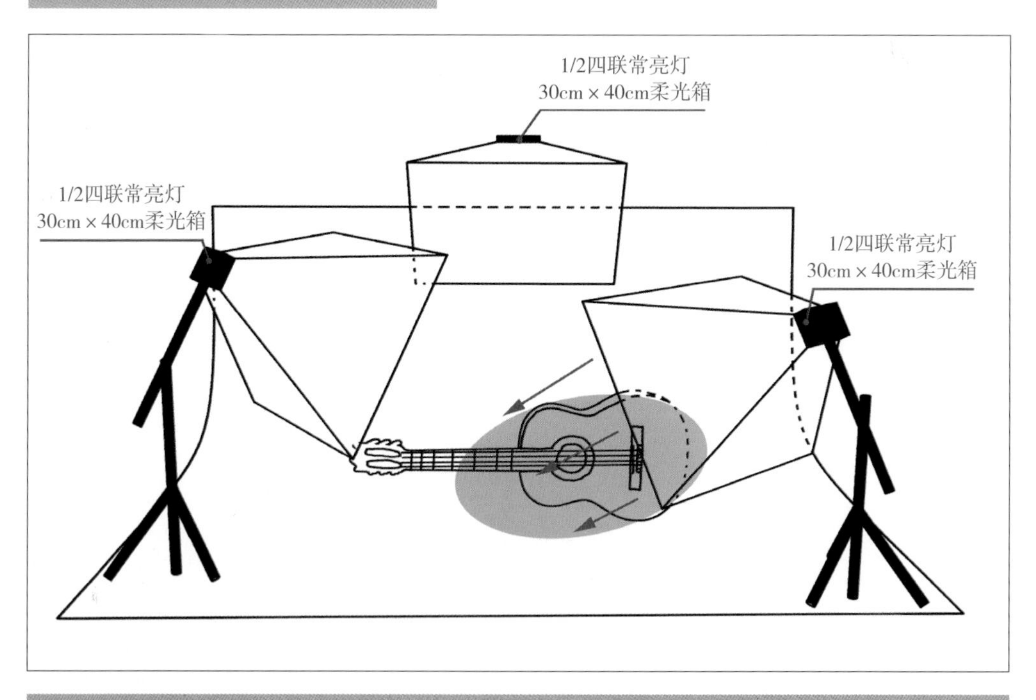

图6-192　添加光源

图6-193　效果

图6-194　试拍效果

我们还需要将拍摄完成的照片在Photoshop里面打开，并进行修改方向以及去除背景等操作，最终效果如图6-195所示。

图6-195　最终效果

第 7 章 对商品照片的基本处理

在本书前面章节中，我们介绍了如何拍摄商品照片。在拍摄出满意的照片以后，通常都需要使用Photoshop进行后期修饰处理，从而获得近乎完美的效果。所以从本章开始，我们来介绍一下如何对照片进行一些必要的后期制作。

在使用Photoshop进行数码影像的处理以前，首先要将照片从硬盘当中导入到Photoshop当中，然后对照片进行简单的修改，比如调整照片大小、裁切、处理基本色调等，这些内容是对一幅照片进行修改的基础，同时也是在输出照片前必须进行的操作，所以本章的任务就是研究在Photoshop当中，对一幅照片如何进行基本处理的方法。

7.1 用Adobe Bridge整理和批处理照片

在使用Photoshop进行照片处理，首先需要将要进行修改的照片快速而准确地导入到软件中。在Photoshop中，我们可以使用其本身自带的文件浏览器——Adobe Bridge进行图片浏览、导入以及批处理。本节的主要内容就是介绍有关Adobe Bridge的基本使用方法。

Adobe Bridge的主要作用就是浏览硬盘中要修改的照片，并最终导入到Photoshop中。

7.1.1 启动Adobe Bridge

首先启动Photoshop，然后执行菜单中的 “文件” | “浏览” 命令，将打开Adobe Bridge的工作窗口，如图7-1所示。

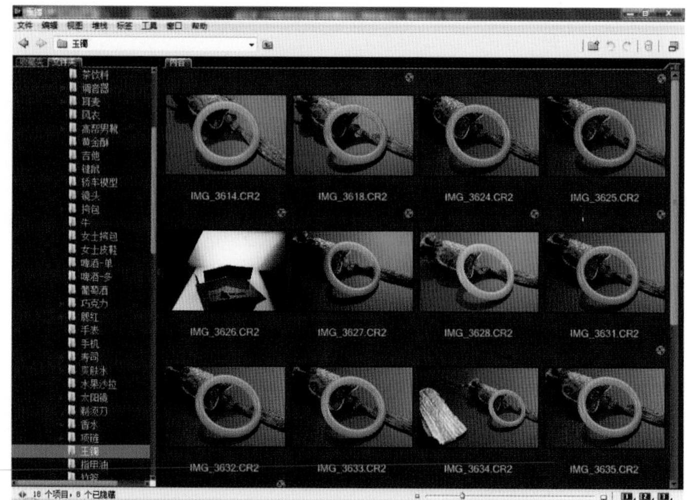

图7-1　Adobe Bridge的工作窗口

当然，Adobe Bridge不但可以在Photoshop中运行，也可以独立使用，读者在安装完Photoshop以后，可以在电脑的“开始” | “程序” 里面找到这个工具。在当前界面中，我们可以从右侧预览视图中进行查看，以便选择所需要的图片。找到图片以后，双击图片，就可以将其导入到Photoshop软件中。

除了直接将单幅照片导入以外，也可以在Adobe Bridge中进行多个文件的批处理操作，主要包括对照片进行批处理的旋转和重新命名。下面介绍具体的操作方法。

7.1.2 对照片进行标记和分级

要想将多幅照片进行批处理，首先需要将要进行处理的照片进行分级或者标记，如图7-2所示，在Adobe Bridge的上方的 “标签” 菜单中，提供了用于进行照片分级和标记的命令，可以使用它们非常方便地完成任务。选择一幅照片，然后执行分级或者标记命令，之后该图像的下方将出现分级显示或者标记的颜色，表示完成对该照片的操作。

完成以后，可以通过执行菜单 “窗口”|“筛选器”命令，将图片筛选器打开，对操作图片以及未操作图片进行分类显示，如图7-3所示，通过这种方法，可以更细致地区分需要处理的图片。

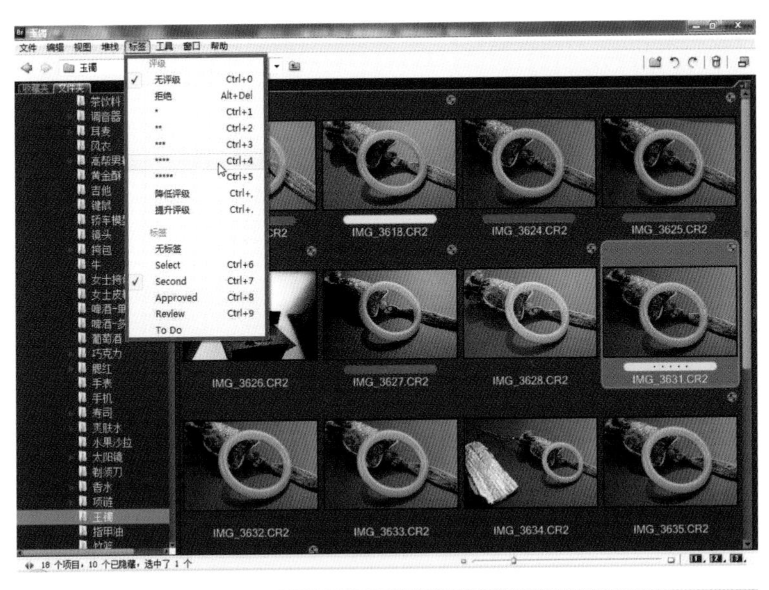

图7-2　对照片进行分级或者标记

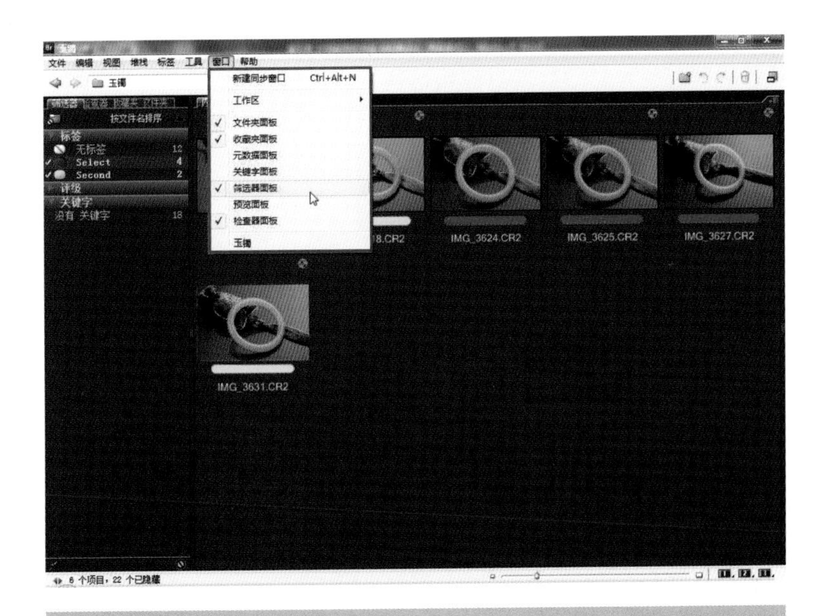

图7-3　使用筛选器对照片分类显示

显示出所有进行分级或者标记的照片以后，可以将它们进行选择，然后单击鼠标右键，在弹出的窗口中提供了用于进行批处理的一些命令，如批重命名，如图7-4所示。

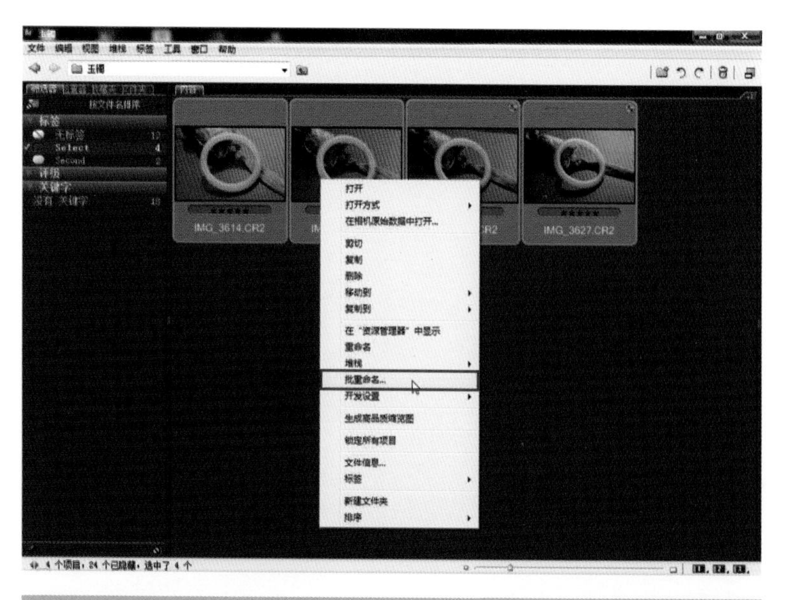

图7-4　常用的批处理命令

7.1.3　显示标记照片与批重命名

对图像进行批量旋转比较简单，下面说明一下如何进行图片的批重命名。

首先对要进行批处理的照片进行标记，然后将其单独显示出来，如图7–5所示。

图7–5　将进行批处理的照片单独显示

按 Ctrl＋A键，将它们全部选择之后单击鼠标右键，在弹出的菜单中选择“批重命名”命令，如图7–6所示。

图7-6 对单独显示的照片进行批重命名

在弹出的“批重命名”对话框中，我们通过改变下方“文件命名”部分内容为照片重新命名，如图7-7所示。

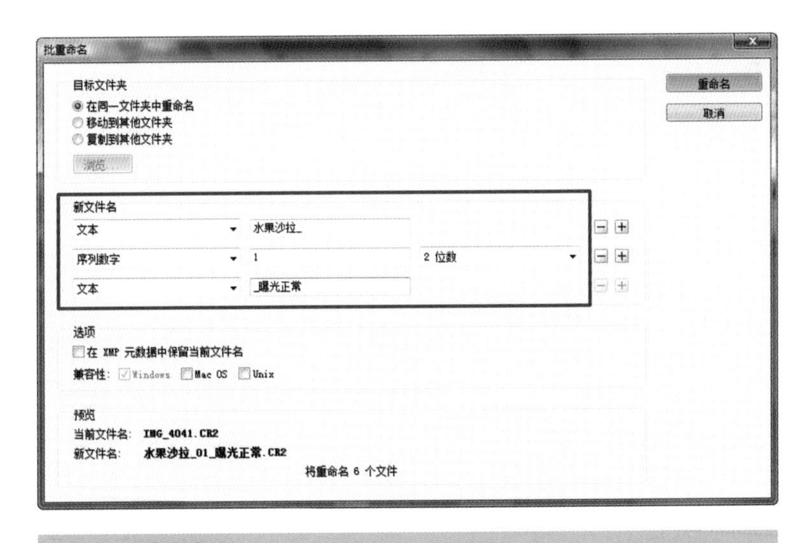

图7-7 重命名窗口

在这里有一点需要说明，如果不作改变，Adobe Bridge直接对照片原始文件进行修改，所以如果对照片批量修改没有把握，或者想保持原始文件名称，建议读者修改左上角的“目标文件夹”选项，将新修改的照片复制到新的文件夹中。

确定后回到场景中，此时就会发现当前标记的所有图片的名称都已经修改完成了，如图7-8所示。

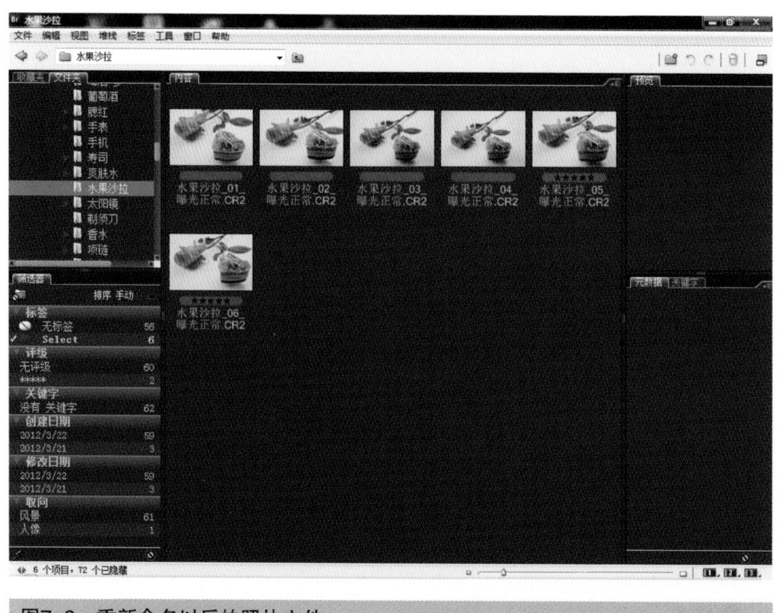

图7-8　重新命名以后的照片文件

Adobe Bridge还有一些针对照片整理的其他功能，我们将在本书配套光盘中详细介绍。

7.2　EXIF信息的查看、修改和删除

EXIF是英文Exchangeable Image File（可交换图像文件）的缩写，最初由日本电子工业发展协会（JEIDA，Japan Electronic Industry Development Association）制订，目前的最新版本是发布于2002年4月的2.2版。其实EXIF就是一种图像文件格式，EXIF信息是由数码相机在拍摄过程中采集的一系列信息，然后把信息放置在我们熟知的JPG文件中，也就是说EXIF信息是镶嵌在JPEG图像文件格式内的一组拍摄参数，主要包括摄影时的光圈、快门、ISO、日期时间、相机品牌型号、色彩编码等各种与当时摄影条件相关的信息，甚至还包括拍摄时录制的声音以及全球定位系统（GPS）等信息。简单地说，它相当于傻瓜相机的日期打印功能，只不过EXIF信息所记录的资讯更为详尽些。

7.2.1　查看EXIF信息

在知道什么是EXIF信息以后，下面我们就来看看如何查看数码照片里面的EXIF信息。查看EXIF信息的方法有很多，目前几乎所有的图像浏览软件都可以对其进行查看。对于Photoshop来讲，查看的方法无外乎有两种。

首先，我们可以使用上一节为读者介绍的Adobe Bridge来进行查看。打开Adobe Bridge以后，进入到其工作界面右下角，将浏览图片方式设置为“详细列表”模式，此

时照片右侧将显示出该照片的基本EXIF信息。选择这幅照片以后，在窗口的左上角的“元数据”，将显示出这幅照片的详细EXIF信息，如图7-9所示。

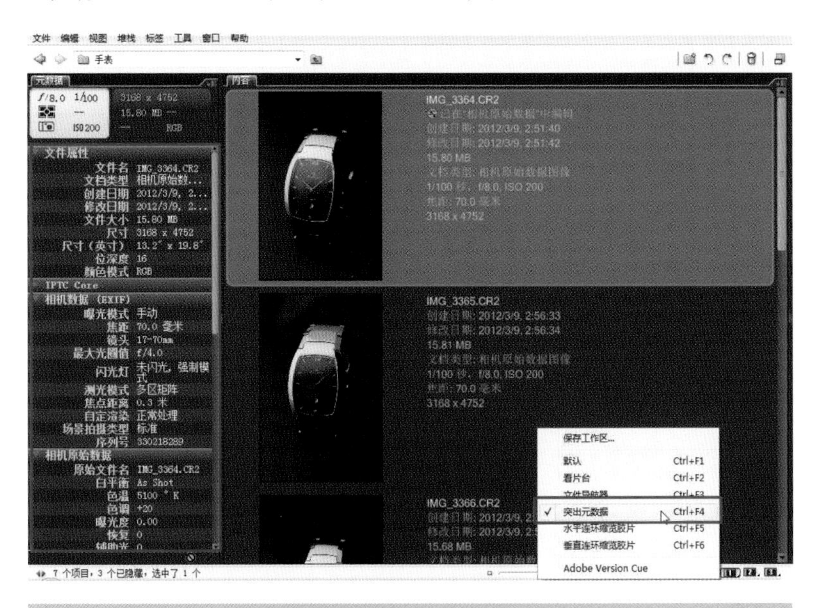

图7-9　在Adobe Bridge中显示EXIF信息

其次，我们可以进入到Photoshop中查看照片的EXIF信息。在Photoshop中打开一幅照片，然后将鼠标放在图片标题栏上单击鼠标右键，在弹出的菜单中执行“文件简介”命令，如图7-10所示。

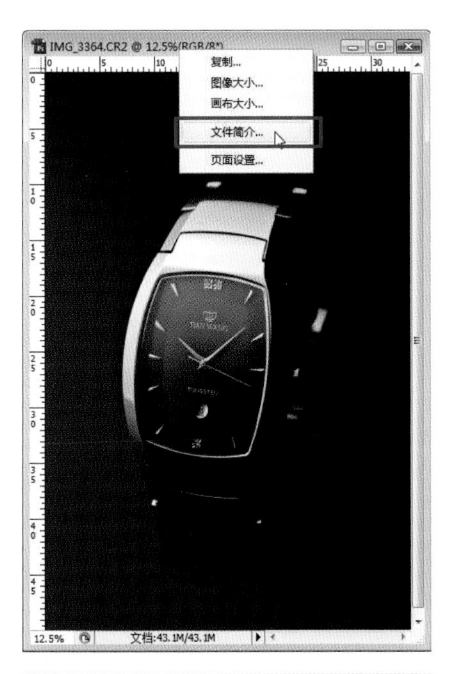

图7-10　执行“文件简介”命令

单击确定后，在当前窗口左侧选择“相机数据1”一项，可以显示当前照片的基本EXIF信息，如图7-11所示。

选择“高级”一项中的“EXIF属性”，将显示当前图片更详细的EXIF信息，如图7-12所示。

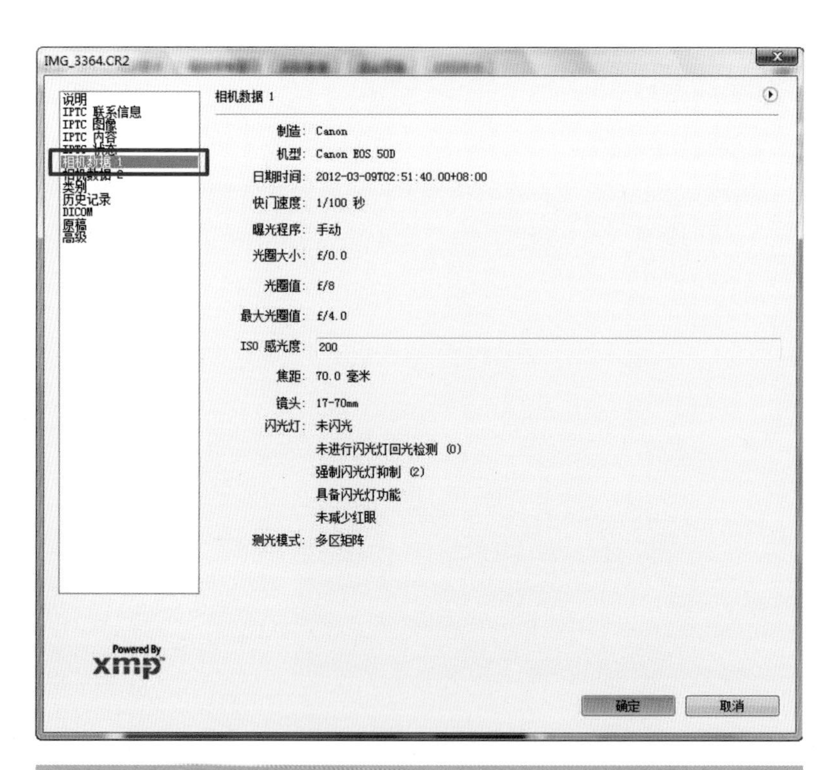

图7-11　在相机数据中显示EXIF信息

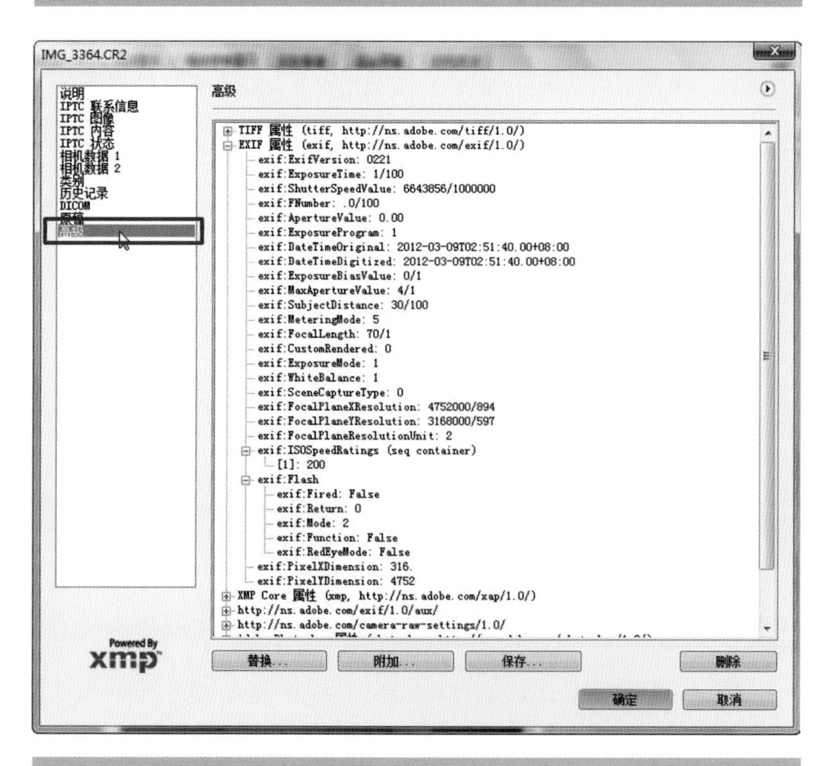

图7-12　在“高级”中显示更多的EXIF信息

7.2.2 修改和删除EXIF信息

数码照片中的EXIF信息是可以修改的，目前可以修改EXIF信息的软件也比较多，但是在这一点上Photoshop就显得无能为力了。如果我们想修改EXIF信息，在此为读者推荐一款小巧实用的软件——EXIF Editor。它的操作非常简单，导入数码照片后，直接修改各项参数即可，如图7-13所示。它还可以将EXIF信息单独提取并保存为与照片文件同名的*.EXIF文件（也支持导入）。

图7-13　使用EXIF Editor编辑EXIF信息

如果想彻底删除一幅照片的EXIF信息，则可以轻松地在Photoshop中完成。对打算保存并且想删除掉EXIF信息的照片，可以选择菜单中的“文件”|“存储为Web和设备所用格式”命令，在弹出的窗口中，我们可以在右侧分别设置当前图片格式和压缩比率（无须改变文件格式），然后单击“确定”按钮进行存储，如图7-14所示。再次打开这幅照片，EXIF信息将不再显示。

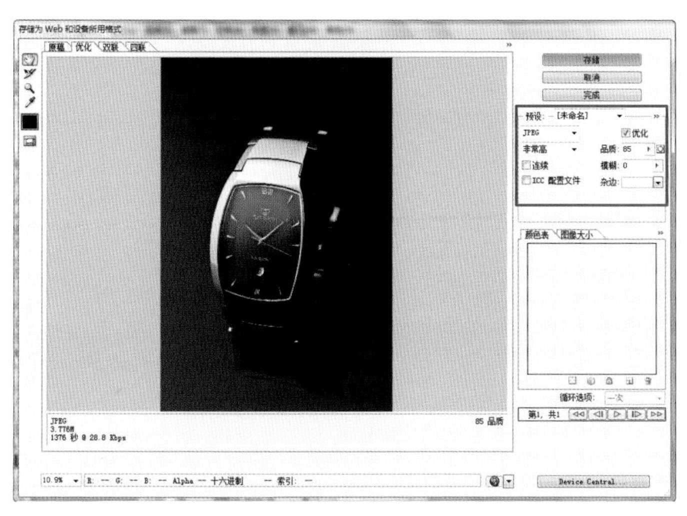

图7-14　将照片存储为Web和设备所用格式

7.3 修改照片的尺寸

对数码照片来讲，常见的输出方式有打印机输出、网页图像输出、制作桌面壁纸和电子相册等几种。它们对于照片尺寸和精度的要求不尽相同，但是都可以使用Photoshop中的“图像大小”命令进行调整。

首先在Photoshop中打开一幅照片，然后执行菜单 “图像” | “图像大小” 命令，如图7–15所示。

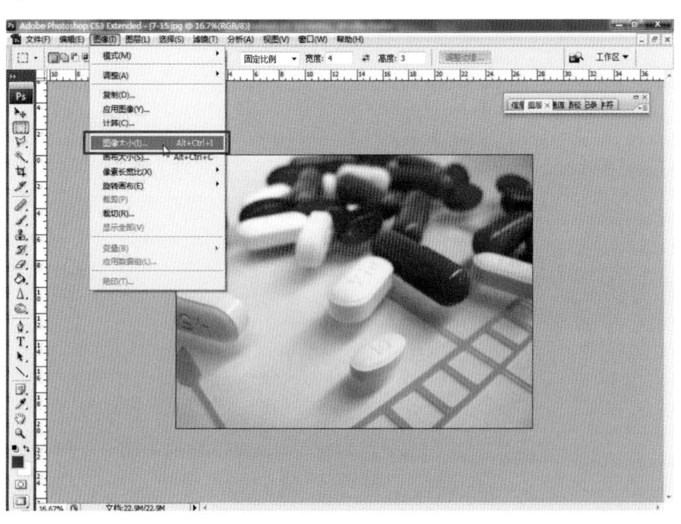

图7–15 执行“图像大小”命令

接下来将弹出“图像大小”对话框，设置图像尺寸，如图7–16所示。在当前“图像大小”对话框的下方对场景照片提供了3个调整选项：宽度、高度和分辨率。

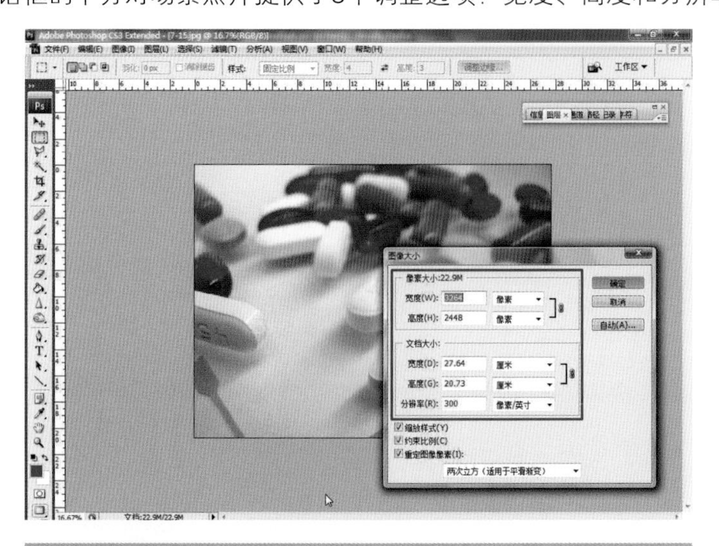

图7–16 图像尺寸的工作窗口

7.3.1 调整照片大小

如果打算将照片应用到网页输出或者制作桌面壁纸和电子相册中，就需要将照片缩小。因为目前市场上的数码相机都可以拍摄1500万像素左右的照片，而这么高分辨率的照片应用到上述场合就太高了。

在“图像大小”对话框中，可以对当前照片进行图像尺寸的缩放操作。如我们打算将照片用来做桌面壁纸，可以直接将照片尺寸修改为1024×768，注意到窗口下方有一项“约束比例”选项，在此选项勾选的情况下，只调整一个方向的尺寸，就可以实现照片的等比例缩放，如图7–17所示。

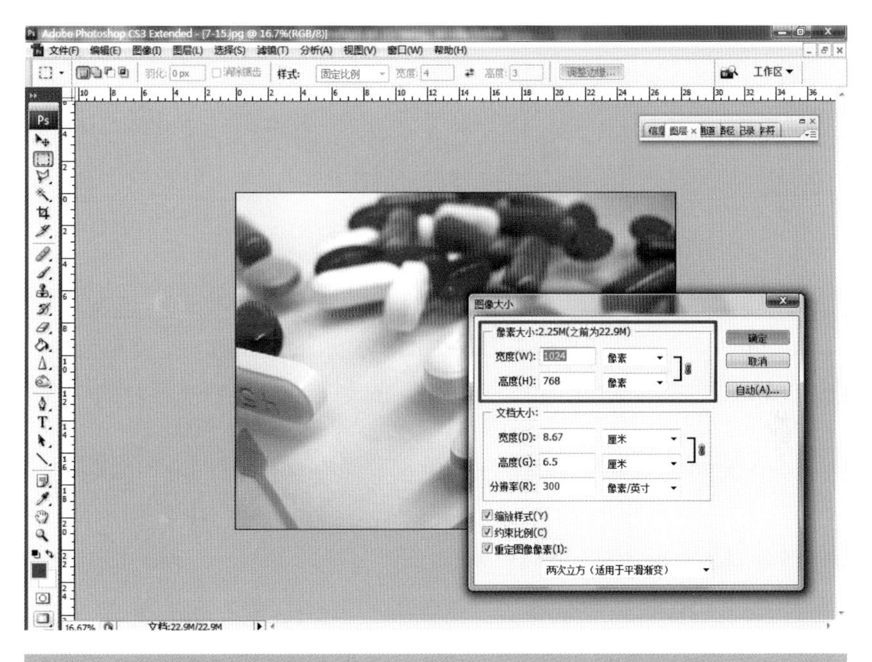

图7–17 修改照片尺寸

7.3.2 调整打印尺寸

精度的调整是由分辨率来担当的，提高精度的同时，也加大了文件的容量。例如，当原照片的分辨率为300 dpi时，文件的容量仅为6MB左右，但当照片的分辨率提高到600 dpi时，文件容量扩大到18MB左右。当然，高分辨率对打印输出还是很有好处的。对打印输出来讲，最重要的是确定尺寸，也就是“文档大小”下的“宽度”和“高度”。

假如我们要打印一幅6英寸的照片，可以将窗口中“文档大小”下的“宽度”设置为6，将单位设置为英寸，并选中左下角的“约束比例”，这样Photoshop将自动完成图片尺寸的转换，如图7–18所示。

图7–18　设置打印尺寸

7.4　调整照片的亮度

无论是传统照片还是数码照片，当导入到电脑当中以后，我们首先关心的就是这幅照片的亮度是否符合要求。尤其对于初学者来讲，拍摄过程中的曝光是一个比较难以掌握的技巧，所以从这个角度上来讲，后期处理就显得尤为重要了。

调整亮度的方法有很多种，但是常见的无外乎以下三种。

7.4.1　使用“亮度/对比度”命令

首先打开本书配套光盘中的“第7章/7–19.jpg”文件，如图7–19所示，图像的亮度不够，不能将照片的整体面貌显现出来，需要使用Photoshop进行调整。

图7–19　打开照片

执行菜单 “图像” | “调整” | “亮度/对比度” 命令，在弹出的对话框中通过拖动 “亮度” 下方的滑块对照片的亮度进行调整，只要选中 “预览” 选项，就可以随时看到调整结果，如图7–20所示。

图7–20 使用“亮度/对比度”命令调整场景亮度

7.4.2 使用“曲线”命令

通过“曲线”命令，同样可以完成对亮度的调整。从某种程度上来讲，“曲线”功能可能更好用一些，可以调整得更加准确。

选择菜单 “图像” | “调整” | “曲线” 命令，在弹出的对话框中，可以通过单击鼠标，在对角线上增加控制点，然后拖动控制点上下左右移动，可以很直观地调节RGB通道的曲线数值并得到处理结果，如图7–21所示。同时，我们还可以直接单击右侧的 “自动” 按钮进入到 “自动颜色校正选项” 面板进行色彩校正。

7.4.3 使用“色阶”命令

对于Photoshop使用比较熟练的读者来讲，除了使用上面的 “曲线” 命令以外，“色阶” 工具也具有异曲同工之效。

选择菜单 “图像” | “调整” | “色阶” 命令，可以对图像的亮度范围和通道进行调整。通过拖动直方图左侧以及右侧的三角滑块，改变 “输入色阶” 以及 “输出色阶” 的数值，实现照片的变亮或者变暗的效果，如图7–22所示。

图7-21　使用“曲线”命令调整场景亮度

图7-22　使用“色阶”命令调整场景亮度

7.5　让照片更加透彻

很多时候，我们拍摄出来的照片像蒙着一层雾，整幅照片感觉不透彻。出现这种情况，主要是由场景光线造成的，也有与相机拍摄过程中的参数设置有很大的关系，我们将这种情况称为对比度不够。所谓对比度，是画面高光与阴影的比值，也就是从高光到阴影的渐变层次。比值越大，从高光到阴影的渐变层次就越高，从而色彩表现越丰富。

对于使用数码相机拍摄出来的照片，通常都需要使用Photoshop进行适当的后期处理，下面来简要介绍一下处理的过程。

（1）打开照片。首先，在Photoshop中打开本书配套光盘中的“第7章/7-23.jpg”文件，如图7-23所示。这幅照片由于拍摄参数设置不当，光线不是很充足，导致照片看起来灰蒙蒙的。接下来，使用Photoshop的相应功能对其进行处理。

图7-23　照片

（2）调整“亮度/对比度”。在Photoshop中，处理这种问题的可选方案有很多，如图7-24所示。可以使用“自动对比度”、“自动色阶”以及“亮度/对比度”命令来完成调整。在这些命令中，除了“亮度/对比度”以外，其他都不能设置命令的参数，所以一般选择后者完成调整。

图7-24　执行“亮度/对比度”命令

选择菜单 “图像” | “调整” | “亮度/对比度” 命令，在弹出的对话框中，调整 “对比度” 下方的滑块，增加场景的对比度。实际上，图像出现灰蒙蒙效果的直接原因就是场景中的 “高光” 和 “阴影” 区域的对比不够明显，所以通过加大它们的对比，可以有效地提高场景的视觉效果。对于本节实例，可以参考如图7–25所示的参数进行调整。

图7–25　调整场景对比度

完成以后单击 “确定” 按钮，回到场景中，得到最终的效果如图7–26所示。

图7–26　完成对比度调整后的场景效果

7.6　修饰照片的色彩更加鲜艳

很多情况下，我们往往感觉拍摄出来的照片色彩不够鲜艳。出现这种问题的原因，极有可能是由于拍摄环境的光线不足造成的，所以应该尽量在光线充足的环境下进行拍摄。在Photoshop中可以对照片的彩色进行适当的调整，从而让其色彩更加鲜艳。

（1）打开照片。首先，在Photoshop中打开本书配套光盘中的“第7章/7-27.jpg”文件，如图7-27所示。感觉照片的色彩不够鲜艳，下面使用软件中的色彩调整功能来进行调整。

图7-27　打开照片

（2）调整图像饱和度。选择菜单 “图像”|“调整”|“色相/饱和度” 命令，在弹出的对话框中，可以通过拖动“饱和度”下方的滑块来改变图像色彩的鲜艳程度，数值设置越大，图像的色彩越鲜艳，如图7-28所示，对于本节实例来讲，将“饱和度”提高到40以内就可以了。

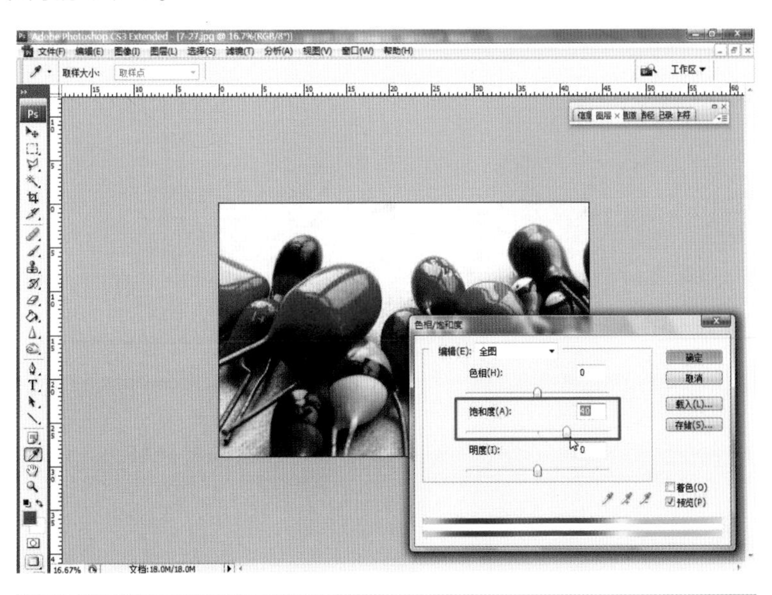

图7-28　调整图像的色彩饱和度

需要说明的一个问题是，“饱和度”的数值不是可以无限量地提高的，因为一旦提高到一定程度以后，会让场景中的色彩看起来过于刺目，照片的颜色失真，如图7–29所示的就是对照片设置各种饱和度数值得到的场景效果，从中可以看到，“饱和度”这项参数的设置需要适可而止。

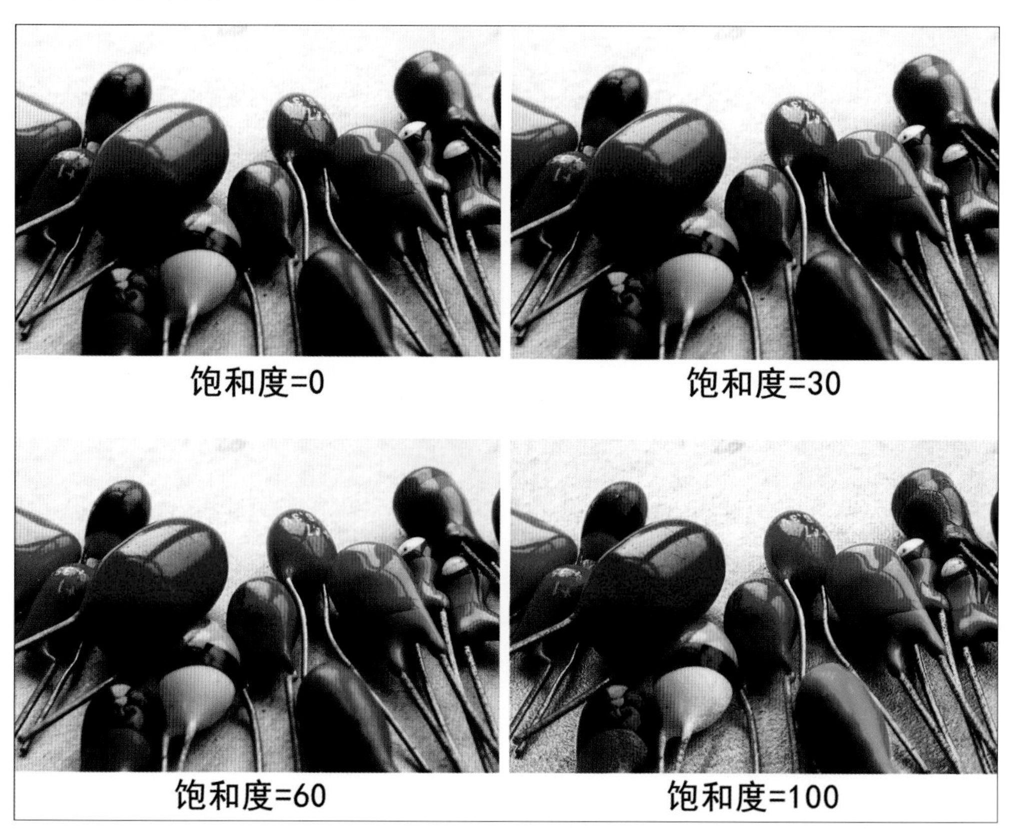

图7–29　不同饱和度的设置对场景的影响

7.7　锐化——让照片更加清晰

在进行商品拍摄的过程中，由于相机镜头的差异，拍摄出的照片会有不同的清晰度，我们称为锐度。有些镜头较差，所以拍摄出来的照片锐度较低，对于出现这种情况的照片来讲，可以使用Photoshop中的相应工具来修改，从而让它们呈现出更加锐利的显示效果，从而改变它们的原始面貌。

在Photoshop中，用于修改照片清晰程度的工具都集中在菜单“滤镜”|“锐化”下。在这组工具中，一共提供了以下几个命令，包括“USM锐化”、“锐化边缘”、“锐化”、“进一步锐化”以及“智能锐化”，其中由于“USM锐化”提供了比较简单的参数调整功能，所以在使用的过程中，一般也主要使用这个工具来进行照片清晰程度的修改。

7.7.1 使用“USM锐化”工具锐化照片

（1）打开照片。首先，在Photoshop当中打开本书配套光盘下“第7章/7-30.jpg”文件，如图7-30所示。这幅照片拍摄的整体感觉清晰程度不够，所以考虑使用“USM锐化”工具对其进行处理。

图7-30 打开照片

（2）对照片进行锐化。执行菜单“滤镜”|“锐化”|“USM锐化”命令，在弹出的窗口中设置参数，将“数量”设定为235，将“半径”设定为1.5，其他参数不用进行改变，如图7-31所示。

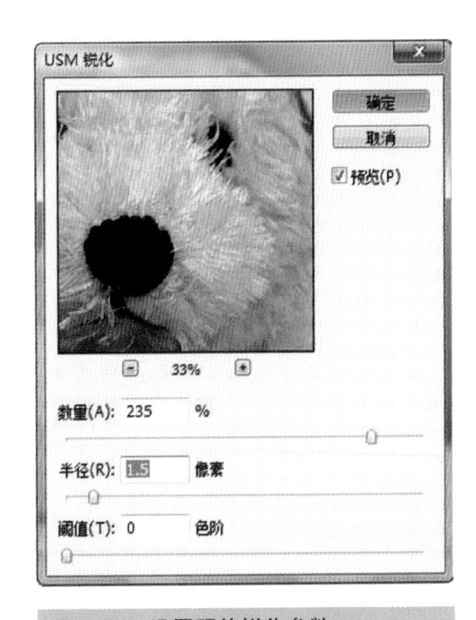

图7-31 设置照片锐化参数

确定以后回到场景中，经过锐化以后的照片效果如图7-32所示。

如图7-33所示的就是在锐化前后两幅照片的局部对比，从中可以看出来，“USM锐化”的作用是非常明显的，从这个角度讲，它确实是用于照片清晰程度修改的一个强有力的工具。

7.7.2 对“USM锐化”的再编辑

前面，我们介绍了关于“USM锐化”工具的使用方法，虽然这个工具操作起来非常简单，并且能迅速得到效果，但是仍然有一些问题需要注意。

图7-32　完成锐化以后的场景效果

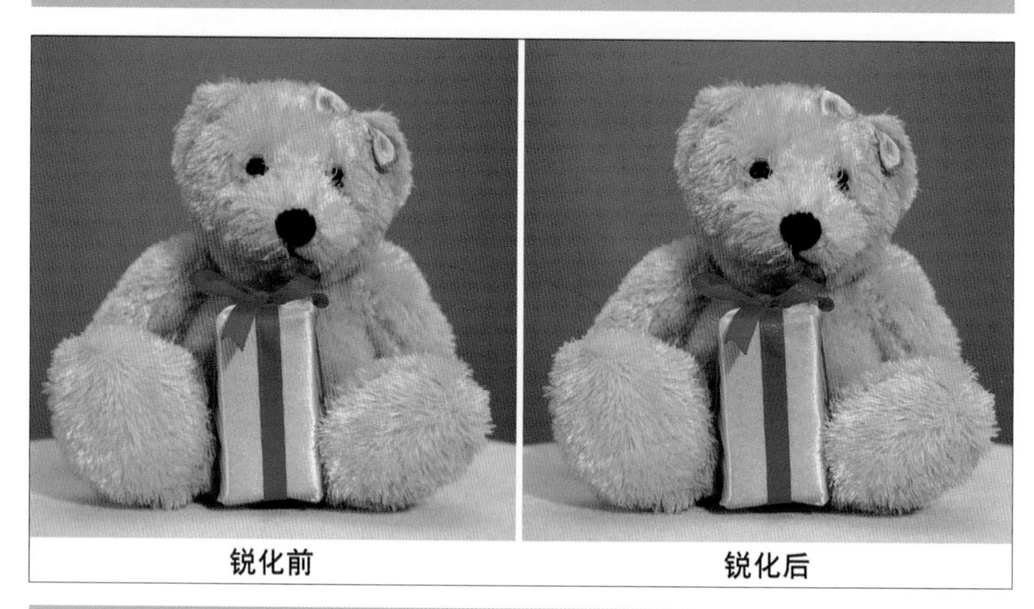

图7-33　锐化前后的效果对比

（1）打开照片。首先，在Photoshop当中打开本书配套光盘下“第7章/7-34.jpg”文件，如图7-34所示。观察这幅照片，感觉锐度不够，所以考虑应用“USM锐化”使其效果更加清晰。

（2）对照片进行锐化。执行菜单“滤镜”|“锐化”|“USM锐化”命令，在弹出

图7-34　打开照片

的对话框当中设定参数如图7-35所示。

图7-35　设置锐化参数

确认滤镜操作以后回到场景中，照片中蛋糕的蜂巢状的空洞变得非常清晰了，基本上合乎要求。但是如果将影像进行放大，观察刀及勺子等边缘光滑的物体，会发现出现了一条条“碍眼”的白边，如图7-36所示，这也是“USM锐化”功能自动查找边缘并进行对比度调整造成的。一旦出现这种现象，对照片视觉效果就造成一定的影响，所以应该考虑将其删除掉。

（3）复制图层。现在按Ctrl + Alt + Z键，将图像恢复到前面未操作USM锐化以前的效果，然后进入到图层控制面板中，将“背景”图层拖动到下方“新建图层”按钮上进行复制，得到“背景副本”的图层，如图7-37所示。

图7-36　锐化形成的白边清晰可见

图7-37　复制图层

（4）重新对照片进行锐化。确定当前图层为“背景副本”图层，对其执行菜单“滤镜”|“锐化”|“USM锐化”命令，在弹出的对话框中设定参数，可以使用与图7-35相同的数值，完成以后得到的效果如图7-38所示。

图7-38　锐化场景图像

（5）修正细节。对于“蛋糕”部分不用进行修改，但是对于刀、勺子、盘子等物体的白边需要进行删除，所以在工具箱中选择使用“橡皮擦”工具，并调整工具选项栏中的笔触大小，回到场景中，对出现白边的位置进行擦除，如图7-39所示。

图7-39　使用“橡皮擦”工具擦除白边

将所有光滑边缘物体的白边去除以后的效果如图7-40所示。

在使用“USM锐化”功能的时候，当将“半径”数值设置过大，将会在图像中色调差异较大的位置出现“白边”。出现这种问题以后，就应该考虑使用上面介绍的方法进行适当的剔除，才能完美解决照片的缺陷。

图7-40 场景处理后的最终效果

7.8 校正倾斜的照片

在很多情况下，拍摄出来的照片并不一定全部都需要，或者在拍摄的过程中出现了倾斜，需要通过裁切掉一部分才能体现正常的视觉效果。这一节我们来介绍一下Photoshop的“裁切”工具的使用。“裁切”工具不但可以裁剪图像，还可以对倾斜的图片进行补救，从而得到视角端正的照片。

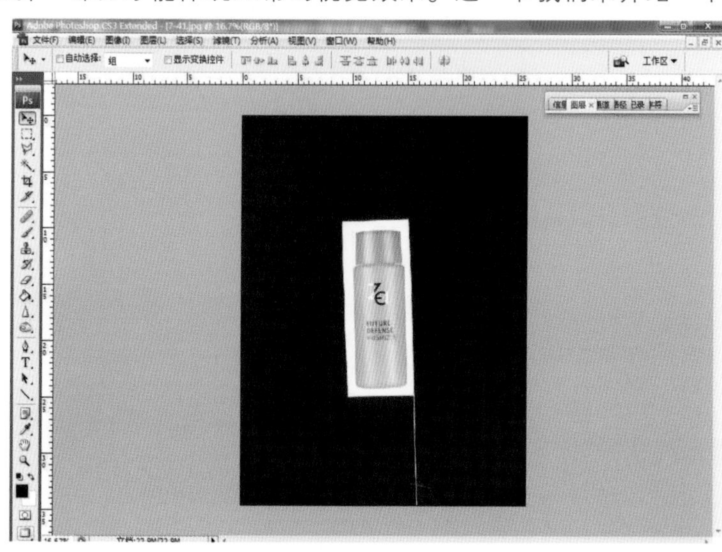

图7-41 打开照片

（1）打开照片。在Photoshop中打开本书配套光盘中的“第7章/7-41.jpg”文件，如图7-41所示。这是一幅本书前面实例中的照片，从图中可以看到主体明显地出现了倾斜，所以下面考虑使用“裁切”工具来调整。

（2）裁切照片。进入到工具箱中，选择“裁切”工具，然后在场景中圈出一个矩形框，将鼠标放在变换框的外侧，此时通过拖动鼠标，就可以完成对变换框的旋转，如图7-42所示。

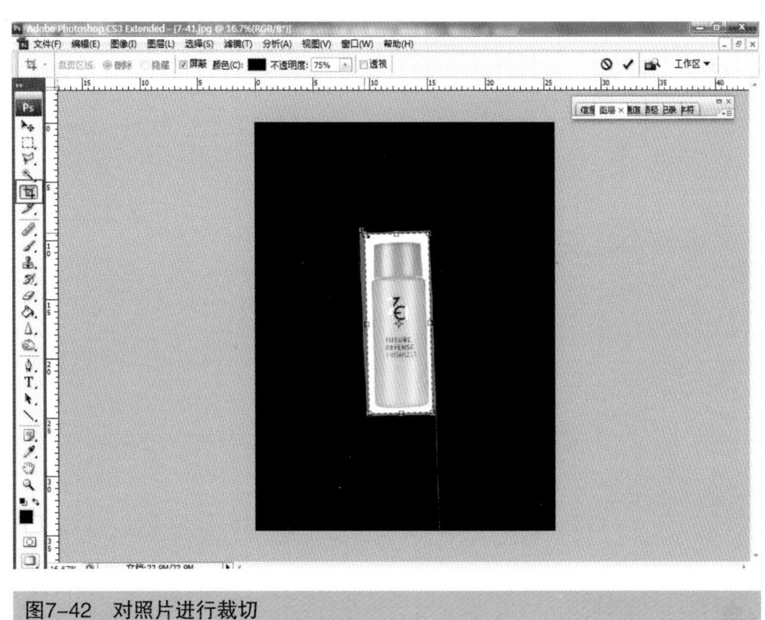

图7-42 对照片进行裁切

按Enter键，确定“裁切”的变换结果，此时将得到一幅正常视角的照片，如图7-43所示。

图7-43 裁切后的场景效果

7.9 裁切到打印尺寸

上节我们介绍了如何使用“裁切”工具对照片存在的问题进行修正，实际上，除了这种在构图上弥补缺陷，去除多余元素的作用以外，也可以在裁剪的过程中直接获得最终打印或者冲印的尺寸，从而避免了裁切以后再调整尺寸的步骤，一步到位的过程显得更加的便捷。

（1）打开照片。在Photoshop中打开本书配套光盘中的“第7章/7-44.jpg”文件，如图7-44所示。这幅风景照片存在与上一节中图片同样的问题，所以我们需要使用“裁切”工具对其进行裁剪。

图7-44 打开照片

（2）设置裁切尺寸。我们想让裁剪以后的照片尺寸满足6英寸大小，选择工具箱中的“裁切”工具，在上方工具选项栏中设置冲印的宽度、高度和分辨率数值，如图7-45所示。

图7-45 应用“裁切”工具

（3）裁切照片。在场景中对照片进行裁切，通过旋转控制框使照片角度接近正常视角，如图7–46所示。

确定当前裁剪大小，最终完成实例的整体效果如图7–47所示。

图7–46　对照片进行裁剪

图7–47　完成裁切后的场景尺寸

7.10　照片格式与保存照片

在本章的前面，我们已经详细地介绍了如何使用Photoshop进行照片基本处理的方法，希望读者对这些内容有一个整体的认识，并能在以后的学习中融会贯通。那么，在将一幅照片经过以上的处理以后，接下来就是对其进行保存，并且留作输出和发布使用了。所以，本节将为读者介绍一下如何在Photoshop保存照片。

7.10.1 Photoshop常用的照片格式

Photoshop是一个点阵图像处理软件，所处理的文件都是以位图的形式存在的，其中自然也包括我们拍摄的照片。即使位图格式文件，如数码照片其格式也有很多种。它们之间存在着各自的优缺点，在后期的使用过程中，每种文件格式也都有其存在的必要性和价值。下面，我们来介绍一下常见的几种文件格式，这些格式里面既有数码照片本来的文件类型，也有被Photoshop处理后保存的格式。

PSD是Photoshop特有的图像文件格式，支持Photoshop中所有的图像类型。它可以将所编辑的图像文件中的所有有关图层和通道信息记录下来，如图7-48所示。所以，在编辑图像的过程中，通常将文件保存为PSD格式，以便于以后重新读取需要的信息。

图7-48　PSD格式可以保存图层和通道

但PSD格式的图像文件很少被其他软件和工具支持，所以，在图像制作完成以后，通常需要转换为一些比较通用的图像格式，以便于进行后期的输出。

另外，用PSD格式保存图像时，图像没有经过压缩，当图层较多时，会占用较大的硬盘空间。图像制作完成以后，除了保存为通用的格式以外，最好再存储一个PSD的文件备份，直到确定不需要在Photoshop中再次编辑该图像为止。

JPG图像格式可支持24位全彩。它精确地记录了每一个像素的亮度，但采取计算平衡色调来压缩图像，因此我们的肉眼无法明确地分辨出来。事实上，它是在记录一幅图像的描述说明，而不是表面化地对图像进行压缩。浏览这幅照片所使用的网络浏览器或者图像编辑软件将翻译它所记录的描述说明，成为一幅点阵图像，让它看起来类似原始的影像。

JPG格式是目前对同一图像压缩比例最大，而质量损失最小的一种图像格式。如果条件有限，而又想最大可能地表现图像的效果，那么这种图像格式是比较好的选择。对于目前市面上大多数的数码相机来讲，存储照片都普遍使用这种文件格式。

如图7-49所示的两幅照片，一幅为JPG文件，一幅为PSD文件，我们从画面上几乎看不到它们之间的区别，但是文件的大小却差别很大。JPG与PSD格式文件的压缩比率为1：40左右，甚至更高。即一幅10M的PSD格式文件，压缩为JPG文件以后，可能只有256K，所以这种文件格式应用非常广泛。

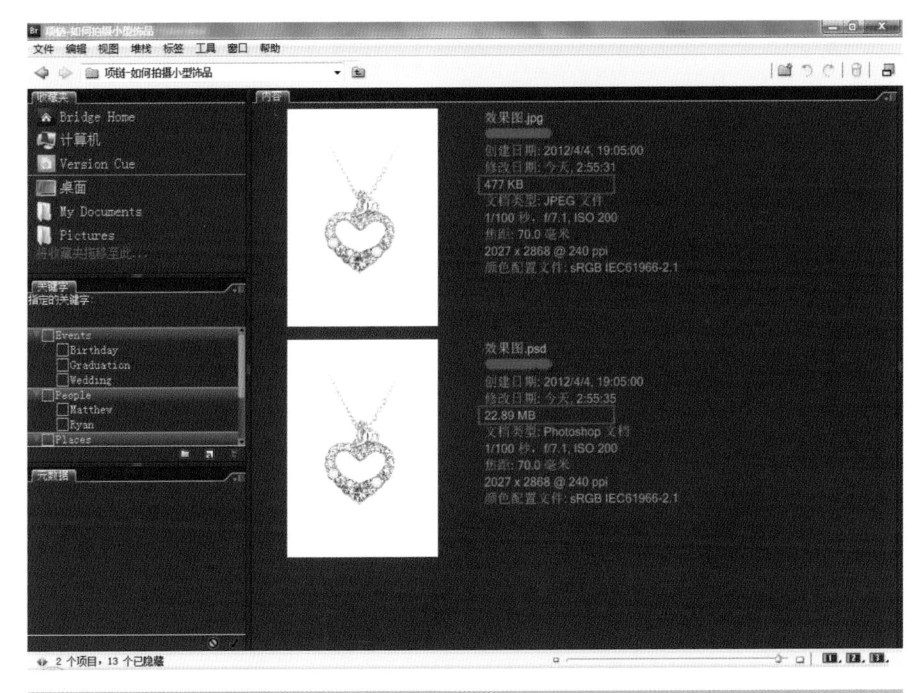

图7-49　JPG和PSD格式在文件大小方面具有较大差异

另外，JPG文件每一次的重新存储，都是以“牺牲”质量作为代价。如我们打开一幅JPG图像并且要对其进行一些修改，那么所修改的是解译后的点阵图像，而不是JPG文件的本身。将图像另外再存储为JPG格式文件，则原先已经解译的点阵图像（包含缺陷等）都将再度被压缩，结果图像的品质将变得更差。如果没有必要，千万不要重复存储同一张JPG文件。

还有，当我们在进行高品质图像的印刷输出时，JPG格式还可支持72 dpi以外的像素解析度。在网络上，只要超过72 dpi的任何图像都是一种浪费，因为要打印到纸张上的时候，使用较高分辨率额图像也不会有很大的差别。所以当我们要把图像存储为JPG格式的时候，不要忘记再确认一下图像的分辨率。

TIFF是一种应用非常广泛的位图图像格式，几乎被所有绘图、图像编辑应用程序所支持。TIFF格式常用于应用程序之间和计算机平台之间交换文件，它支持Alpha通道的CMYK、RGB和灰度文件，不带Alpha通道的Lab、索引色和位图文件。在Photoshop 7.0以上的版本中，也允许将文件保存为TIFF文件时带有图层，从而让这种文件格式成为与PSD格式最为接近的一种类型。

TIFF文件格式与PSD文件格式从功能和作用上来讲，几乎完全一致。但是TIFF文件格式具有更强的兼容性和使用频率，通常进行平面设计的人员，在进行作品输出的使用，都需要将文件保存为TIFF格式，从而在不同的软件和平台之间使用。

GIF格式以两种方式来压缩图像文件。首先，它使用一种叫做Lempel－Ziv的编码方式，将同一个行列间颜色相近的像素当成是一个单位。其次，它限制文件本身的索引色（Indexed Color）。一个GIF文件不得超过256色，所以我们必须减少图像所使用的颜色后方能使用这种图像格式。因此，GIF格式不适合用在照片或者高彩度的图像上，如图7-50和图7-51所示，前者是JPG格式文件，后者是将其转换为GIF文件格式以后的效果，颜色的过渡会出现明显的缺陷。

图7-50　JPG文件质量较高

图7-51　GIF文件质量较差

7.10.2 保存照片

上面为读者介绍了有关Photoshop常用的文件格式。对于后期处理完整的照片，一般保存为JPG格式就可以应用于大多数场合的输出，包括打印、冲印或者网上发布。下面，简要说明一下如何进行JPG格式的保存操作。

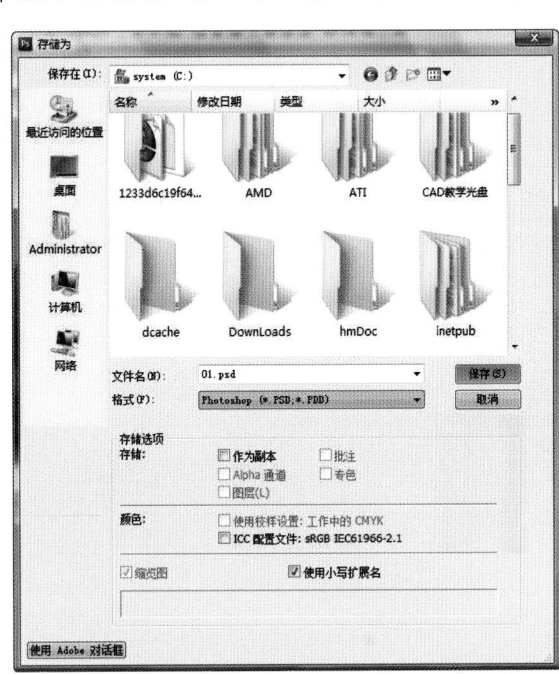

图7-52 文件存储窗口

首先，在Photoshop当中打开一幅需要保存的照片，然后执行菜单下“文件”|“存储为”命令，将弹出保存文件的设置窗口，如图7-52所示。

单击“格式”右侧的下三角，打开文件格式下拉菜单，在其中选择保存格式，在这里我们选择使用JPG文件格式，如图7-53所示。

单击“保存”按钮，将弹出“JPG选项”窗口，在其中设置文件的压缩比率，品质越高，压缩率越低，效果越好，文件越大；反之，压缩比率越高，效果越低，文件越小，如图7-54所示。确定以后就完成了对照片的保存操作。

如果这幅照片包含有图层等信息，并且打算以后继续对照片进行修改，那么也可以将这幅照片保存为PSD或者TIFF格式，操作方法与上述JPG文件格式保存相似，在此就不为读者进行介绍了。

那么，如果打算将照片用于网页的制作或者网络发布的时候，则可以将照片用另外 种方式进行保存。执行菜单“存储为Web和设备所用格式”命令，将弹出该命令的参数控制窗口，如图7-55所示。

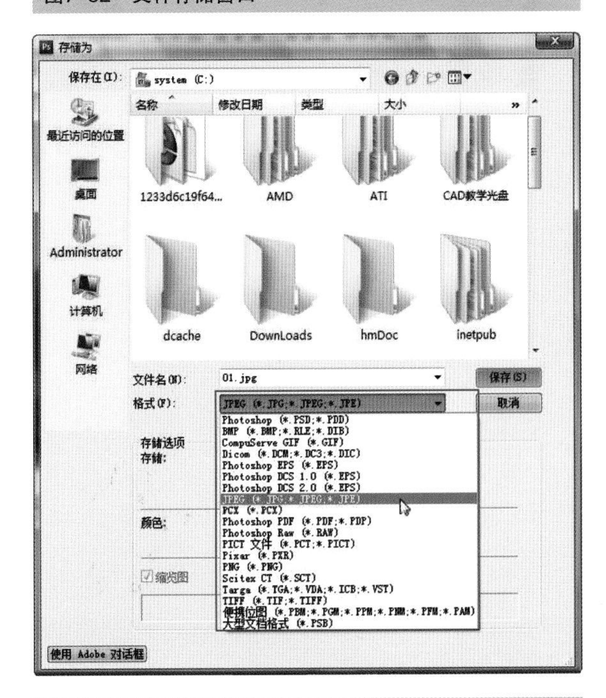

图7-53 Photoshop可保存文件的类型

在该窗口中，主要通过右侧的参数控制面板进行参数的调整。这个命令支持保存3种常见的文件格式，分别为JPG、GIF、PNG，每种文件格式的参数面板各不相同，如图7–56所示。

对于JPG格式的设定，与上面直接存储基本相似，也需要设置压缩比率；而如果要存储为GIF格式，则需要在选择格式以后设定颜色的数量，根据对照片输出的不同要求，从2～256色之间进行调整。

完成上述参数修改以后，单击窗口右上角的“存储”按钮，可以完成将照片保存为网页使用图片的过程。

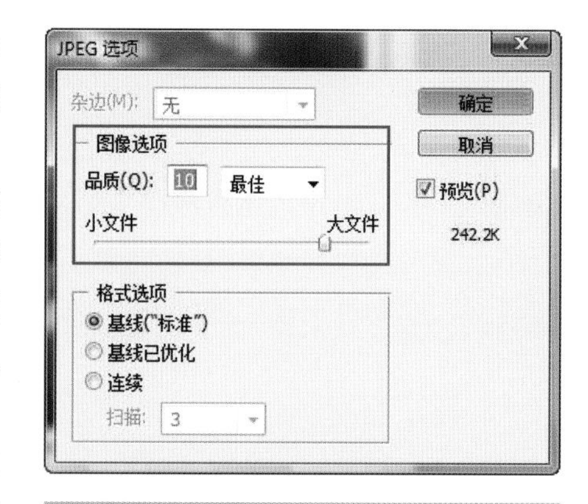

图7–54　设置JPG文件的压缩比

图7–55　存储为Web和设备所用格式窗口

图7–56　设置图像格式

第 8 章　对商品照片的高级处理

在本书的前面章节中，我们为大家介绍了如何使用Photoshop进行商品照片处理的入门知识，相信通过这些内容有助于帮助大家对照片中常见的一些问题进行调整。

在日常拍摄的照片中，经常会出现各种类型的缺陷以及瑕疵，它们的出现极大地影响了照片的整体视觉效果，所以我们应该考虑如何对可能出现的问题进行处理，从而让照片尽善尽美地展现在我们面前。

8.1 精确选择拍摄主体对象

大多数情况下，我们需要处理被拍摄的主体对象——商品本身的瑕疵，此时就应该把物体首先选择出来，因此要学会如何正确地选择对象。除了应该针对不同对象使用不同的选择工具以外，还应该对选择中出现的各种问题具体分析，所以了解选择中的参数也是至关重要的。

8.1.1 “多边形套索”工具

在Photoshop的工具条中，套索工具一共有3个，如图8-1所示，它们分别为：“套索”工具、“多边形套索”工具、“磁性套索”工具。

从使用的角度来看，“套索”工具和“磁性套索”工具在选择对象时，对鼠标的掌握要求非常的精确，而产生的选区又过于粗糙。因此，在更多的情况下使用的是“多边形套索”工具。而且，商品摄影在处理的过程中，大多数情况是不规则对象，所以“多边形套索”工具也是使用最为频繁的。下面，通过一个具体的选择任务说明该工具的使用方法。

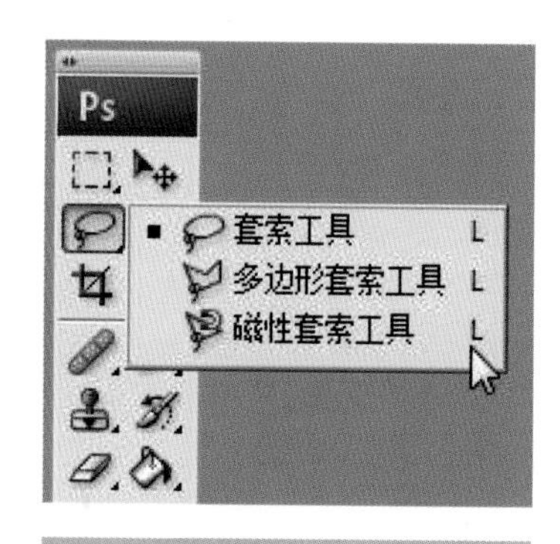

图8-1 套索类工具

（1）首先，在场景中打开一幅商品照片，如图8-2所示。

图8-2 打开照片

下面，打算选择图像中“手机”的主体部分，而它的外形是一个不规则的形体，因此考虑使用“多边形套索”工具进行选择。

（2）在工具条中选择使用“缩放”工具将场景放大。然后使用“多边形套索”工具，在场景中点击，之后在对象边缘的每一个转折点都点击鼠标，这样可以对被选主体环绕形成一个封闭的圈套，如图8-3所示。

在选择的过程中，我们希望能够实时地进行场景的平移，这个时候通过按空格键，可以临时将工具由“多边形套索”工具转为“抓手”工具；如果出现某个控制点选择错误，可以随时按Delete键将上个控制点删除而重新选择。

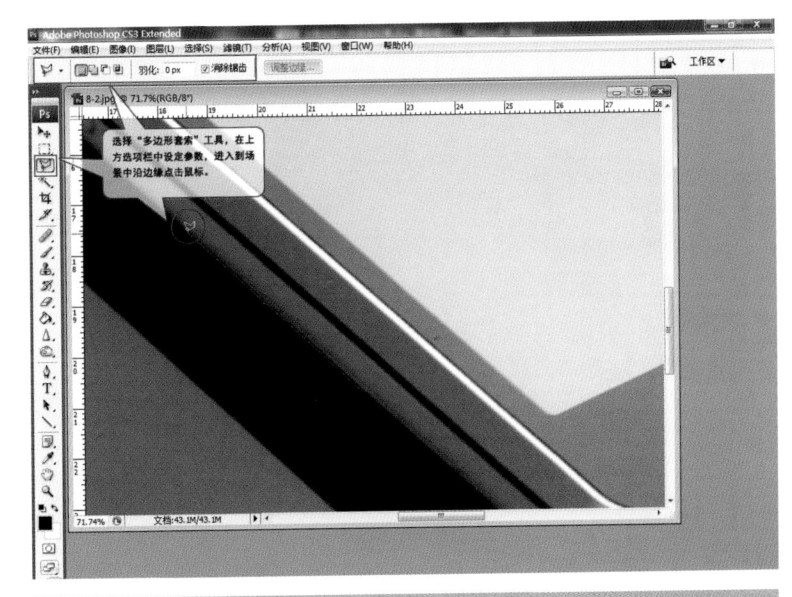

图8-3　使用“多边形套索”工具

（3）使用“多边形套索”工具将整个对象环绕一圈以后，就可以完成对整个对象的选择任务，如图8-4所示。然后，我们可以将选择出来的主体部分用于各种编辑和处理。

图8-4　将主体选择出来的场景效果

8.1.2 “路径”系列工具

“路径”系列工具包括“钢笔”系列工具，如图8–5所示；“路径选择”工具，如图8–6所示；路径控制面板，如图8–7所示。

下面，详细介绍一下关于“路径”系列工具的使用方法，使读者了解如何使用路径功能选择不规则形状对象。先在场景中打开上面使用过的商品照片，如图8–8所示。

（1）在工具条中选择“钢笔”工具，同时注意在“钢笔”工具敏感选项栏的绘制方式里面选择“路径”。进入场景，在对象边缘的每个转折点上点击鼠标，得到一个多边形的封套，我们习惯叫这个封套为“路径”，如图8–9所示。

（2）完成以后，在工具条中选择使用“转换点”工具，进入场景，点击路径中的每个转折点并拖曳鼠标，就可以发现路径的弧度发生了变化，如图8–10所示。使用这个方法，可以使整条路径圆滑，从而对齐到对象的边缘。

在操作的过程中，可以使用如图8–6所示的“路径选择”工具移动路径和控制点的位置。其中“路径选

图8–5 “钢笔”系列工具

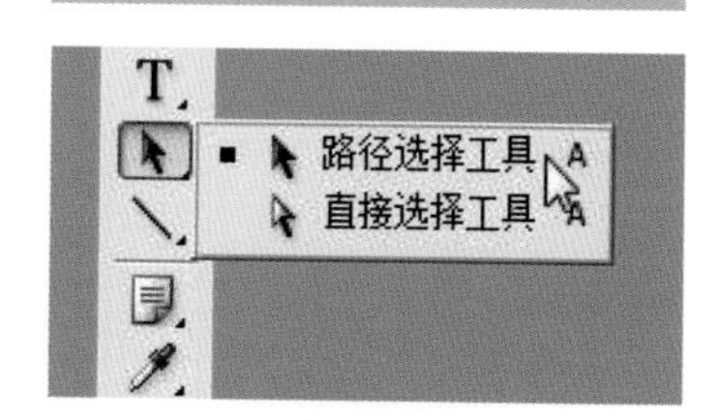

图8–6 “路径选择”工具

图8–7 路径控制面板

8–8 打开照片

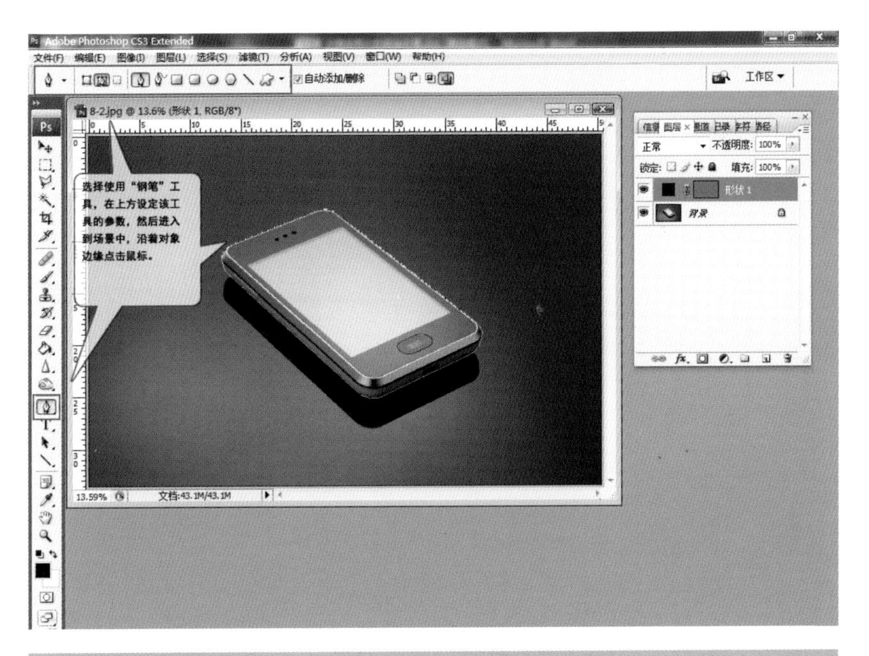

8-9　使用"钢笔"工具

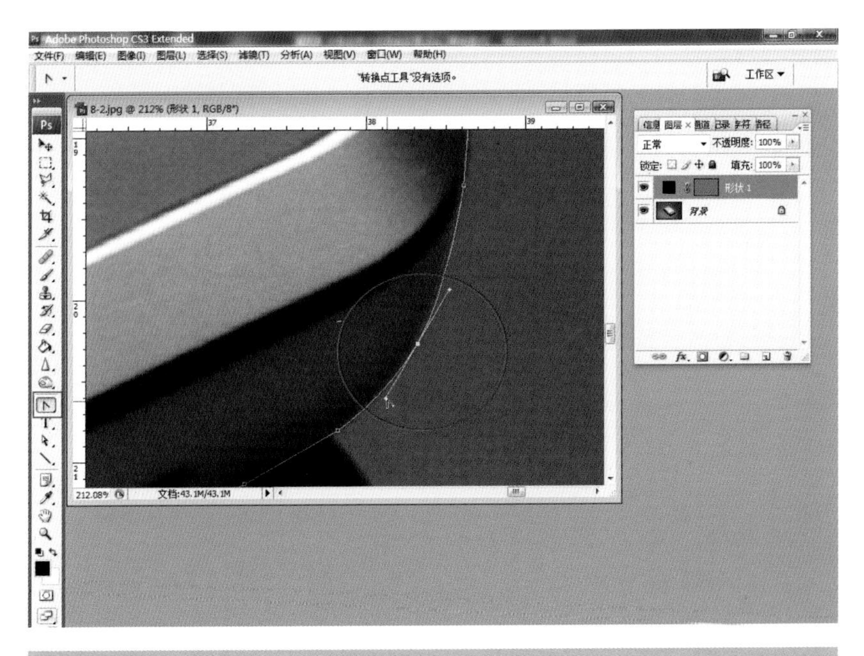

图8-10　使用"转换点"工具圆滑边缘

择"工具用于移动整条路径的位置，而"直接选择"工具用于操作某个转折点。

（3）使用"转换点"工具将整条路径圆滑以后的效果如图8-11所示。这样，实际上我们使用路径也得到了使用"多边形套索"工具一样的封套。那么，如何将这个路径转换为选择区域呢？此时，就用到了路径控制面板。

图8-11　路径封套以后的场景效果

（4）进入路径控制面板，如果它没有出现在右侧，执行菜单“窗口”|“路径”命令，将其显示出来。此时，路径控制面板中的效果如图8-12所示，即增加了一个外形和我们绘制路径弯曲相同的对象——工作路径。

在路径控制面板下方，有一排控制按钮，它们是进行路径操作的主要对象，如图8-13所示，因此如何想把路径转换为选区，单击“将路径转换为选区”按钮，就可以实现；当然，如果想把选区变成路径，单击“将选区保存为路径”就可以了。

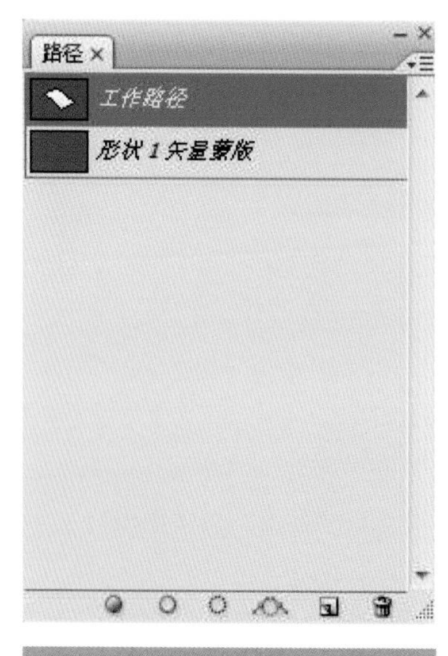

图8-12　路径控制面板

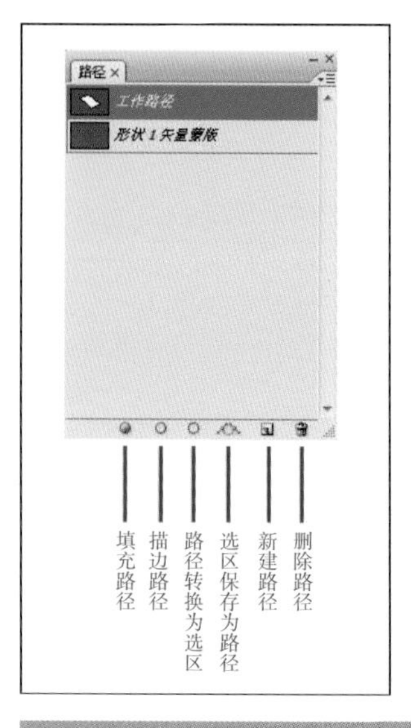

图8-13　路径控制面板下方的按钮名称

如图8-14所示，就是将绘制的路径转换为选区以后的效果，几乎和使用“多边形套索”工具得到的选区一样准确。

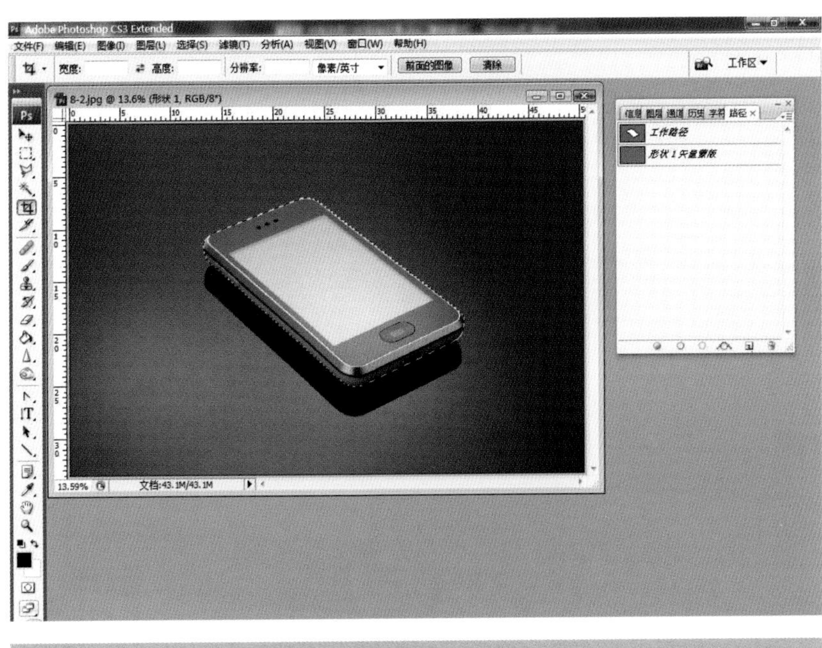

图8-14　转换选区后的场景效果

8.2　将商品照片变换为纯色背景

在我们拍摄的商品照片中，很大一部分使用了背景纸，目的是为了得到纯色无缝的背景。但是由于光线分布的不均匀，或者周围使用了各种卡纸，造成背景色调不一致。针对这种情况，如果单纯地调整色调，去除影响构图的元素，不但耗费时间，而且效果也未必很好。所以，通常我们的习惯是直接将背景完全替换掉。

（1）打开照片。打开本书配套光盘中的“第8章/8-15.jpg”文件，如图8-15所示。

图8-15　打开照片

这幅照片是一组

键盘和鼠标的产品照片，由于使用了黑卡纸以及场景光线的变化，让背景显得嘈杂，无法作为最终效果图输出，下面考虑对其背景进行替换。

（2）选择主体。在替换背景以前，首先要将照片中的主体部分选择出来。使用上一节介绍的“多边形套索”工具，将场景中的鼠标和键盘选择出来，如图8-16所示。在选择的过程中，读者应该尽量将场景放大进行圈选，这样才能保证选区的细致。

图8-16　使用“多边形套索”工具圈选主体

（3）复制选区。我们的思路是，保持当前选区中的图像成分不变，而单独在该选区的下方创建一个新的图层，并进行纯色的填充。所以按Ctrl+C键，将选区进行复制，然后再按Ctrl+V键，将其进行粘贴。打开图层控制面板后我们就会发现，面板中将增加一个新的图层，而内容则是上面选区当中的图像，如图8-17所示。

图8-17　复制主体图像

（4）新建图层。下面，我们就可以在下方创建一个纯白背景了。进入到图层控制面板中，单击下方“创建新图层”按钮，或者按Ctrl+Shift+N键，创建一个新的图层，该图层将被自动命名为“图层2”。将该图层拖曳到“图层1”的下方，如图8-18所示。

图8-18　新建图层

（5）填充图层。在左侧工具箱中选择使用“油漆桶”工具，并将系统前景色设定为白色，然后进入到场景中点击，对“图层2”进行纯色填充，如图8-19所示。

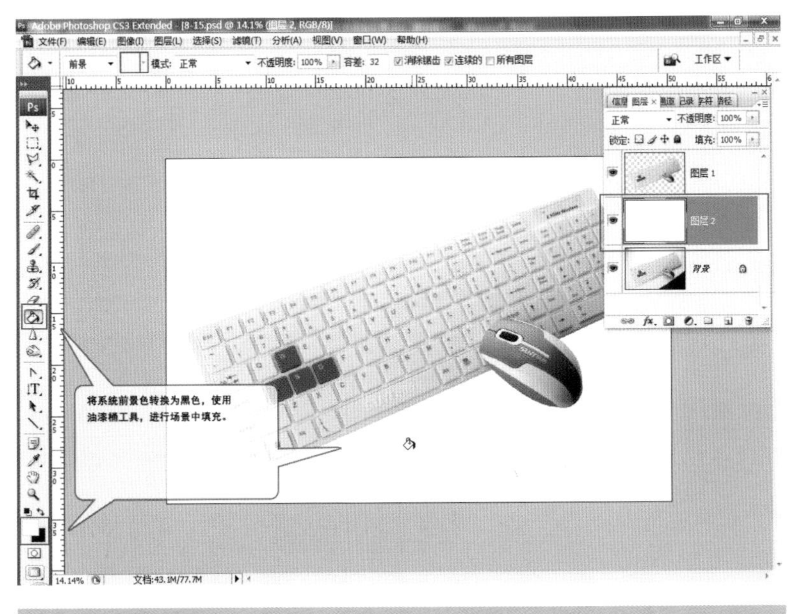

图8-19　填充图层

（6）重现阴影。虽然我们通过上面的几步操作将场景的背景替换为纯白色，但是仔细观察场景却发现背景与主体的融合显得比较生硬，反复对比前后的场景就会发现，这是因为主体未在背景上产生阴影造成的。所以，接下来，我们要让阴影重新回到背景上面。

要想让阴影显现出来，就需要将阴影部分的背景擦除掉。擦除的方法可以选择使用“橡皮擦”工具或者图层蒙板来完成。前者擦除以后无法再进行恢复，并不是一个理想的工具，所以我们应用图层蒙板来完成这个操作。

进入图层控制面板中，确定当前图层是“图层2”，单击下方“添加图层蒙板”按钮，如图8-20所示。

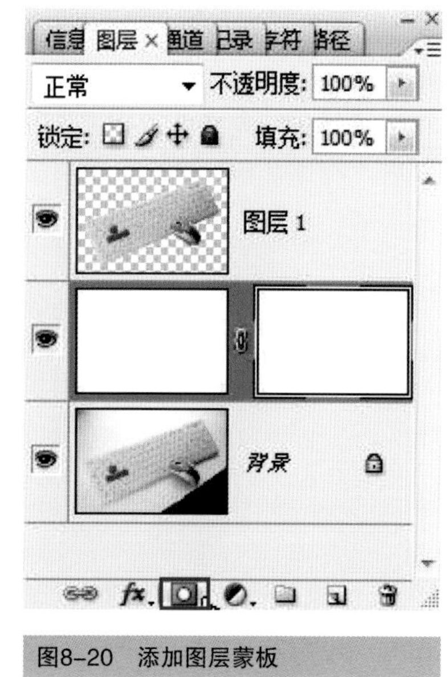

图8-20　添加图层蒙板

下面，进入到左侧工具条中，选择使用“画笔”工具，并将前景色设定为黑色；然后进入到工具上方的选项栏上，设定画笔的大小以及样式，为了让稍后的处理自然不生硬，在这里使用边缘柔化的画笔样式；在后面的“不透明度”一项中，我们将数值设定为10%，这样做的目的是为了让画笔每次操作时对场景影响小，这样调整起来余地更大。将上述参数设置完成以后，进入到场景中，在阴影的位置慢慢拖曳，随着鼠标的滑动，阴影就会逐渐出现，如图8-21所示。

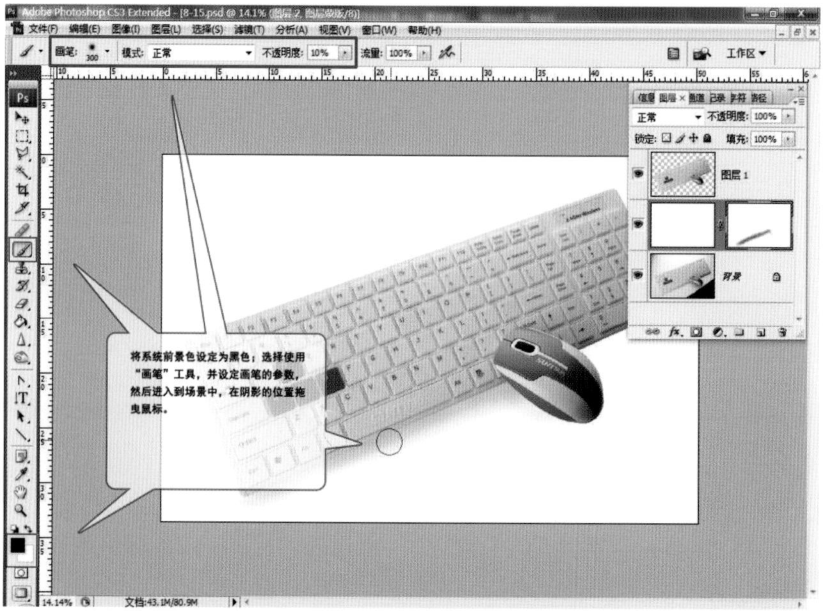

图8-21　使用“画笔”工具获得阴影

在鼠标拖曳的过程中，如果觉得擦拭过重，阴影出现的浓度过高，可以随时将前景色转换为白色，然后使用鼠标将过多的阴影掩盖掉。具体的操作过程，读者可以参考本书光盘中的教学演示视频，里面对图层蒙板的介绍也更加详细。在进行完以上操作以后，将得到本节实例最终的效果，最后效果如图8-22所示。

图8-22 处理完成后的场景效果

8.3 消除商品照片中的“紫边”现象

紫边是指数码相机在拍摄反差较大的照片时，在高光部分与阴影部位交界处会出现紫色（或者其他颜色）的色斑。这种现象在数码照片中非常的常见，由此也对照片的视觉效果产生了很大的影响。

紫边产生的原因一直是摄影爱好者所争论的话题，但是真正的原因依然没有一个准确的定论，但可以确定的是紫边出现的原因与相机镜头的色散、CCD成像面积过小（成像单元密度大）、相机内部的信号处理算法、照片放大倍数等因素有关。虽然现阶段这个问题得不到很好的解决，但相信在科技更发达的将来，这个问题将会迎刃而解。

到目前为止，对“紫边”的消除，还不能完全通过相机的功能来实现，更多的还是通过Photoshop的色彩调整工具来完成。

（1）打开照片。在Photoshop中打开本书配套光盘下“第8章/8-23.jpg”文件，如图8-23所示。

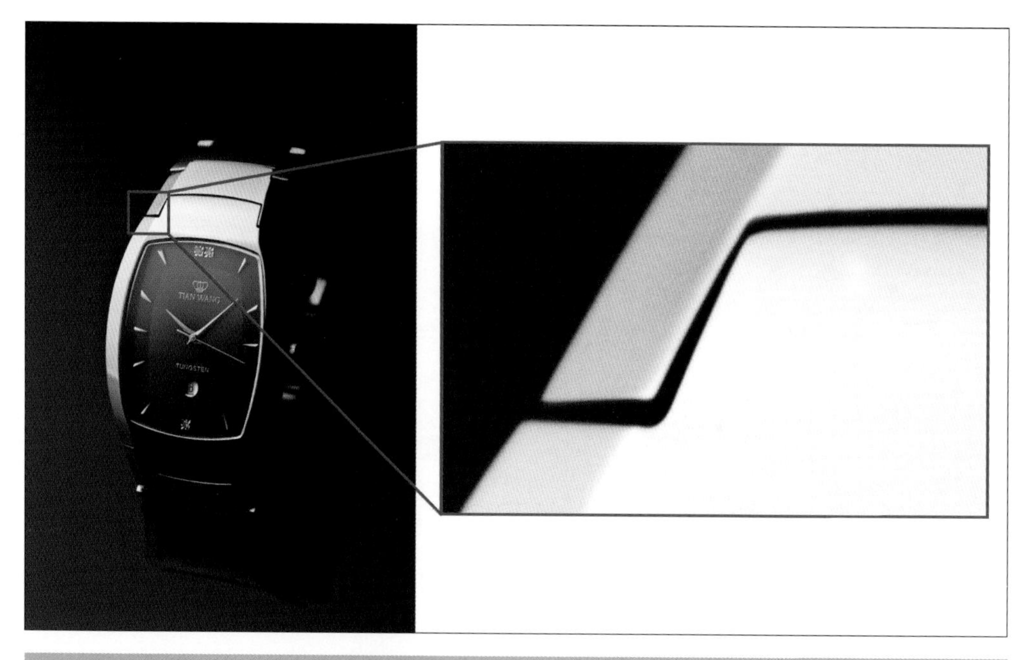

图8-23　打开照片

在这幅照片中，如果将照片放大，会看到手表的边缘产生了“紫边”现象。当然，如果只对当前效果图输出较小尺寸的广告，这种紫边可以忽略不计；但是如果做大幅面的宣传海报，这种紫边就有碍观瞻了，所以我们应该考虑将其去除。

（2）创建选区。首先，将场景中“紫边”的位置进行放大，然后进入到工具箱中选择“多边形套索”工具，在工具选项栏中设置“羽化”的数值，然后将出现“紫边”的位置圈选出来，如图8-24所示。

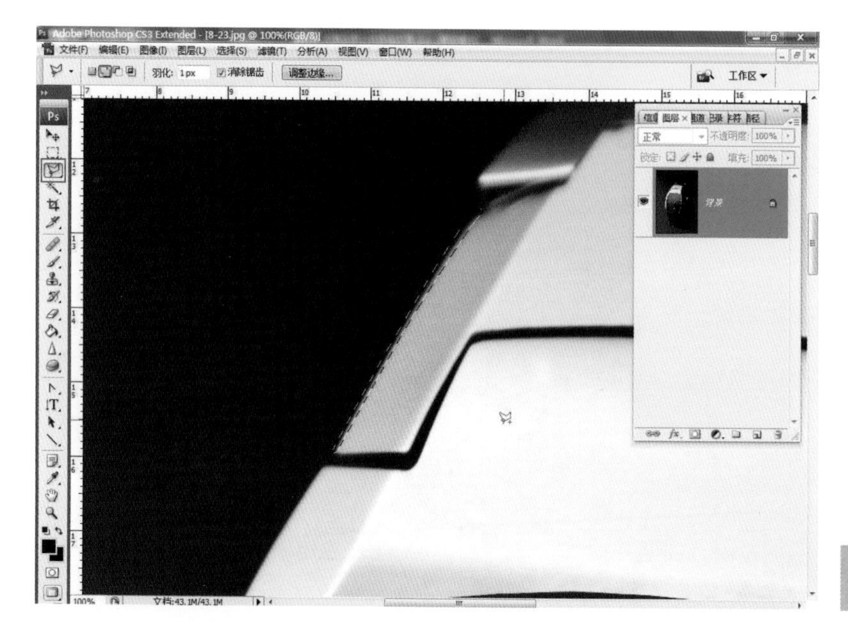

图8-24　创建选区

（3）调整颜色。选择菜单 “图像” | “调整” | “色相/饱和度” 命令，在弹出的对话框中选择“蓝色”，然后调整窗口下方“饱和度”处的滑块，将“饱和度”减少到最小，如图8-25所示。在调整的过程中可以看到图像的“紫边”在逐渐消失。

图8-25　降低饱和度

操作完成以后取消选择，得到场景的效果如图8-26所示，照片中的“紫边”已经完全消失了。

上述方法适用于“紫边”区域范围不大的情况，但是如果需要处理的位置比较多，使用这种方法则显得工作效率太低了。实际上，我们也可以使用Photoshop工具箱中的“海绵”工具进行紫边的删除。进入工具箱中选择使用“海绵”工具，在工具选项栏中设置参数；回到场景里面，对有“紫边”的位置拖动鼠标进行擦除，如图8-27所示。

图8-26　处理完成后的边缘效果

无论使用哪种方法，只要能将“紫边”清理干净并且不影响其他视觉效果的表现即可，本节实例的最终效果如图8-28所示。

图8-27　使用“海绵”工具去除紫边

图8-28　实例的最终效果

8.4　修改白平衡不准造成的照片偏色

我们拍摄的照片往往会有偏色的问题，图像的偏色是环境光的色温造成的，数码相机中设置控制色温的功能称为白平衡。

8.4.1 数码相机的白平衡

在不同光源下，因色温不同，拍摄出来的照片都会偏色。人的眼睛之所以把它们都看成白色，是因为人眼对色温进行了自动修正。人们一直想，如果能够让相机拍摄出的图像色彩和人眼所看到的色彩完全一样就好了。由于CCD传感器本身没有这种功能，因此就有必要对它输出的信号进行一定的修正，这种修正就叫做白平衡。利用白平衡功能来进行修正，其原理是控制光线中红、绿、蓝（RGB）三原色的明亮度，使影像中最大光位达到纯白色，便能令其他色彩准确，所以白平衡控制就是通过图像调整，使在各种光线条件下拍摄出来的照片色彩与人眼所看到的场景色彩完全相同。

各厂家的数码相机既有自动白平衡设置，也有手动进行的。即使是自动进行，其修正能力也各有不同。当然我们选择的数码相机最好能够具有自动和手动两种方式，多种模式控制白平衡，这样我们在拍摄照片的时候，可以根据环境光使用好数码相机的白平衡。

如图8-29所示的就是一款单反相机的白平衡设置，其中既有各类白平衡模式（自动、晴天、阴天、卤素灯等），也可以根据拍摄场景光源的具体色温值进行精细调整。

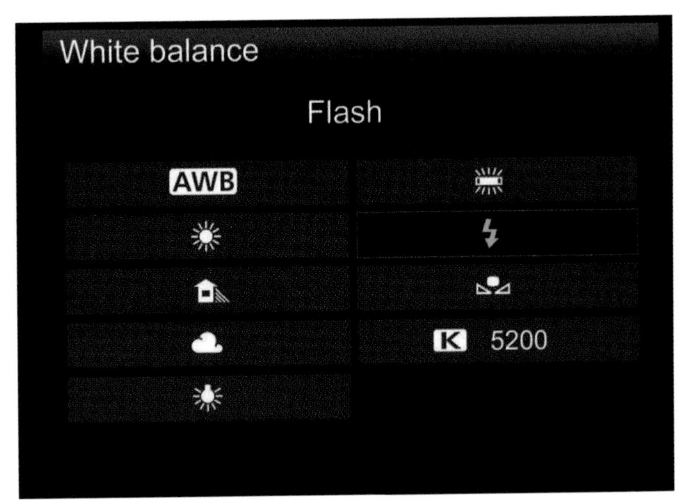

图8-29 单反相机的白平衡设置

如果对同一场景使用不用的白平衡设置，得到的最终效果的色调也会呈现出不同的效果，如图8-30所示的就是使用同一数码相机，对同一场景分别设置各类白平衡模式得到的不同效果，从中可以看到各种设置所产生的照片偏色效果。

8.4.2 调整照片的偏色问题

在前面部分，我们详细介绍了有关数码相机中白平衡设置的方法。在实际的拍摄过程中，难免会对这些设置方法产生错误，从而导致照片的偏色。如果出现了偏色的情况，在Photoshop里面可以非常轻松地使用其“色彩平衡”功能进行补救，从而让偏色的照片重新以真实的色彩呈现在我们面前。

（1）打开照片。首先，在Photoshop中打开本书配套光盘下“第8章/8-31.jpg”文件，如图8-31所示。从这幅照片中可以看出来，整幅照片明显地偏向黄色。

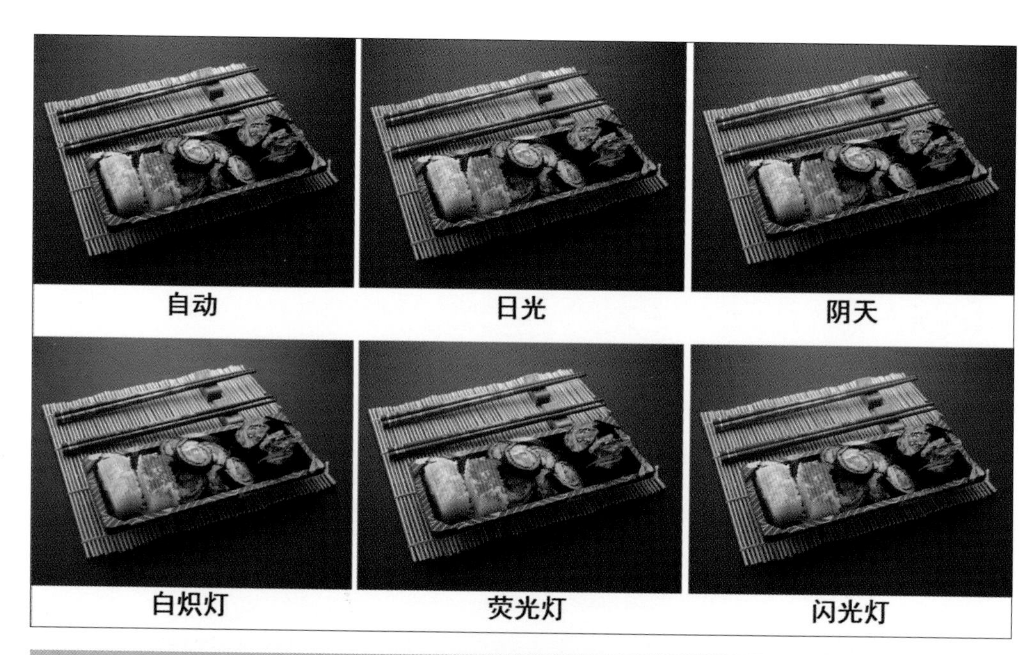

图8-30　不同白平衡设置产生不同的场景色调

图8-31　打开照片

（2）使用“色彩平衡”命令。选择菜单 “图像”|“调整”|“色彩平衡”命令，此时会弹出该命令的对话框，如图8-32所示。在该对话框中，可以通过拖动色调下方的滑块来改变当前图像的色调。

由于本节实例图像的色调偏向黄色，所以应该将蓝色下方的滑块向背离“黄色”的方法进行拖动，也就是向“蓝色”的方向进行拖动。同时观察场景中的颜色变化，如图8-33所示。

除此之外，在“色彩平衡”对话框的下方，有一个用于设置“色调平衡”的区域，如图8-34所示。在这里除了对“中间调”调整以外，还可以对“高光”以及“暗调”区域进行综

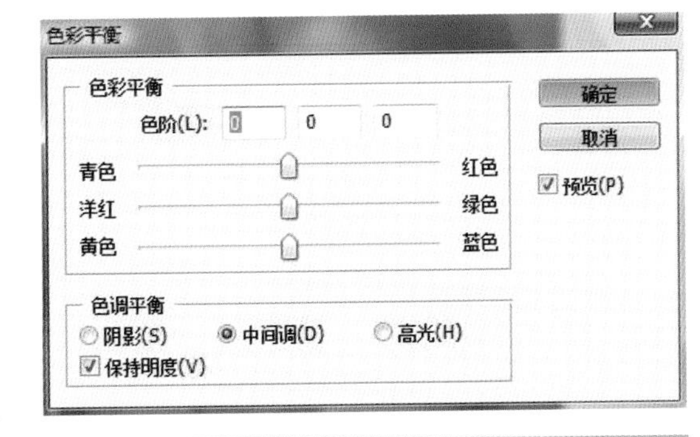

图8-32 使用“色彩平衡”命令

图8-33 调整颜色

图8-34 调整色调

合调整，从而保证调整完毕以后的图像在各个色调区域保持一致。

使用上面的方法，降低图像中的黄色同时增加蓝色，并分别在“高光”、“中间调”以及“暗调”区域分别进行调整，将得到如图8-35所示的效果。

（3）增加场景亮度。由于黄色的亮度要高，而蓝色亮度低，上述的调整恰恰降低了黄色提高了蓝色，所以导致场景整体亮度降低，因此再执行菜单“图像”|“调整”|“亮度/对比度”命令，适当调整场景的亮度值，如图8-36所示。

图8-35 调整色彩后的场景效果

图8-36 调整场景亮度

将上述参数调整完成以后，回到场景中，将得到本节实例的最终效果，如图8-37所示。

图8-37　场景的最终效果

8.5　修正广角端畸变

在拍摄较大的商品物体时，一般需要用标准镜头在远处拍摄才能保证其不变形，但事实上这样理想的拍摄环境是很难找到的，用广角拍摄虽然能将商品尽可能地纳入画面，但是由于短焦距镜头的透视形变，通常被摄主体都会发生一些变形。

（1）打开照片。打开本书配套光盘中“第8章/8-38.jpg”文件，如图8-38所示。

很明显可以看出图8-38中风衣的下方要比上方宽，这是由于我们在拍摄该实例中将衣服平铺到地面，然后使用广角镜头垂直向下拍摄而造成的畸变。传统解决广角透视形变的方法是使用可移轴的光学镜头去矫正，但移轴镜头和相机实在价格不菲，而且也需要很扎实的摄影技术才能熟练地操作，一般摄影爱好者很难达到的。用Photoshop矫正相机广角端形变却非常简单，矫正效果可在屏幕上任意调整直到满意为止。

图8-38　打开照片

（2）转换图层。由于默认背景图层不能进行大多数的图层操作，如自由变换、添加图层样式、移动图层等，所以首先进入到图层控制面板中，双击“背景”图层，在弹出的对话框中单击“确定”按钮，这样将背景图层转换为一般图层，便于后期对该图层进行自由变换，如图8-39所示。

图8-39　转换图层

（3）变换图像。按Ctrl＋T键可以对当前图层进行自由变换，然后将鼠标放在变换框内单击鼠标右键，在弹出的菜单中选择“透视”命令，如图8-40所示。

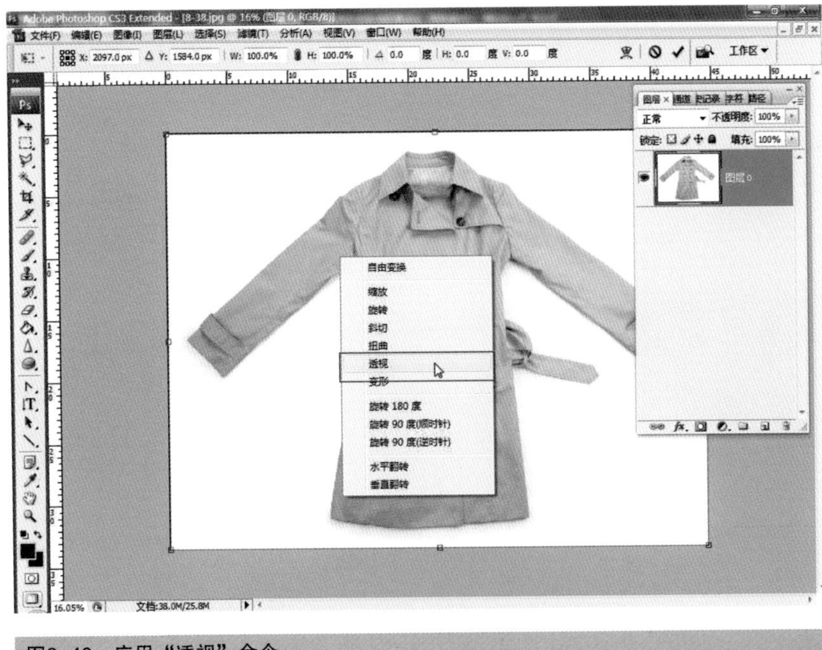

图8-40 应用“透视”命令

拖动当前控制框下方的两个角点向中心移动，在调整的过程中观察衣服的透视角度，直到视角符合正常透视关系为止，如图8-41所示。

图8-41 调整透视角度

按Enter键确定当前变换效果，这样透视形变基本上就恢复正常了。将边缘透明的部分填充为白色，将得到本节实例的最终效果，如图8-42所示。

图8-42　完成处理后的场景效果

8.6　添加商品的倒影

有些商品照片，需要有倒影的帮助，才能体现出该商品的质感。但是在商品拍摄的过程中，有时因为各种条件所限，这种商品没有倒影，则需要在后期人为为其添加倒影。

（1）打开照片。首先，打开本书配套光盘中“第8章/8-43.jpg”文件，如图8-43所示。

图8-43　打开照片

这幅图像属于本书前面章节中曾经使用过的一个实例，用于介绍如何拍摄裁切类商品照片。在裁切类照片拍摄完成以后，我们就可以将其应用到各类媒体和出版物当中，并略加修饰，灵活度要好于直接融合背景所拍摄的商品照片。下面，我们介绍一下如何为这个化妆品添加倒影。

（2）创建新文档。执行菜单“文件”|“新建”命令，创建一个新的文件，在弹出的参数设置对话框，设定文档的大小，可以根据后期使用的具体用途来调整这些参数，如图8-44所示。

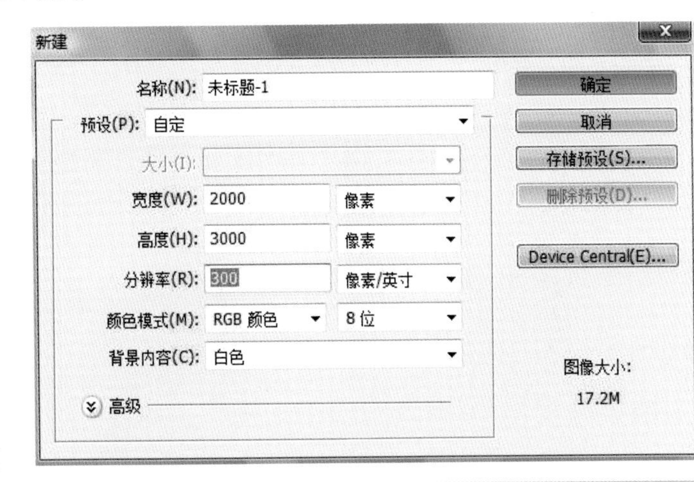

图8-44 新建文件

（3）合成新场景。打开图8-43，选择使用“多边形套索”工具，将化妆品主体选择出来，然后将其拖曳到上一步创建的新场景中，并适当调整大小，如图8-45所示。下面，我们将在该场景中，制作该主体的倒影。

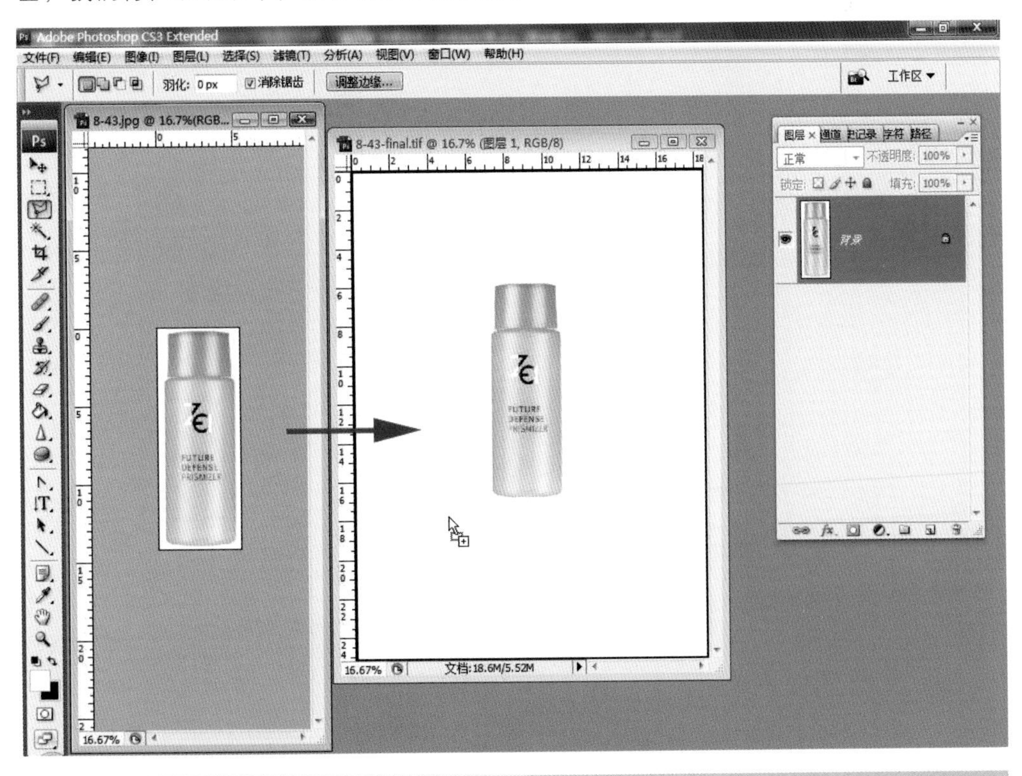

图8-45 将主体移动到新的场景中

（4）创建倒影图像。进入到图层控制面板中，将化妆品所在的图层拖曳到下方“创建新图层”按钮上，复制一个新的主体对象，选择图像按Ctrl+T键，然后在变换框中弹击鼠标右键，选择“垂直翻转”命令，如图8–46所示。完成以后，按Enter键确定当前操作。

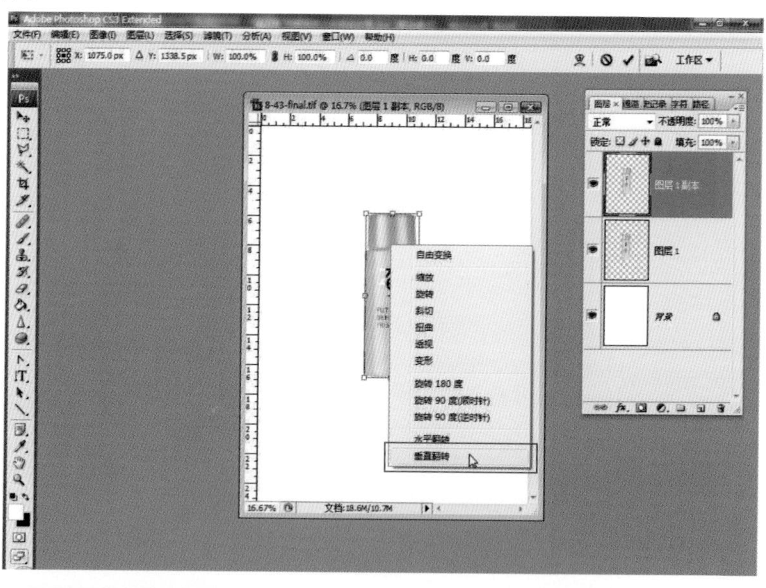

图8–46　变换图像

（5）确定倒影位置和大小。通常物体的倒影位于物体的正下方，并且要比主体在垂直方向上要短。所以首先将倒影对齐到主体的下方，重新按Ctrl+T键，在垂直方向上适当压缩倒影，如图8–47所示，这样就保证了倒影在位置上和长度上的相符。

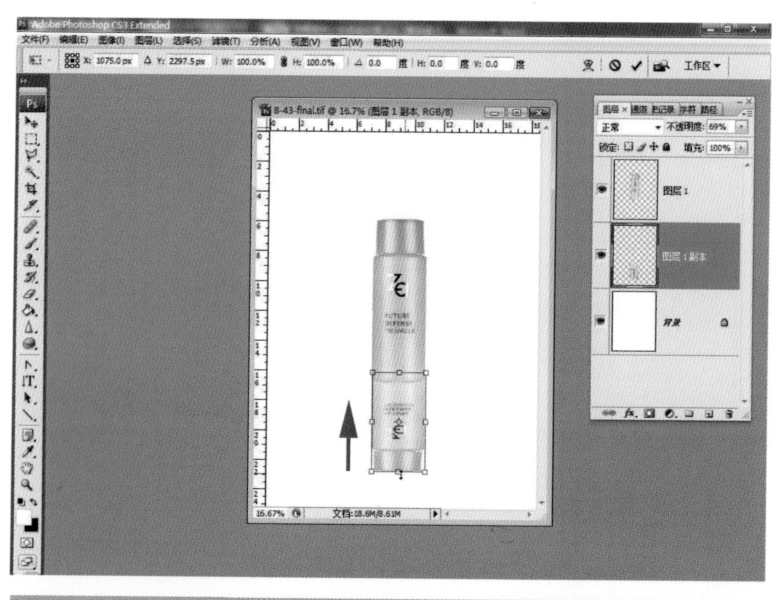

图8–47　调整倒影的大小

（6）调整倒影的视觉效果。真正的倒影是不会与主体一样清晰的，往往越远离主体的影像越模糊，所以接下来我们来模拟这种效果。进入到图层控制面板中，确定当前图层为“倒影”图层，单击下方“添加图层蒙板”按钮，为该图层创建一个图层蒙板，如图8-48所示。

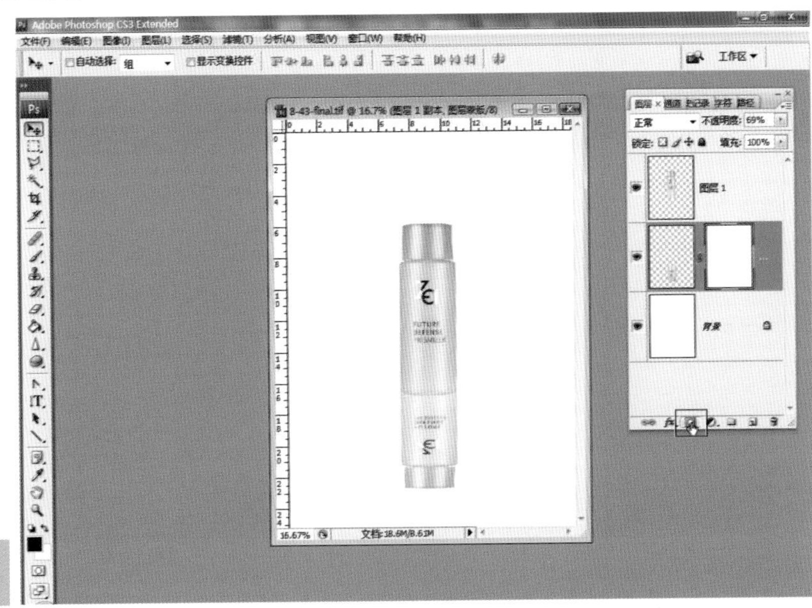

图8-48　新建图层蒙板

进入到左侧工具条中，选择使用“渐变”工具，并将上方渐变颜色设定为“由黑到白”的渐变过程，渐变方式设定为“线性渐变”模式，然后回到场景中，从倒影的底部向主体拖曳渐变线，如图8-49所示。在图层蒙板和渐变工具的帮助下，倒影自然形成了近端不透明度高而远端不透明度低的效果。

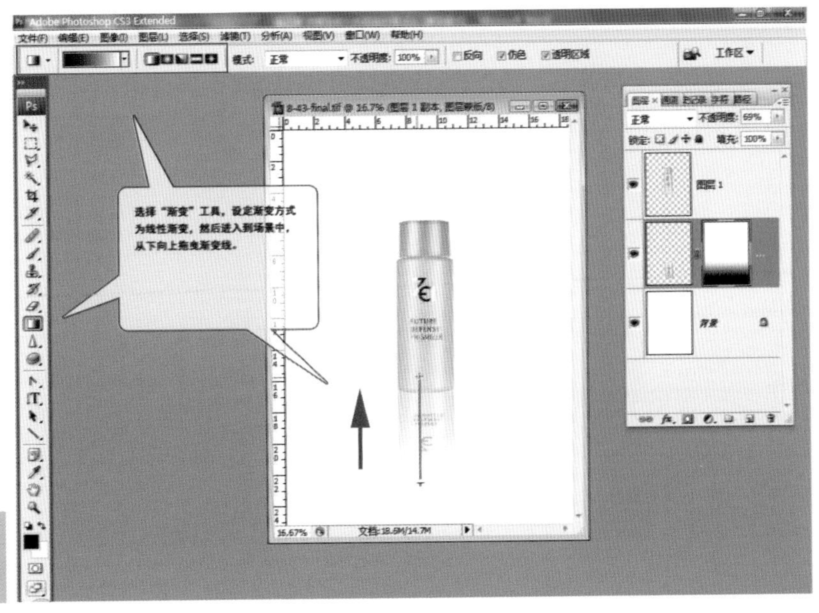

图8-49　对图层蒙板进行渐变

这种方法由于是软件制作而成，所以略显生硬，而且比较适合于水平拍摄的规则形状物体，所以对于很多不规则形状商品，仍然建议读者使用倒影板直接拍摄形成倒影的方法。我们可以为当前场景添加一些渐变的颜色，以帮助衬托倒影的效果，最终场景如图8-50所示。

图8-50　添加倒影后的场景效果

8.7　去除商品照片中的灰尘和污渍

在商品拍摄的过程中，尽管我们对商品本身表面的灰尘做到尽可能地去除，但是由于拍摄环境非无尘化空间，势必仍然会带有一定的灰尘和污渍，所以照片后期输出以后，仍然需要对其表面的一些细小灰尘进行擦除。对于去除这些影响构图的多余对象，我们主要使用“仿制图章”工具来完成。

（1）打开照片。首先，在Photoshop中打开本书配套光盘中的“第8章/8-51.jpg”文件，如图8-51所示。

这个场景是本书前面商品摄影中的一个实例，由于使用了黑色的倒影板，而这种材料又极易沾上灰尘，所以造成上面的点点污渍，影响视觉效果，下面考虑使用“仿制图章”对其进行去除。

（2）使用“仿制图章”。在工具箱中选择使用“仿制图章”工具，并在工具的选项栏中设置笔触的大小，如图8-52所示。

接下来，进入到场景中，将场景尽量放大，这样能够更容易地看到灰尘。按住键盘Alt键的同时，在某个灰尘旁边干净的位置单击鼠标。这个过程是用于定义取样点，用

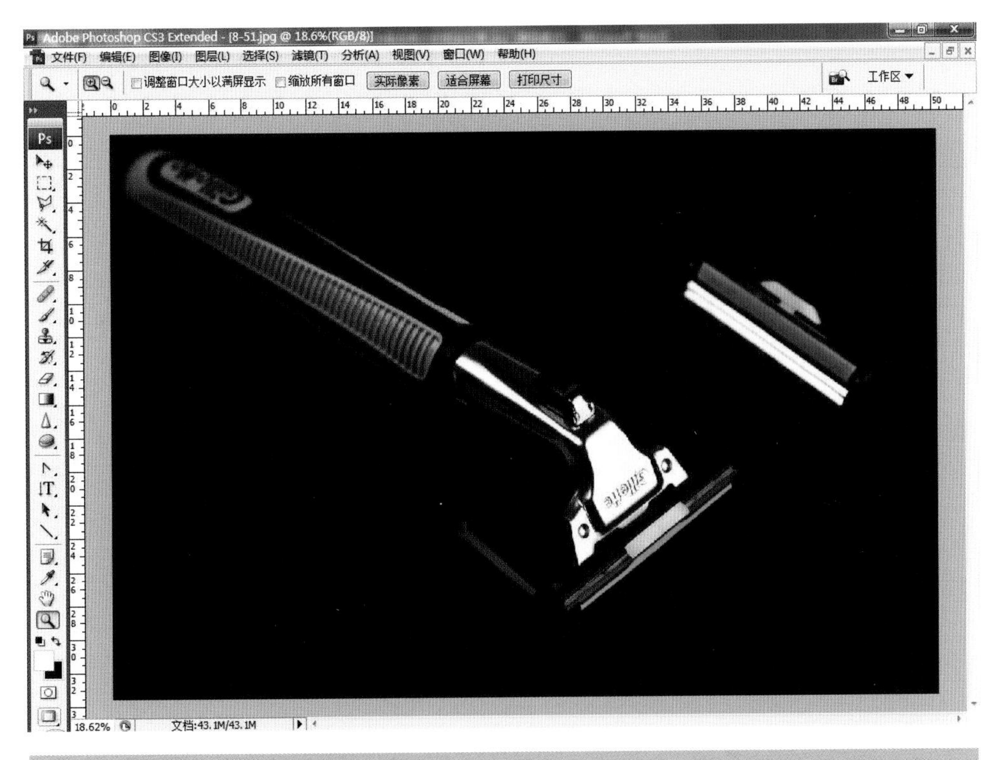

图8–51　打开照片

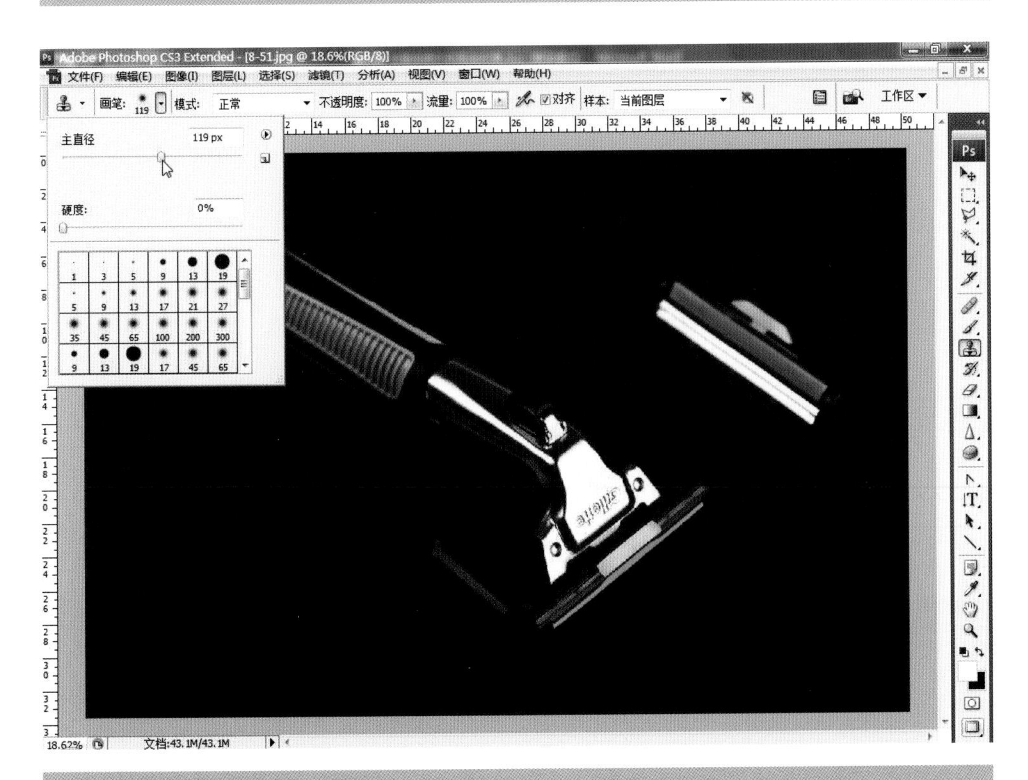

图8–52　使用“仿制图章”工具

取样点上的图案代替灰尘区域的图案，如图8-53所示。“仿制图章”工具首先需要我们定义一个取样点，然后可以将取样点附近的图案复制到指定区域，范围的大小由笔触半径决定。

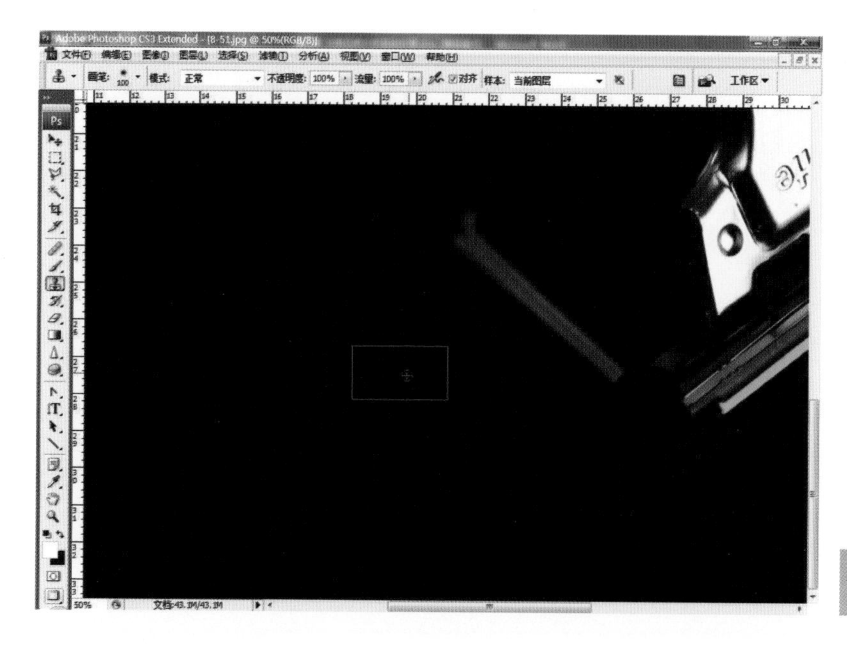

图8-53 设置取样点

完成取样点的定义以后，就可以在灰尘的位置上拖动鼠标了，这时我们就会发现，鼠标经过位置的图案将被取样点的图案所代替，如图8-54所示。在操作过程中，要根据所要去除对象的大小，不断修改笔触的范围，可以用键盘上的“[”和“]”来分别调整其大小。

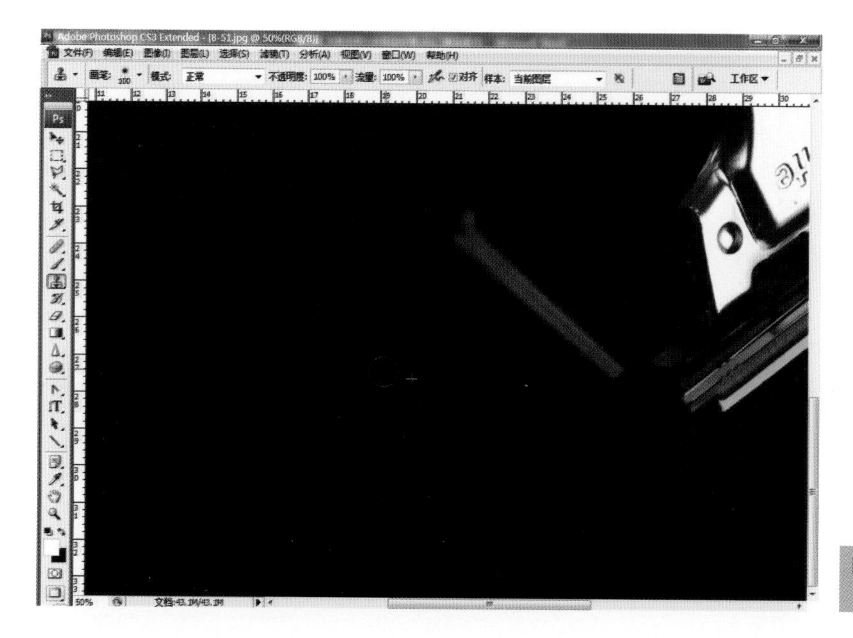

图8-54 擦除灰尘

使用上面介绍的方法对场景中的倒影板上的灰尘进行擦除，就可以完成删除任务，本节实例的最终效果如图8-55所示。

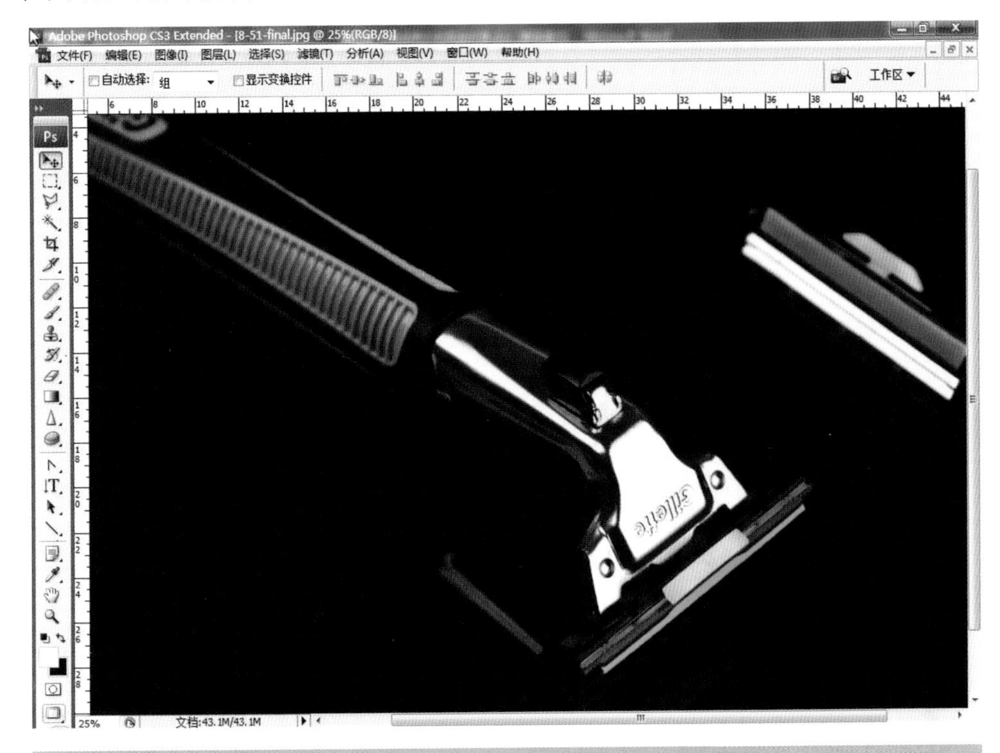

图8-55　场景的最终效果

8.8　模拟商品照片的全景深效果

所谓全景深效果，指的是被摄主体每一部分都呈现出准确对焦的效果。但是在我们平时拍摄的时候，全景深效果很难实现。要想实现全景深，一个方法是使用移轴镜头，但是这种镜头比较昂贵；另外一个方法是尽量缩小光圈，并在足够远的距离拍摄，但是由于我们拍摄的题材大多是商品，远距离的拍摄就变得不现实。综上所述，如果对商品照片的质量要求较高，则可以考虑后期使用本节所介绍的方法来实现。

8.8.1　获得原始商品照片

要想获得商品照片的全景深效果，在拍摄上就要有一定的要求。首先，一定要使用三脚架，从而保证拍摄出来的照片质量和被摄体的透视关系尽量一致；其次，在拍摄过程中，除了焦距的设置以外，尽量保证相机参数不变，从而保证照片亮度一致；第三，在拍摄的时候，使用手动对焦功能，分别对商品的各个重要部分进行对焦。

读者可以打开本书配套光盘下“第8章/8-56”文件夹下面的4幅照片，分别为01～04，如图8-56所示。

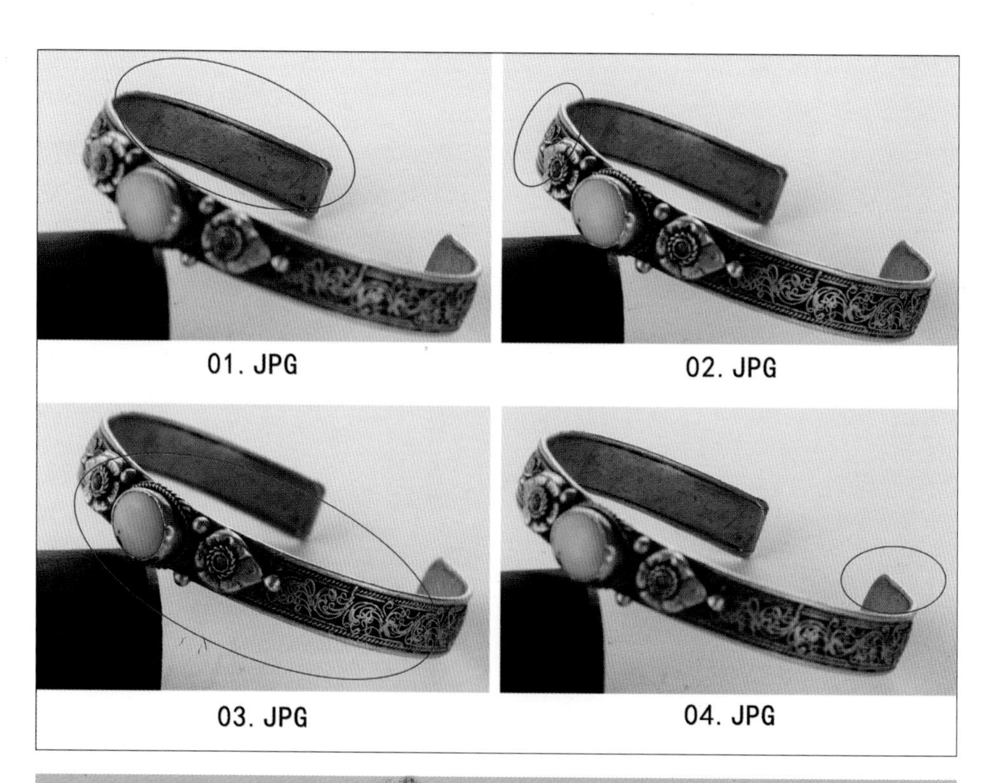

图8-56 打开照片

这 4 幅照片为本书前面章节中曾经使用过的商品照片，它们的拍摄方法就满足了上述的要求。我们已经将每幅照片的对焦点圈出，读者可以将 4 幅照片放大观察，从而详细了解它们的焦点和焦外情况。

8.8.2 多照片合成

接下来，我们将把这几幅照片合成为一幅，而且整个过程都是自动化完成，合成以后的照片，它们的主体部分将重合到一起，方便我们下面的操作。

在Photoshop中执行菜单“文件”|“自动”|Photomerge命令，在打开的对话框中，左侧“版面”选项中设置为默认的“自动”一项，在右侧窗口中打开本书配套光盘下“第8章/8-56”文件夹中的4幅照片，如图8-57所示。

图8-57 使用Photomerge功能

单击“确定”按钮以后，软件会自动查找每幅照片中的主体对象，并将几幅照片中的图像进行对齐。经过一段时间的运算以后，将得到它们合成后的场景，如图8-58所示。

图8-58　合成后的场景效果

8.8.3　应用蒙板调整焦点

上面步骤中，我们使用Photomerge功能在于将这几幅照片合成到一起。下面，将保留每张照片中的对焦点，将它们生成全景图。

首先，在左侧工具条中，选择使用“裁切”工具，对照片进行裁切，只保留照片中的手镯部分，如图8-59所示。

进入到右侧图层控制面板中，在每一个图层的蒙板上单击右键，在弹出的菜单中选择“删除蒙板”命令，如图8-60所示。我们把作用到每个图层上的蒙板去除掉，将重新精细地调整图像。

将所有图层的蒙板去除掉以后的效果，如图8-61所示。

下面，我们分别调整各个图层。首先在图层控制面板中，将最上方的两个图层暂时隐藏，只保留图层“03.jpg”和“04.jpg”两个图层。确定当前图层为“03.jpg”，点击下方“添加图层蒙板”按钮，为该图层创建一个新的空白蒙板，如图8-62所示。

接下来，我们将借助图层蒙板的帮助，将该图层中焦点以外的图像擦除掉，只保留对焦准确的部分。进入到工具条中，将前景色设置为黑色，然后选择使用“画笔”工

图8-59　对照片进行裁切

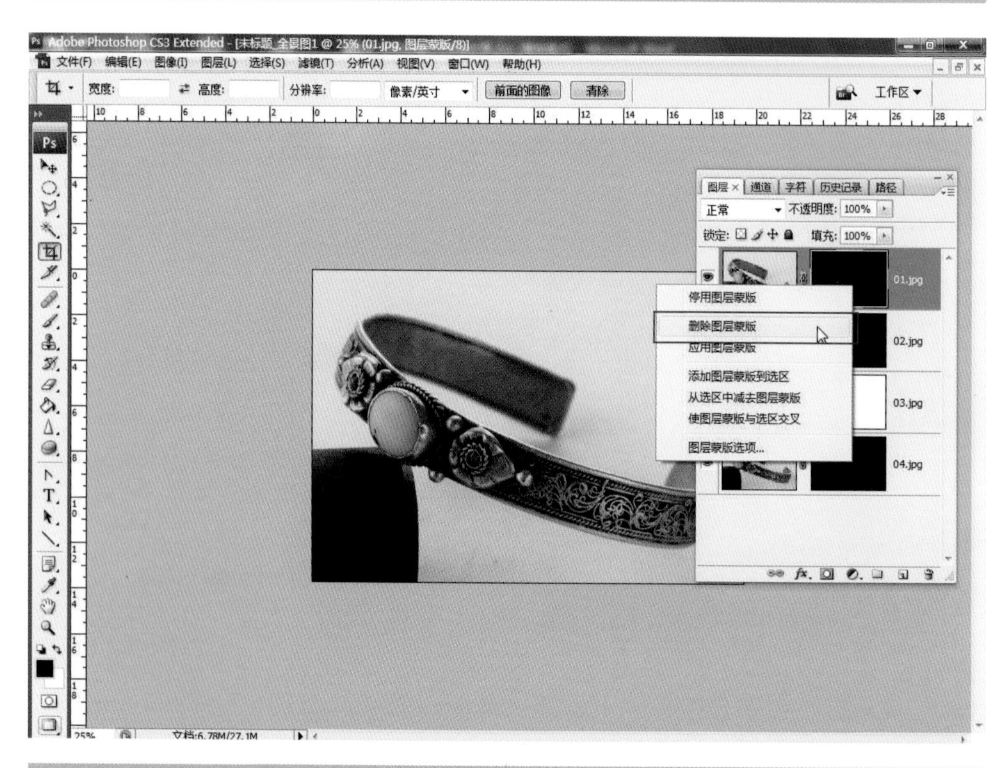

图8-60　删除图层蒙板

图8-61　将图层蒙板都删除以后的场景效果

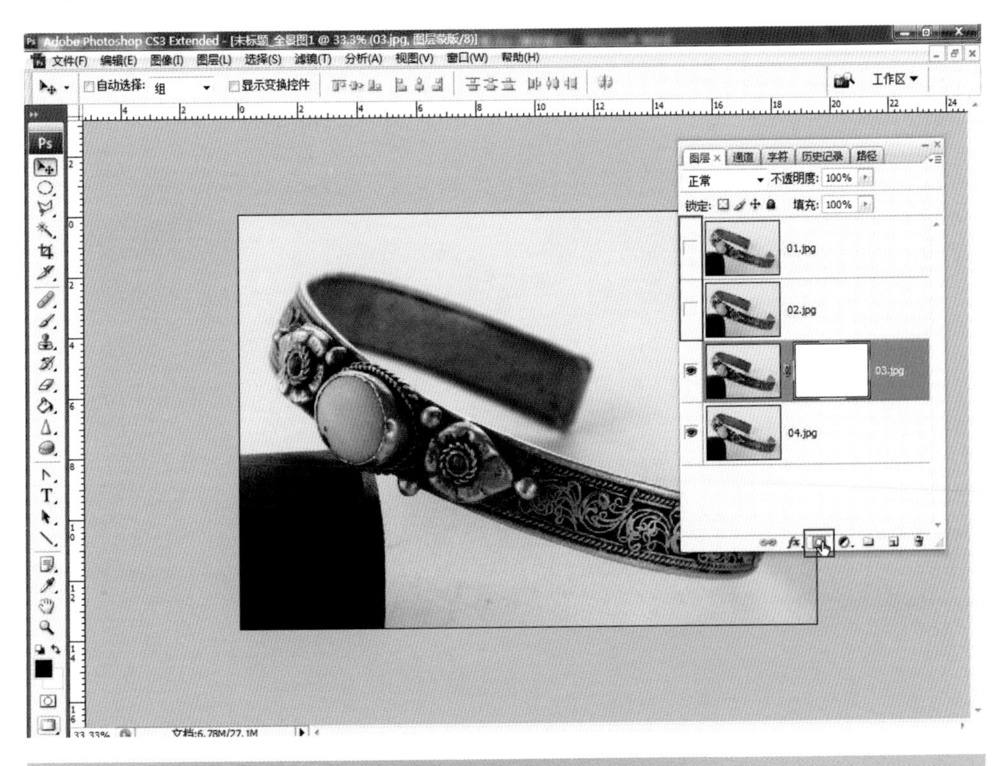

图8-62　重新添加图层蒙板

具，调整上方参数选项栏的画笔笔触样式以及大小，进入到场景中，对当前图像中的模糊部分进行擦除，如图8-63所示。

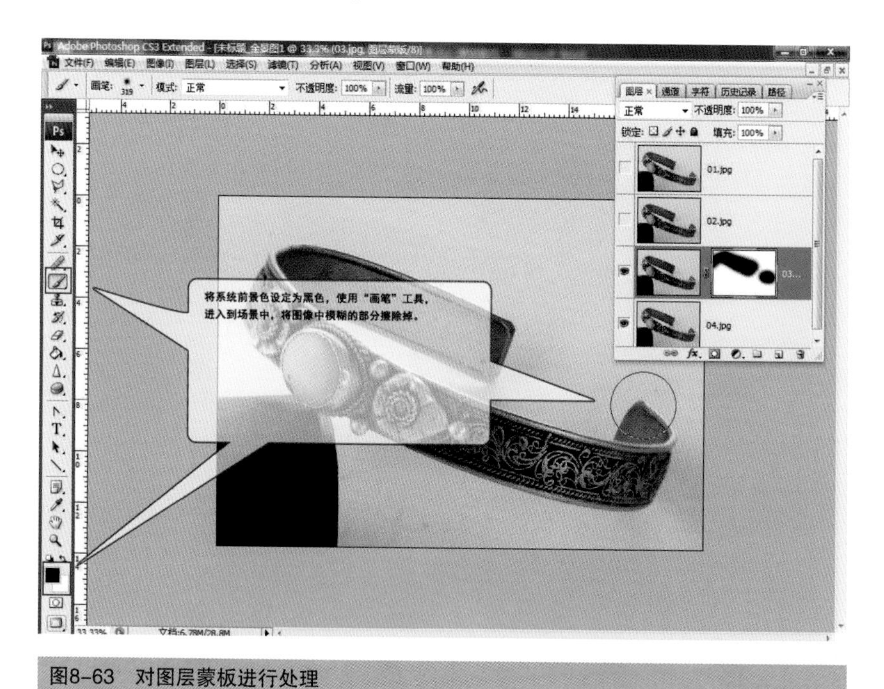

图8-63　对图层蒙板进行处理

使用上述方法，再将"02.jpg"图层显示出来，然后对模糊的图像部分进行擦除，如图8-64所示。

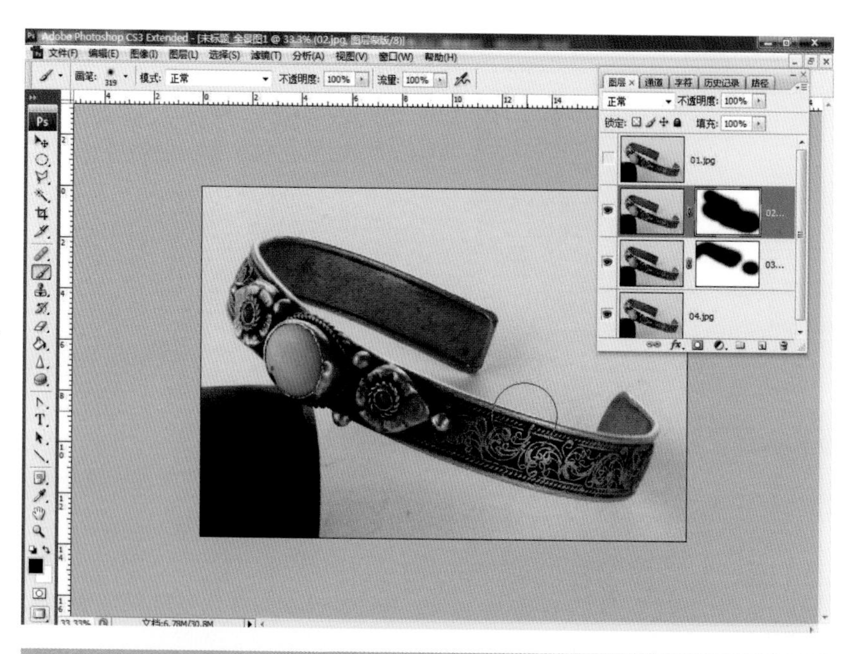

图8-64　对02所在图层的蒙板进行处理

最后，将“01.jpg”图层显示出来，保留该图层中对焦准确的部分，将焦外图像擦除掉，如图8-65所示。

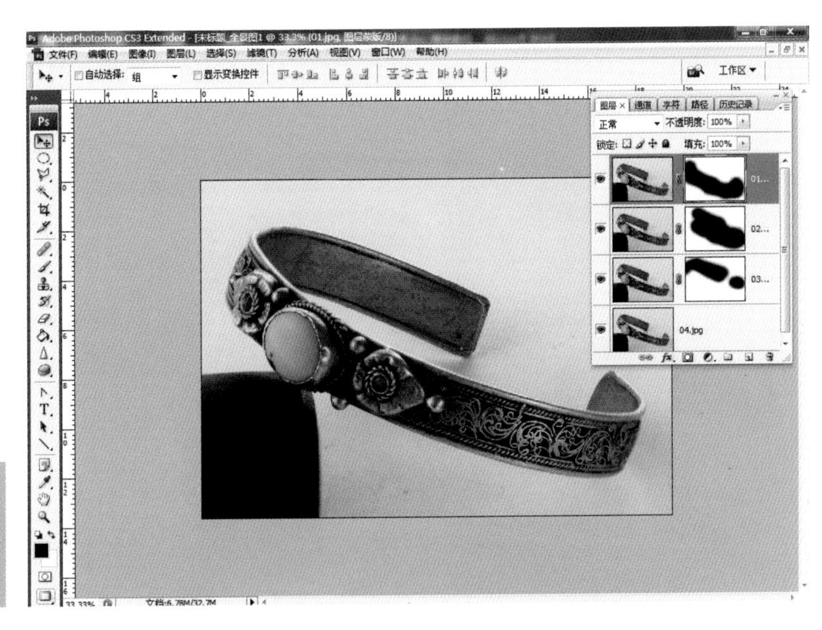

图8-65　对01所在图层的蒙板进行处理

在当前这个场景中，由4幅照片组成，每幅照片中都有各自对焦准确的位置，我们只保留了它们各自的这些位置，并由保留的图像部分重新组成了一个完整的商品主体照片，这就是Photomerge这个工具帮助我们实现全景深商品照片的方法。

完成上述操作以后，我们可以将几个图层进行合并，替换背景等操作，最终将得到如图8-66所示的效果。

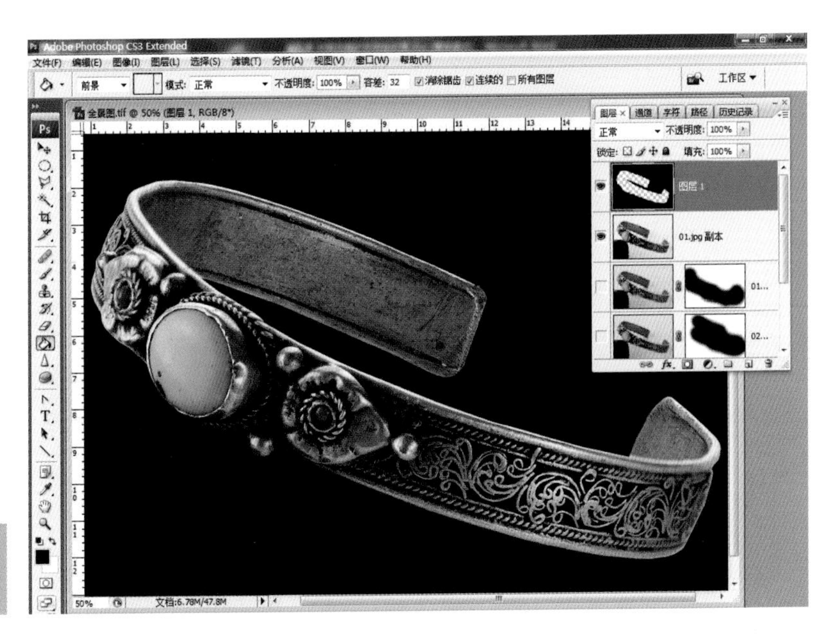

图8-66　场景的最终效果

8.9 RAW格式商品照片的拍摄和处理

当我们在使用数码单反相机拍摄的时候，允许设定的图像存储格式主要有三种：RAW、JPG和TIFF。对于后两种文件格式，是摄影爱好者平时使用频率较高的。那么RAW文件的是怎样一种格式呢？它与其他的图像存储格式的区别体现在哪里呢？

8.9.1 什么是RAW格式的照片

RAW文件主要是一种记录了数码相机传感器的原始信息，同时保存着一些由相机所产生的一些元数据（例如IS0的设置、快门速度、光圈值、白平衡等）的文件。不同的相机制造商会采用不同的编码方式来记录RAW数据，进行不同方式的压缩，同时也采用不同的文件扩展名，如Canon系列相机的.CR2、Minolta相机的.MRW、Nikon单反相机的.NEF、Olympus系列单反相机的.ORF等，不过其原理和所提供的作用功能都是大同小异的。对于目前数码相机行业RAW格式的制订以及Photoshop对RAW格式的支持，随着这几年的发展，已经变得日益完善。

8.9.2 RAW格式照片的特点

RAW文件几乎是未经过处理，直接从CCD或CMOS上得到的信息，通过后期处理，摄影师能够最大限度地展示自己的艺术才华。具体来讲，RAW格式文件具有以下几个特点：

（1）虽然RAW文件并没有白平衡设置，但是真实的数据也没有被改变，可以任意调整色温和白平衡，并且不会有图像质量损失。

（2）颜色线性化和滤波器行列变换在具有微处理器的电脑上处理得更加迅速，这允许应用一些相机上所不允许采用的、较为复杂的运算法则。

（3）虽然RAW文件附有饱和度、对比度等标记信息，但是其真实的图像数据并没有改变。用户可以自由地对某一张图片进行个性化调整，而不必基于几种预先设置好的模式。

（4）RAW最大的优点就是可以将其转化为16位的图像。也就是有65536个层次可以被调整，这对于JPG文件来说是一个很大的优势。当编辑一幅照片的时候，特别是当我们对阴影区或高光区进行重要调整的时候，可调节的余地更大，获得的效果和细节也更加细腻。

8.9.3 RAW格式与JPG格式的区别

我们可以认为所有的单反相机都使用了RAW模式，但是当我们选择了JPG作为存储格式以后，就把图像提交给了相机内置的RAW转换程序。如果我们允许以RAW作为存储格式，那就意味着可以在一个复杂的平台上对照片做更好的调整，即使修改不佳，也可以在将来重新调整。

在生成JPG文件之前必须决定一些重要的方面，即白平衡、对比度、饱和度等，而RAW的好处在于，这些都不必在当时深思熟虑，以后有充足的时间来思考。

对于一些摄影师而言，比如体育、新闻摄影师，拍摄照片时的便利与速度才是最重要的，而其他人并不一定如此。如果你想要最好的画质，RAW便是不二之选。一些相机同时保存JPG格式和RAW格式，对于摄影师而言，这是再好不过的了，然而这也不得不占用额外的存储空间。

一部分用户并不喜欢RAW格式，因为这种格式的文件实在太大了，它们需要更多的空间。RAW文件确实需要更大容量的存储器，同时也需要优秀的解码和编辑软件，随着技术的不断进步，相信RAW的明天会更好。

8.9.4 在拍摄中选择使用RAW格式

如果条件允许，读者在实际拍摄作品的过程中，可以优先选择RAW格式，它会让您在后期照片处理过程中获得更大的余地。如图8-67所示，是佳能一款单反相机的图像格式设置菜单，其中可以选择JPG、RAW或者RAW+JPG三种格式。

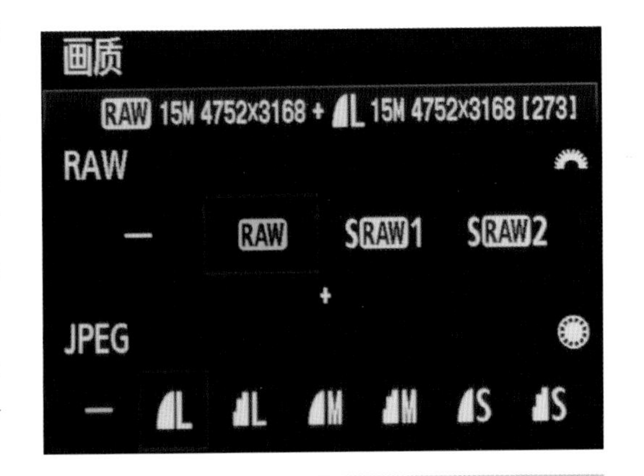

图8-67 单反相机内的图像格式设置菜单

如图8-68所示的是各种不同的文件格式的照片大小，以及所能输出最大打印尺寸。

画质		像素	打印尺寸	文件尺寸（MB）
JPEG设置	L	大约1510万像素（15M）	A3或更大	5.0
	L			2.5
	M	大约800万像素（8M）	A3 - A4	3.0
	M			1.6
	S	大约370万像素（3.7M）	A4或更小	1.7
	S			0.9
RAW设置	RAW	大约1510万像素（15M）	A3或更大	20.2
	SRAW1	大约710万像素（7.1M）	A3 - A4	12.6
	SRAW2	大约380万像素（3.8M）	A4或更小	9.2
RAW & JPEG设置	L	约1510万像素	A3或更大	20.2+
	RAW	约1510万像素	A3或更大	5.0
	L	约1510万像素	A3或更大	12.6+
	SRAW1	约710万像素	A3 - A4	5.0
	L	约1510万像素	A3或更大	9.2+
	SRAW2	约380万像素	A4或更小	5.0

图8-68 不同文件格式照片的大小

从图8-68可以看到，我们在设置拍摄照片格式的时候，除了直接保存为RAW以外，还可以设置RAW＋JPG格式。这种方式就是在按一次快门的状态下，可以在拍摄一幅RAW格式照片的同时，获得与其完全相同的JPG图像，从而方便在后期进行对比和备份。

当然，无论是直接保存为RAW格式，还是RAW＋JPG格式，保存照片的速度都要慢于保存为JPG格式，所以RAW格式的设置不适用于快速抓拍，这一点需要读者注意。

8.9.5 导入RAW格式照片

目前，Photoshop CS5中集成了最新版的Adobe Camera Raw软件用于对

RAW格式文件的处理，大家也可以到Photoshop的官方网站（www.adobe.com.cn）更新最新版的Camera Raw软件，该版本支持市面上几乎所有数码相机拍摄的RAW格式文件。

下面，我们使用本书配套光盘中的“第8章/8-69.ORF”文件，为大家介绍一下如何使用Photoshop进行RAW格式文件的调色和导入。

首先，选择菜单“文件”|“打开”命令，在弹出的对话框中选择使用Camera Raw文件格式，然后到本书配套光盘中找到8-69.ORF文件，如图8-69所示，这是一幅由奥林巴斯单反相机拍摄的RAW格式文件。

图8-69　打开照片

该文件将自动使用Camera Raw插件打开，运行窗口如图8-70所示。

图8-70　Camera Raw的运行窗口

在当前窗口中，左上角是基本工具按钮，用于图像的查看、旋转、裁切、红眼去除以及白平衡调整等；中间窗口为图像的预览视图；右侧为主要的参数调整区。

8.9.6　处理RAW格式照片

下面，简要说明一下Camera Raw对照片的常用处理方法。在右侧的参数调整区域中，首先是进行基本图像参数的设置，如图8-71所示。这些参数都是前面曾经接触过的，如曝光、色温、饱和度、亮度以及对比度等，通过这些参数的调整，基本上就可以获得满意的照片效果。

图8-71　图像的基本参数设置区

除了基本调整以外，还可以针对图像中可能存在的其他问题进行高级参数的设置。在右侧参数调整区，单击上方第3个“锐化”按钮，将进入到图像的锐化调整区域，如图8-72所示。在这部分区域中，我们可以通过锐化调节从而让图像的细节更加清晰。

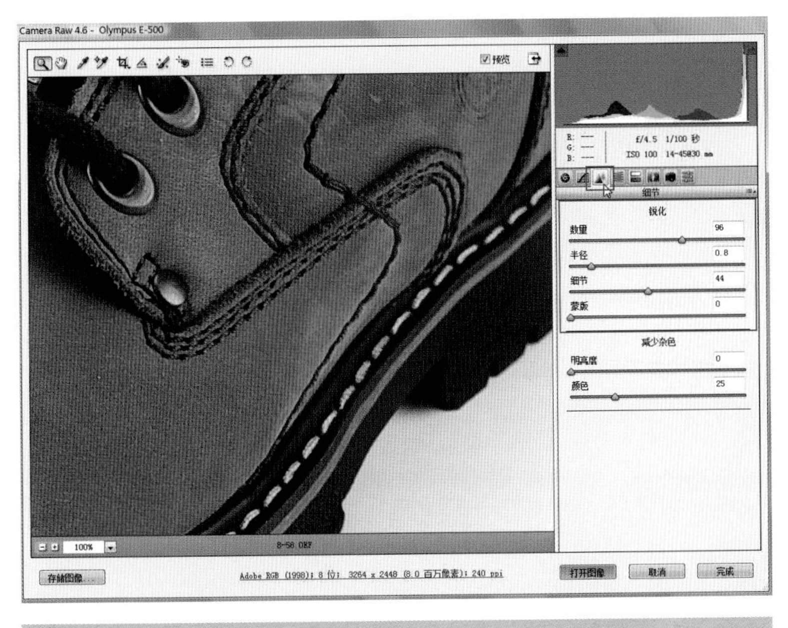

图8-72　锐化参数调整区

对于锐化的问题，使用Adobe Camera Raw自带的锐化功能比在Photoshop中使用“USM锐化”要好很多。在图像中，边缘是由灰度级和相邻域点不同的像素点构成的。因而，若想强化边缘，就应该突出相邻点间灰度级的变化。也就是说，锐化的算法，一般是通过对灰度值进行运算的。我们也知道Photoshop中是对转换后的像素值（已有像素的基础上）进行操作，这样势必要破坏图像细节方面的质量。所以说Adobe Camera Raw软件自带的锐化功能比在Photoshop里面直接锐化效果要好得多。

进入到“色调曲线”区域中，我们可以只针对图像高光、阴影区域的范围和强度方面进行细化处理，如图8-73所示。

图8-73　色调曲线参数调整区

当照片出现高光过曝情况时，高光的细节部分会丢失得比较严重，用Photoshop调整过后，细节还是补救不回来，“高光调整”选项，作用在于恢复高光部分的细节，在默认和自动的情况下数值都是0，当图片出现过曝的情况，对这个功能的滑块做出相应调整，可以很好地解决高光过曝这个令摄影师头疼的问题。暗部调整用于恢复暗部的细节，图片无论高光还是暗部，细节都会丢失。当然，我们不可能完全找回来，但是在Camera Raw新增加的“色调曲线”功能，确实能比较好地补救，相信会成为摄影爱好者喜爱的功能。

进入到“镜头校正”区域中，我们可以由相机拍摄引起的照片“紫边”问题进行动态消除，在操作上显得更加便捷，如图8-74所示。

通过上述调整，基本上可以对图像在拍摄过程中造成的各种问题进行处理，并且这种处理是以不损伤图像质量为代价的，从这一点上来讲，RAW格式图像比JPG格式更加具有实用性和观赏价值。

图8-74　镜头校正参数调整区

将图像调整完成以后，就可以将照片进行输出处理了。虽然RAW具有各种优势，但是最大的问题是无法进行打印或者冲印。因此在文件处理完成以后，我们仍然需要将其转换为JPG文件。单击Camera Raw窗口下方的“打开图像”按钮，将直接在Photoshop中打开调整完成的图像，如图8-75和图8-76所示。

图8-75　单击“打开图像”按钮

图8-76　经过Camera Raw处理后的图像效果

Camera Raw功能强大，基本上可以对照片中常见的所有摄影问题进行处理，如果打算对JPG格式文件进行调整，那么首先需要在Camera Raw中能够打开JPG文件，但是默认状态下，Camera Raw只能处理RAW格式的照片，所以需要选择菜单 “编辑”|“首选项”|“文件处理”命令，弹出如图8-77所示的对话框。

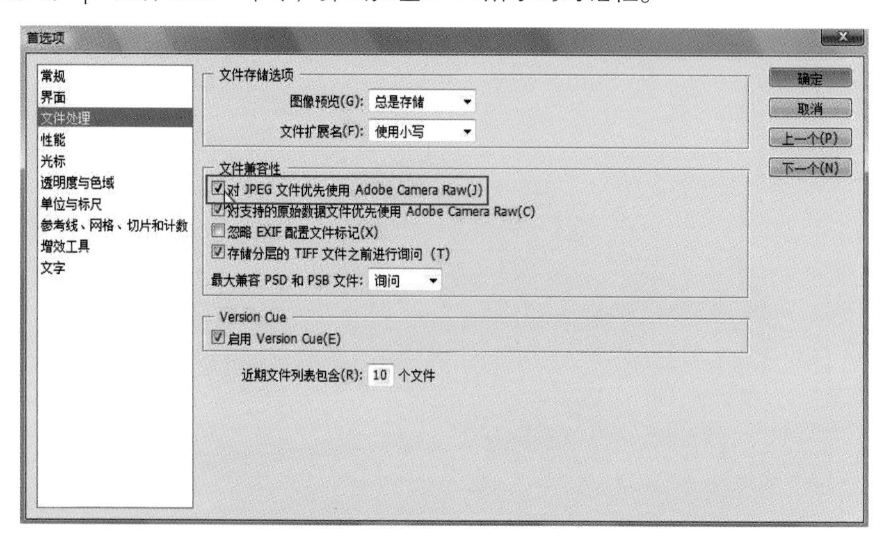

图8-77　打开“文件处理”窗口

在当前对话框中，如果选中“对JPEG文件优先实用Adobe Camera Raw”选项，则可以直接在Camera Raw中打开JPG文件，从而可以对这种普通的图像格式采用RAW文件的编辑方式。

正如我们所看到的，在Camera Raw插件中，我们可以对JPG格式的图像很多有效的调整，但这并不可以把RAW和JPG格式的文件等同化。对于RAW格式文件，最重要的优点就是在输出成图像文件时保存了各式各样的参数，这些参数都由摄影师决定，而JPG文件只是通过相机自带的参数处理得出的其中一种效果而已，两者之间的概念是不能混淆的。

8.10 Adobe Camera Raw后期处理功能透视

在上一节中，我们简要介绍了如何拍摄RAW格式的照片，以及使用Photoshop集成的Camera Raw处理这种影像。这个插件的功能非常强大，使用它也可以很准确和快速地处理RAW格式照片中存在的一些问题。这一节，我们选择其中几个重要的功能，通过实例演示的方式为读者介绍这些工具。相信通过本节的学习，可以让读者更深切地体会到这个插件的强大之处。

8.10.1 使用“白平衡”工具快速校正色温

在本书前面章节中，我们曾经介绍过如何校正照片的白平衡，相对调整得比较粗糙，而使用Camera Raw工具中的“白平衡”工具，则可以获得比较准确的场景色温。

（1）打开照片。首先，在Photoshop中打开本书配套光盘下“第8章/8-78.CR2”文件，如图8-78所示。这是一幅我们曾经在前面章节中使用过的商品照片。接下来，

图8-78 打开照片

我们将用这个实例为读者介绍如何在Camera Raw中调整RAW格式的白平衡。

（2）分析照片。当前照片从视觉感官上看是严重偏黄，并且曝光不足。我们可以通过更加精确的方式来确定偏色问题。在当前窗口左上角有一排按钮，其中有一个“颜色取样器”工具，该工具与Photoshop当中的同名工具使用方法相同。我们可以通过这个工具，在照片上定义点，该点处的颜色值会瞬间显示出来。如图8-79所示，在实际拍摄环境下，背景纸的颜色应该为灰色的，所以使用颜色取样器在背景纸上设定一个点。

图8-79 使用“颜色取样器”工具定义灰度点

现在该点显示的RGB三者数值可以通过预览窗口上方观察到，分别为157、152、138。通过这个数值我们了解到，当前点红色跟绿色数值比较接近，而且要超过最后的蓝色数值。红色和绿色叠加是黄色，所以可以判断出当前场景是偏向黄色。

（3）校正偏色。当然，上述偏色的判断只是让读者从数据上有一个直观的印象，而使用Camera Raw校正偏色的时候，读者可以不用判断场景到底是哪种偏色，使用接下来的“白平衡”工具就可以瞬间解决。

“白平衡”工具允许我们在场景中定义一个理想中的灰度点，这个点在拍摄环境中可以被理解为RGB三者数值相等，当然在照片中反映出来的则不相等，这也就是导致偏色，而必须校正的原因所在。

下面，我们假设拍摄环境中的灰度点是背景纸或者后面的黑卡纸，然后在预览窗口上方选择使用“白平衡”工具，进入到预览窗口中点击上面步骤中曾经分析过的背景纸上的点，如图8-80所示。点击完成以后，场景瞬间就改变了颜色，同时右侧参数调整区中“色温”以及“色调”两项数值也跟着发生了变化。

图8-80 使用“白平衡”工具拾取灰度点

（4）增加曝光量。当前场景的亮度还显得有些低，所以进入到右侧参数调整区，拖曳“曝光”一项的参数，适当增加场景的曝光，如图8-81所示。此处“曝光”一项参数的调整，不同于Photoshop中的亮度调整，而是与相机中“曝光补偿”的亮度是保持一致的。

图8-81 调整曝光量

如图8-82所示为本节实例中调整前后的对比图，使用Camera Raw的“白平衡”工具调整的白平衡要更加准确而且快捷，建议读者在后期商品拍摄和调整都选择使用RAW格式来完成。

图8-82 白平衡调整前后的对比效果

8.10.2 使用“拉直”工具调整倾斜的影像

在本书前面章节中，我们曾经介绍过使用“裁切”工具校正倾斜照片的方法。读者在后期使用过程中就会发现，该工具在调整的过程中，经常需要反复几次才能获得一幅垂直的照片，原因就在于很难找到垂直或者水平的基准线。而这个问题在Camera Raw中通过“拉直”工具就可以迎刃而解了。

（1）打开照片。首先在Photoshop中打开本书配套光盘下“第8章/8-83.CR2”文件，如图8-83所示。这幅照片采用裁切类拍摄的手法，但是在拍摄时产生了微小的倾斜。下面，我们直接在Camera Raw中对其进行裁切。

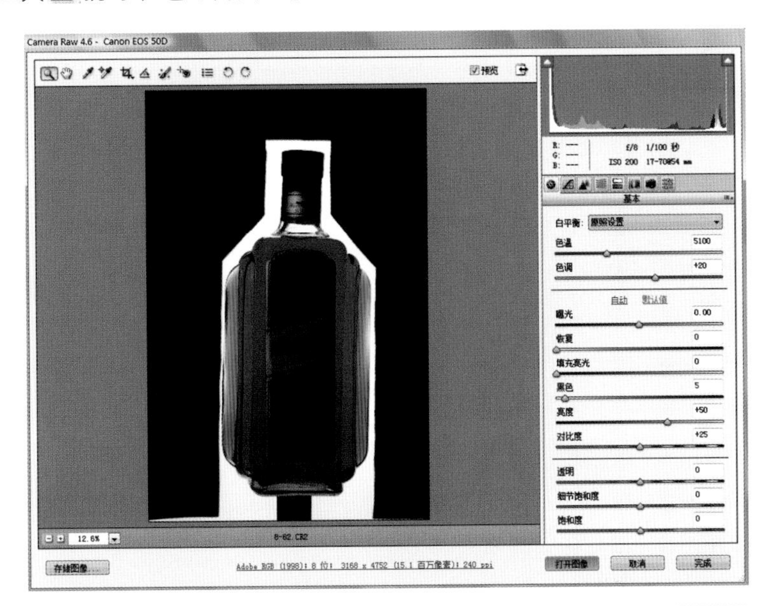

图8-83 打开照片

（2）校正垂直线。在预览窗口上方中选择使用“拉直”工具，该工具允许我们在照片中定义一条拍摄环境中的垂直线或者水平线，后期的裁切将以该线为基准产生旋转。下面，我们使用“拉直”工具，沿着酒瓶的边缘一侧拖曳一条线，如图8-84所以。

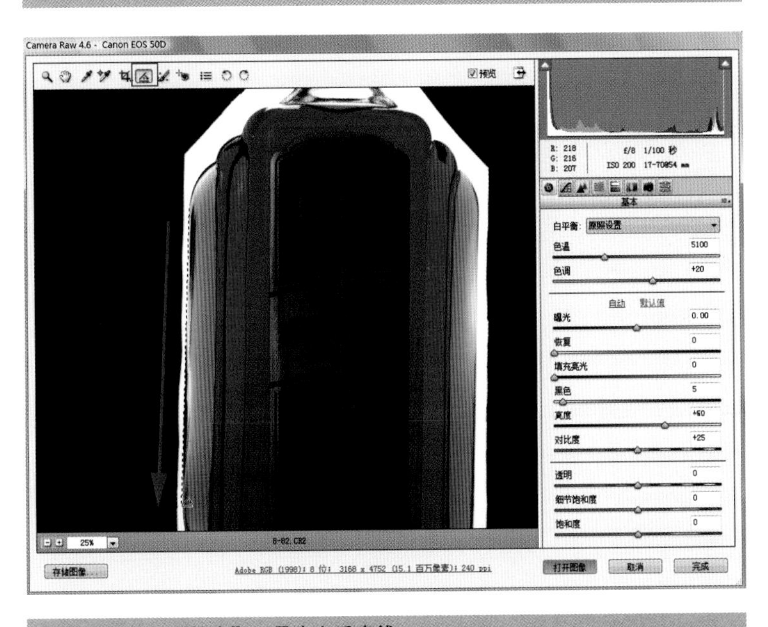

图8-84 使用“拉直”工具定义垂直线

（3）裁切照片。松开鼠标以后，将出现裁切窗口，旋转的角度就是以上面步骤中“拉直”工具定义的线为角度基准而产生的，如图8-85所示。分别调整裁切窗口的控制线，确定裁切大小，然后点击右下角“打开图像”按钮。

如图8-86所示，裁切完成以后的照片将自动出现在Photoshop中。这种裁切方式要比使用Photoshop中的“裁切”工具更加准确和方便。

图8-85　裁切照片

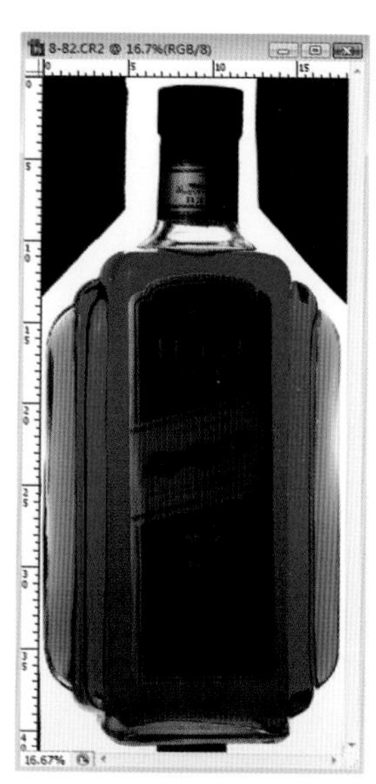

图8-86　照片的最终效果

8.10.3　模拟镜头柔焦效果

要想在拍摄的时候产生柔焦效果，往往需要相机内有柔焦效果的功能选项，或者在镜头前加装柔焦装置。在Camera Raw中，有一项“透明”的参数调整选项，这个工具可以用于对拍摄对象边缘进行硬化或者柔化。借助于这项功能，可以很方便地将场景中的部分影像转换为柔焦效果。

（1）打开照片。首先在Photoshop中打开本书配套光盘下“第8章/8-87.CR2”文件，如图8-87所示。这幅照片中的主体部分是右下方的冰点，左上角的玫瑰用于衬托整个场景。

（2）调整参数。进入到右侧参数调整区中，拖曳“透明”一项的参数，将滑块向左侧移动。在移动的过程中，我们就会发现，整个场景呈现出虚化的效果，如图8-88所示。

将“透明”一项调整为“-100”以后，点击下方“打开图像”按钮，将得到如图8-89所示的效果。

（3）合成场景。对于我们的拍摄来说，主要是为了体现水果冰点的效果，所以作为主体的冰点不能也一样模糊。我们考虑使用两幅照片进行合成，一幅就是已经被完全虚化的场景；一幅就是完全清晰的场景。所以保留图8-88不变，再次打开8-87.CR2

图8–87　打开照片

图8–88　调整参数

图8-89　调整参数后的场景效果

这个文件，将“透明”一项调整回“0”，如图8-90所示。

图8-90　将“透明”的参数设置为0

确定以后回到场景中，我们将得到两幅照片，如图8-91所示。

将虚化的照片拖曳到清晰的照片当中并对齐，此时会得到两个图层，上方为虚化的图层，下方为清晰的图层，如图8-92所示。

图8-91　调整后得到的两幅照片

图8-92　将两幅照片合成到一起

下面，我们将借助于图层蒙板的帮助，将上方虚化的冰点部分擦除，以使下方清楚的部分显露出来。进入到图层控制面板中，为上方图层添加一个图层蒙板；进入到左侧工具箱中，将前景色设定为黑色；选择使用画笔工具，并设定画笔的笔触大小和其他选项，然后进入场景中，在冰点的部分进行擦除。如图8-93所示，随着擦除的进行，下方清晰的部分将逐渐显现出来。

经过处理以后的最终效果将如图8-94所示。

图8-93　应用图层蒙板对照片进行处理

图8-94　经过处理后的场景最终效果

8.10.4 让商品主体的边界更加清晰

在上面的实例中，我们使用“透明”这个选项帮助商品照片产生了柔焦的镜头效果。这个参数还有另外一个作用，当把数值调整到高于0以后，会让商品主体的边缘亮度降低，加深其边缘的显示。所以接下来，我们再通过一个实例来了解这个参数。

（1）打开照片。首先在Photoshop中打开本书配套光盘下“第8章/8-95.CR2”文件，如图8-95所示。这是一幅逆光拍摄的酒杯，采用了裁切类拍摄手法。在这个场景中，我们感觉杯子边缘的线条不够深，所以考虑使用“透明”这个选项来加深杯子边缘的线条。

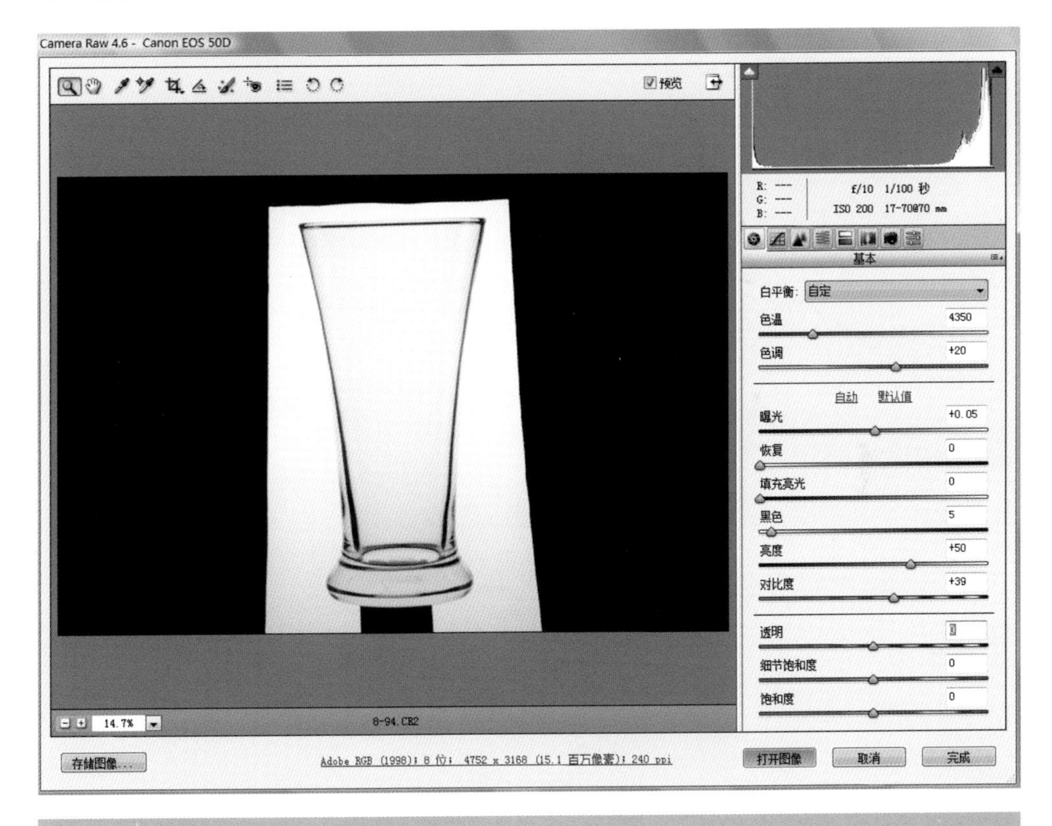

图8-95　打开照片

（2）调整参数。在界面右下角处，调整“透明”一项参数，将参数向右侧进行移动，随着移动的进行，杯子的线条在逐渐加深。将参数设置为“+100”，如图8-96所示。

这样，我们就只通过“透明”这一项参数，提高了杯壁边缘的对比度，如图8-97所示为修改前后的对比图像。

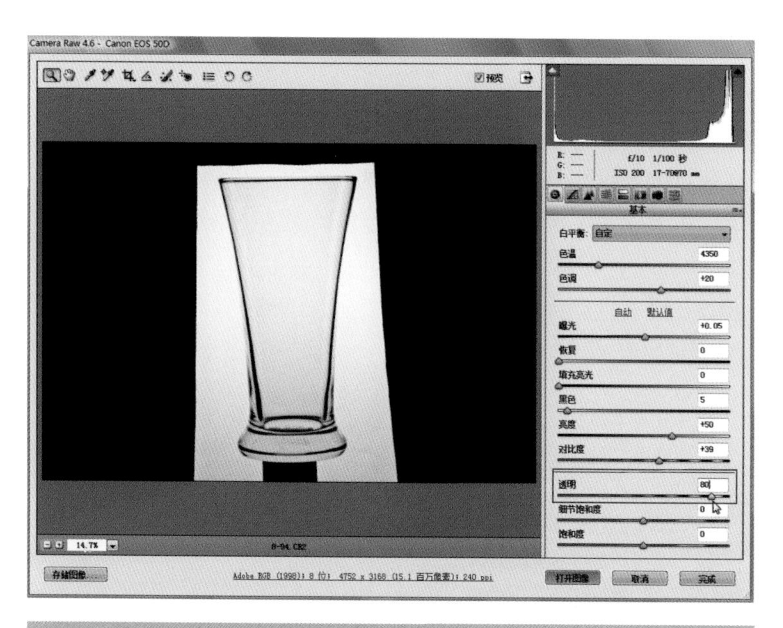

图8-96　调整“透明”一项参数

图8-97　处理前后的对比效果

8.10.5　消除镜头暗角

所谓镜头暗角，是指拍摄出来的照片中边缘部分成像比中部暗。

暗角的产生原因是成像的边缘失光，即汇聚光线比中心少。通常在商品拍摄的过程中，由于灯光与镜头还有遮光罩位置的关系，暗角现象相对比较普遍。出现暗角现象以后，我们要力求将其去除掉，否则会影响视觉效果。在Camera Raw中，去除镜头暗角非常方便。

（1）打开照片。首先在Photoshop中打开本书配套光盘下“第8章/8-98.DNG”文件，如图8-98所示。这幅照片已经调整过色温以及曝光问题，但是从图像上仍然能比较明显地看到角点的亮度要低于画面中心位置。所以，我们将对其进行处理。

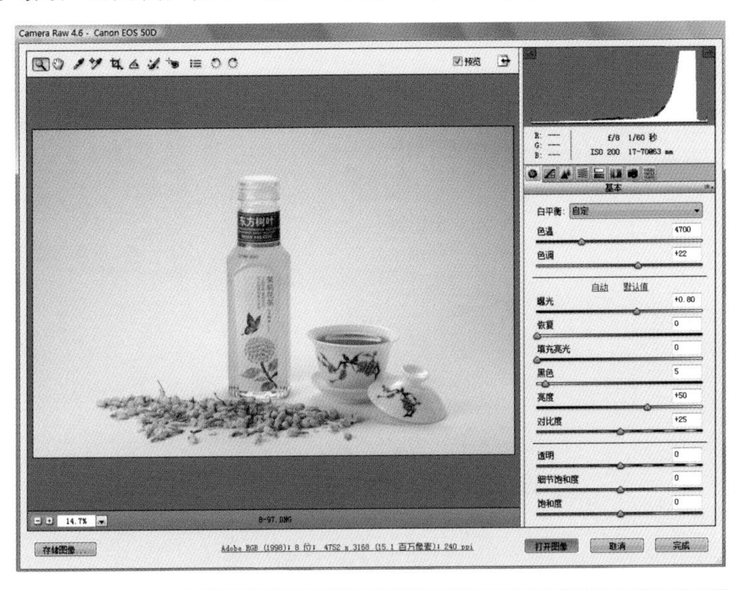

图8-98　打开照片

（2）调整参数。进入到右侧第6项“镜头校正”选项栏中，在下方有一项“镜头晕影”的参数调整区，通过“数量”和“中点”两项参数的配合，就可以将当前场景中的镜头暗角去除掉，如图8-99所示。

图8-99　调整“镜头晕影”中的参数

下面，分别调整“数量”以及“中点”两项参数，将数量向右侧滑动，用于提高场景角点的亮度；同时将“中点”向左侧滑动，用于降低角点与中心点的面积反差。在调整的过程中，场景照片的暗角就会慢慢消失，如图8-100所示。

确定以后，单击下方“打开图像”按钮，回到场景中，将得到实例的最终效果，如图8-101所示。

图8-100　参数调整对场景中的影响

图8-101　场景的最终效果